中外高等农业教育的实践经验与改革趋向

陈焕春 陈新忠 编著

U0324053

高等教育出版社·北京

内容提要

本书是由中国工程院主办，华中农业大学、中国工程院农业学部和中国工程院教育委员会联合承办的"国际工程科技发展战略高端论坛——国际高等农业教育论坛暨中外大学校长论坛"的论文精选，也是中国工程院咨询研究重点项目"新常态下中国高等农业教育发展战略研究"的成果汇编，包括25篇研究论文。

本书着眼于国际高等农业教育发展规律，通过系列研究论文总结归纳中外高等农业教育发展的经验做法，探究中外高等农业教育发展中存在的问题，揭示中外高等农业教育发展现存问题的深层原因，提出中外高等农业教育发展的改革路径，为中国高等农业教育改革发展提供有益借鉴。

图书在版编目（CIP）数据

中外高等农业教育的实践经验与改革趋向／陈焕春，陈新忠编著 . -- 北京：高等教育出版社，2019.5

ISBN 978-7-04-051085-0

Ⅰ. ①中… Ⅱ. ①陈… ②陈… Ⅲ. ①农业教育－高等教育－研究－世界 Ⅳ. ① S-4

中国版本图书馆 CIP 数据核字（2019）第 017418 号

ZHONGWAI GAODENG NONGYE JIAOYU DE SHIJIAN JINGYAN
YU GAIGE QUXIANG

策划编辑	李光跃	责任编辑	李　融	特约编辑	赵君怡
封面设计	张　楠	责任印制	田　甜		

出版发行	高等教育出版社		网　　址	http://www.hep.edu.cn
社　址	北京市西城区德外大街4号			http://www.hep.com.cn
邮政编码	100120		网上订购	http://www.hepmall.com.cn
印　刷	三河市吉祥印务有限公司			http://www.hepmall.com
开　本	787mm×1092mm　1/16			http://www.hepmall.cn
印　张	17.5			
字　数	320 千字		版　　次	2019 年 5 月第 1 版
购书热线	010-58581118		印　　次	2019 年 5 月第 1 次印刷
咨询电话	400-810-0598		定　　价	38.00 元

本书如有缺页、倒页、脱页等质量问题，请到所购图书销售部门联系调换
版权所有　侵权必究
物 料 号　51085-00

本书系中国工程院咨询研究重点项目

"新常态下中国高等农业教育发展战略研究"

（2017-XZ-17）的研究成果，由该项目资助出版

序一

高等农业教育的昨天、今天和明天[*]

邓秀新

各位校长、院士和来宾，女士们、先生们：

下午好！

十月是丰收的季节，神州大地处处五谷丰登，瓜果飘香，金色怡人。在喜庆中华人民共和国建国 69 周年之际，华中农业大学迎来了建校 120 周年，今天我们欢聚一堂，在武汉隆重举行由中国工程院主办，华中农业大学、中国工程院农业学部、中国工程院教育委员会联合承办的国际工程科技发展战略高端论坛——国际高等农业教育论坛暨中外大学校长论坛。

来自 15 个国家和地区的 70 余所大学的校长、院长，诺贝尔奖获得者；15 位中国工程院和中国科学院院士等专家学者应邀与会，共同探索高等农业教育发展规律和新路径，共商新时代高等农业教育战略发展大计。教育部副部长杜占元先生、联合国教科文组织国际工程教育中心（ICEE）主任吴启迪女士将分别在论坛上发表演讲。

在此，我谨代表中国工程院和华中农业大学，对本次论坛的召开表示祝贺，向出席论坛的海内外校长、院长、专家学者表示感谢，向各位嘉宾表示欢迎！

中国工程院近年来共主办了十余场有关工程教育的国际论坛，设立了一系列工程教育领域的咨询研究项目，并向联合国教科文组织（UNESCO）申请设立了国际工程教育中心，为培养包括农业在内的各方面人才做了大量工作。

今天大家所在的华中农业大学是教育部直属高校，在双甲子发展历程中，始终以国家富强、民族振兴、人类进步为己任，致力于培育英才、探求真理、繁荣文化，服务国家经济社会发展，服务农业农村农民，培养了 20 余万莘莘

---

[*] 本文系中国工程院副院长、华中农业大学校长、中国工程院院士邓秀新教授于 2018 年 10 月 2 日在"国际工程科技发展战略高端论坛——国际高等农业教育论坛暨中外大学校长论坛"上的致辞。

学子，在杂交油菜、绿色水稻、优质种猪、动物疫苗、优质柑橘、试管种薯等研究领域取得了一批享誉国内外的科技成果，创造了显著的社会经济效益。

华中农业大学现有 18 个学院（部）、60 个本科专业、27 个硕士学位授权一级学科、15 个博士学位授权一级学科；全日制在校学生 25 000 余人，其中本科生 18 000 余人、研究生 7 000 余人。学校入选世界一流学科建设高校，生物学、园艺学、畜牧学、兽医学、农林经济管理 5 个学科入选国家"双一流"建设学科；在全国第四轮学科评估中，园艺学、畜牧学、兽医学、生物学、作物学、农林经济管理、食品科学与工程 7 个学科进入 A 类学科。这些成绩的取得，凝聚着几代华农人筚路蓝缕的奋斗，归功于党和政府坚强有力的领导，得益于兄弟院校和社会各界大力支持。对此，我们时刻铭记在心，并作为不断前行的动力！

华中农业大学高度重视国际交流与合作，先后与 40 多个国家和地区的 160 余所高校和研究机构建立了交流合作。目前学校有来自 51 个国家（不包含台湾、香港、澳门）的 500 余名留学生，其中外籍博士留学生 340 人。近年来，学校通过多种形式与"一带一路"沿线国家高校展开广泛交流，成立了中埃农业科教中心等合作交流平台。

众所周知，农业是国家战略产业，事关粮食安全、食品安全、生态安全等国计民生，是国民经济和社会发展的基础。从世界范围来看，随着以生物技术和信息技术引领的新一轮农业科技革命的到来，"农业"这一概念的内涵正在发生着深刻的变化。现代农业成为方兴未艾的生物经济和低碳经济的重要组成部分。

2015 年 9 月，联合国发展峰会通过了《2030 年可持续发展议程》，提出在全世界消除贫困；消除饥饿，实现粮食安全，改善营养状况和促进可持续农业；应对气候变化及其影响；保护、恢复和促进可持续利用陆地生态系统，遏制生物多样性的丧失；确保包容和公平的优质教育；促进充分的生产性就业和人人获得体面工作。这些目标为世界高等农业教育发展提出了新的更高要求。

2017 年，中国政府明确提出，坚持农业农村优先发展，大力实施乡村振兴战略，努力实现农业农村现代化。新时代高等农业教育与现代农业产业紧密联系，互为支撑。高等农业教育水平影响着国家现代农业产业水平，昭示着国家现代农业产业的潜力和趋势。近年来，中国农业产值占国内生产总值（GDP）的比例逐年下降，目前为 9% 左右，而与农业相关的食品加工业产值不断上升，占国内生产总值比例已达 18%。随着城镇化的推进，大量农村劳动力转移到城镇，农业劳动力老化。与此同时，工商资本向农业投资，北京大学、中山大学等一些综合性大学纷纷新办农学院。这些均反映出农业正在发生变革，农业功能在拓展，农业布局在优化，农业生产组织方式和人才培养模式也在发生变化。

今年，召开了全国教育大会、新时代全国高等学校本科教育工作会议，明确强调加快建设高水平本科教育，全面提高人才培养能力；加快推进教育现代化，建设教育强国，办好人民满意的教育，为中国高等农业教育发展指明了前进方向、提供了根本遵循。

"凡民俊秀皆入学，天下大利必归农。"新形势下，我们只有站在战略和全局的高度，构建高等农业教育发展新模式，努力吸引一流的优质生源，建设一流的师资队伍，不断深化教育教学改革，才能适应农产品和农业技术全球化发展的新要求。因此，我们要全面提升高等农业教育质量，不断提高其吸引力和影响力；要优化学科专业结构，推动交叉融合创新；要加强实践教育环节，提高学生创新创业创意能力；要提高科技创新能力，促进农业供给侧结构改革，引领产业发展；要加强开放共享协同创新，提高国际合作交流水平。

各位同仁、女士们、先生们！

本次论坛以"'一带一路'倡议与高等农业教育国际化发展"为主题，旨在促进中外教育人文交流，增进合作交流的广度和深度，努力构建国际高等农业教育"命运共同体"。我们热忱期待，通过交流，携起手来，不断深化改革、扩大开放，加大合作、互学互鉴、共建共享，推进国际高等农业教育更好更快发展。

预祝论坛取得圆满成功！祝各位在华中农业大学期间交流愉快，留下美好回忆！

谢谢大家！

序二

培养卓越农业人才　服务乡村振兴战略[*]

杜占元

各位校长、各位来宾，女士们、先生们、朋友们：

值此华中农业大学 120 周年华诞之际，我代表中国教育部向来自世界各地的嘉宾和专家学者，致以诚挚的欢迎和良好的祝愿！向长期以来关心和支持中国农业教育的各位专家表示衷心的感谢！

按照中国传统纪年法，每 60 年为一甲子，120 年为双甲子。每逢甲子之年，对中国人来说都具有特殊的意义。在我们看来，这是一个纪年周期的开始，对此有着特殊的感情。在华中农业大学双甲子校庆之际，世界各国同仁汇聚一堂，共同探讨高等农业教育发展规律和趋势，为世界农业发展贡献智慧，是一件很有意义的事。

"民以食为天。"中国是一个人口大国，也是一个农业大国，自古有着重视农业的传统和悠久的农耕文明，无论是历史上还是在近现代，都为世界农业做出了重要贡献，对世界文明产生了重要影响。中国是世界上农业发生最早的国家之一，也是主要的作物起源中心之一。许多重要的作物，如水稻、谷子、大豆、茶树等，都是中国首先栽培的。中国也是世界上最早养蚕、缫丝、织绸的国家。这些作物资源和生产技术通过陆上和海上丝绸之路传遍世界。早在 2 000 多年前的春秋战国时期，诸子百家中就已经形成了具有重大影响力的"农家"学派。公元 533—544 年，中国古代杰出的农学家贾思勰所著的《齐民要术》，是世界农学史上最早的专著之一，系统介绍了 1 500 年前中国农艺、园艺、造林、蚕桑、畜牧、兽医、配种、酿造、烹饪、储备以及治荒方面的方法和成果，产生了重大影响。当代的中国用不到世界 7% 的耕地生产了世界 25% 的粮食，养活了世界近 22% 的人口，这是对世界粮食安全的重大贡献。中国

---

[*]　本文系中华人民共和国教育部副部长杜占元于 2018 年 10 月 2 日在"国际工程科技发展战略高端论坛——国际高等农业教育论坛暨中外大学校长论坛"上的讲话。

的杂交水稻推广到了亚洲、非洲、美洲的 40 多个国家，新增产的粮食为世界7 000 多万人解决了温饱问题。中国积极参与国际援助，在包括"一带一路"沿线在内的 100 多个国家和地区援建了近 300 个农业项目，为非洲 54 个国家培训农业官员和技术人员 5 000 余人次，外派农林专家上千人，为农业欠发达国家提供了重要帮助。中国脱贫攻坚的经验做法，也为发展中国家更有效地治理贫困提供了参考和借鉴。

中国是农业大国，也是高等农业教育大国。全国举办涉农专业的本科院校有 466 所，其中独立设置的农林院校为 39 所，涉农高等职业院校为 162 所，涉农本专科学生每年招生约 19 万人，源源不断地培养了大批农业人才。一批涉农大学和涉农学科入选国家"双一流"建设，为我国农业高等教育发展发挥支撑引领作用。我们所在的华中农业大学，就是一所"双一流"建设高校，有5 个学科纳入了一流学科建设范围，是中国农业院校的佼佼者。近年来，华中农业大学实施特色立校、质量立校、人才强校、科技强校和开放办学战略，育人质量不断提高，科研能力显著增强，学科优势日益凸显，综合实力和国际影响力明显提升，在各个方面均取得了可喜成绩。我想这是对 120 年校庆最好的献礼！

各位来宾、各位同事，去年 10 月，在中国共产党第十九次全国代表大会上，提出要实施乡村振兴战略，加快推进农业农村现代化。20 天前，中国召开了改革开放以来第五次全国教育大会，对加快推进教育现代化、建设教育强国、办好人民满意的教育做出了新部署。高等农业教育是农业人才培养的主渠道，是农业科技创新的重要阵地，牵系着"教育"和"农业"两个领域，一头连着教育强国，一头连着乡村振兴。一方面，乡村振兴离不开一支懂农业、爱农村、爱农民的"三农"工作队伍，迫切需要培养大量高素质农业人才；另一方面，中国高等农业教育服务农业发展的能力还有待进一步提高，学科专业结构需要进一步优化。这些都为中国高等农业教育提出了新的挑战，也带来了新的机遇。中国政府将更加关注农业、关心农村、关爱农民，形成重农、尊农、爱农的时代氛围，同时吸引更多优秀人才学农、知农、为农。中国高等农业教育将坚持服务"三农"的发展方向，按照"以人为本、德育为先、能力为重、全面发展"的总体要求，构建协同育人新机制，提升为农输送人才和服务的能力，为乡村振兴战略实施提供人才支撑。

教育部将积极推动中国高等农业院校落实全国教育大会精神，加快推进"双一流"建设。以"双一流"建设为引领，引导高校分类发展、错位发展、特色发展，示范带动全国高校不同学科、不同方面争创一流。将聚焦内涵发展、提高质量，推动体制机制创新，调动各种积极因素，在深化改革、服务需求、开放合作中加快"双一流"建设。

我们将积极促进农业、科技、教育三结合，提升服务"三农"发展的能力。希望农业院校进一步密切与农业系统的联系，加强教育系统与农业系统的合作与支持。充分发挥高校人才智力优势，深入研究乡村产业振兴、乡村人才振兴、乡村文化振兴、乡村生态振兴、乡村组织振兴中的重大理论和实践问题，为乡村振兴贡献智慧和方案。适应现代科学技术发展、农业产业结构优化升级、农业经营主体呈现多样化，坚持用现代生物技术、信息技术、工程技术改造提升创新现有农科专业，形成高水平农业人才培养体系。

我们将积极深化机制改革与创新，激发高校内生发展的活力。由外延式发展转向内涵式发展，发展理念要创新、动力机制要转换、发展方式要转变，要从向外求转到向内求，通过完善内部治理结构、优化办学要素配置、调动人的积极性、创新工作机制等激发高校的内生动力。创新农业教育人才培养模式，深化人才培养供给侧改革，加快培养拔尖创新型农业人才和实用技能型农业人才。加强农业基础研究，注重原始创新，同时加强应用研究，体现服务导向。加快科技成果转化应用，加强重大农业新技术成果及关键技术的推广应用，提高科技对农业增长的贡献率。

我们将积极加强国际交流与合作，提升国际化办学水平。农业问题、农业教育在世界各国有很多共通性，各国之间应互容、互鉴、互通，为增进各国人民福祉共同努力。中国将深入推进与世界先进水平的教育、科研机构，在农业人才培养、科学研究和教育管理等方面加强实质性合作，吸收借鉴世界先进办学理念和成功治校经验，加快培养更多具有全球视野、担负社会责任、秉持科学精神的优秀农业人才，创造更多引领未来、造福世界的科研成果。农业是"一带一路"沿线国家的重要产业。我们将着力服务于"一带一路"倡议的落实，积极推动"一带一路"沿线国家农业交流合作，推进沿线各国农业资源的高效利用和农产品市场的融合。

女士们、先生们、朋友们，

农业哺育了我们生活的世界，农业高等教育关乎人类营养、健康和环境。世界只有一个地球，人类共有一个家园。让我们胸怀世界、关怀人类，携手推动高等农业教育创新与发展，共筑人类更美好的家园！

谢谢大家！

序三

国际高等农业教育的规律与趋势[*]

吴启迪

各位校长、各位来宾，女士们、先生们：

大家下午好！在这遍地金黄的秋收时节，我非常高兴代表联合国教科文组织国际工程教育中心（ICEE）来到狮子山下参加本次论坛。在此，我首先向论坛主办方华中农业大学的诚挚邀请表示感谢。

工程造福人类，教育塑造未来。在国家建设和社会发展过程中，工程教育培养和输送了大批工程科技人才，做出了重要贡献。作为高等教育和高等工程教育的一个重要分支，高等农业工程教育在我国的现代化建设过程中功不可没，尤其是在农业从业者由"体力型"向"智力型"的转变过程中发挥了重要作用。最近十余年，中国农业发展变化很快，农业的巨大变化要求人才供给及其科技服务跟进改革，从产业需求和人才供给视角研讨中国高等农业教育的发展战略必要而迫切。

国际工程教育中心是联合国教科文组织（UNESCO）在中国设立的二类中心，正式成立于 2016 年 6 月 6 日，由清华大学和中国工程院联合推动设立。国际工程教育中心秉持联合国教科文组织的宗旨与原则，围绕工程教育的质量与公平，坚持创新驱动和产学合作，努力建设高水平的人才培养基地、智库型的研究咨询中心和国际化的交流平台，致力于推动工程教育在世界范围内的发展。作为工程教育领域重要的国际交流平台，国际工程教育中心将为高等农业教育的国际合作交流提供有力的支持，为农业科技人才培养提供国际平台和交流机制，努力为服务农业教育和促进社会经济发展做出贡献。

当前，科技发展的日新月异为农业的发展提供了机遇，也为高等农业教育

---

  * 本文系中华人民共和国教育部原副部长、联合国教科文组织国际工程教育中心主任吴启迪于 2018 年 10 月 2 日在"国际工程科技发展战略高端论坛——国际高等农业教育论坛暨中外大学校长论坛"上的讲话。

带来了挑战。走向现代化和国际化的当代高等农业教育需要我们思考如何抓住历史机遇、如何应对严峻挑战。同时，高等农业教育在"一带一路"倡议中占有重要地位，邀请"一带一路"沿线国家涉农高校校长、专家和学者共聚一堂，共同探讨高等农业教育促进农业现代化的战略及其路径。此次论坛为大家提供了一次难得的重要机会，共同探讨世界高等农业教育发展规律与未来趋势，共同探讨如何更好地开展合作，为促进可持续发展和人类命运共同体构建做出贡献。

预祝本次论坛圆满成功！谢谢大家！

目录

发展战略篇

人才培养篇

发展战略篇

新常态下中国高等农业教育发展的战略取向*

陈焕春　陈新忠

摘要：中国高等农业教育旨在促进和引领农业产业发展，在中国强国建设和乡村振兴战略中举足轻重。新常态下，我国农业产业呈现出新的业态，我国高等农业教育发展的优势和劣势同在，机遇和挑战共存，中国政府亟须引导和支持高等农业教育围绕农业产业的当下需求和未来趋势进行战略再谋划。

关键词：新常态；中国高等农业教育；发展战略

新常态是我国经济经过非常规、加速度发展逐渐恢复到正常秩序和规则发展的一种新状态，亦是我国经济社会各个领域未来发展的必然状态，更是我国适应时代趋势建设富强、民主、文明、和谐、美丽社会主义社会的应然表现。在新常态下，我国农业产业呈现出新的业态，我国高等农业教育亟须进行战略调整，以适应、对接、促进和引领农业产业发展。

一、新常态下中国高等农业教育发展战略亟须再研究

（一）近十余年我国农业的巨大变化要求人才供给改革

随着农业工业化步伐的加快和农村人力资源向城镇转移增速，近十余年成为我国农业发展变化最快的一段时间：农业问题从总量不足转向结构性矛盾；

---

* 基金项目：中国工程院咨询研究重点项目"新常态下中国高等农业教育发展战略研究"（2017-XZ-17）。

作者简介：陈焕春，中国工程院院士，国家重点实验室主任，华中农业大学动物科学技术学院、动物医学院，教授，博士生导师；陈新忠，华中农业大学农业科教发展战略研究中心主任，教授，博士生导师。

农业供给对象从追求吃饱转向追求健康而营养；农业经营方式从一家一户个体经营转向规模化、集约化经营；务农者的务农目的亦从自给自足转向增收致富。在这快速变化的十余年中，我国从粮食出口大国转变为进口大国，农业稳定问题日趋突出；我国农业种植方式大多与环境生态发展的要求相悖，绿色农业危机重重。这些变化要求相应的人才供给及持续跟进，对高等农业教育提出了新需求。

（二）高等农业教育是现代农业人才的孵化器和动力源

农业农村农民问题是我国现代化的重中之重，而高等农业教育则在实现农业现代化进程中处于基础性、前瞻性和战略性地位。新中国成立以来，我国改造和创办了70余所高等农林院校，高等农业教育培养了数以百万计的农业科技人才，为我国农业发展、农村进步和农民富裕做出了巨大贡献。在高等农业教育和农业科技人才的促动下，我国粮食生产实现了"12连增"，农业科技进步贡献率超过56%，确保用占世界7%的耕地养了世界22%的人口[1]。因此，发展高等农业教育是保障和促进我国粮食安全、社会稳定、科技进步与经济发达的重大发展战略。

（三）中国高等农业教育对现代农业发展的支撑远远不够

中国高等农业院校既是现代农业人才的培养基地，也是现代农业科技的重要力量。然而，世界最大规模的中国高等农业教育所培养的人才，知识结构不尽合理，创新创业能力不强，尚不能适应现代农业发展的需要；农业战线人才奇缺，从事三农工作待遇低、环境差、困难多，难以吸引在校大学生，农科大学生基层就业者不到20%；农业科研成果科技转化率也低于30%，对我国农业发展没有形成强力支撑和推进。目前，我国农业现代化水平仅仅相当于发达国家的30%，农业劳动生产率仅为国内工业劳动生产率的10%，农产品国际竞争力弱，农业现代化成为国家现代化的一块短板[2]。

（四）现代化和国际化背景下我国亟须开展高等农业教育发展战略的再研究

近年来，我国农业种植和经营方式、农村生产生活面貌和农民主体发生了显著变化，作为农业人才孵化器和动力源的高等农业教育供给也应因时而变。历史规律表明，国以才立，政以才治，业以才兴，民以才富。解决农业和农村现代化水平过低的问题，出路在科技，关键在人才，基础在教育。适应现代化和国际化趋势，汲取国际经验和教训，重新审视和规划高等农业教育发展战略，对于促进培养适切的各级各类农业科技人才，促进我国农业从主要追求产量增长和拼资源、拼消耗的粗放经营转向数量质量效益并重、注重提高竞争力、注重农业技术创新、注重可持续的集约发展，建设产出高效、产品安全、资源节约、环境友好的现代农业具有重大意义。

（五）国内外研究状况呼唤开展新形势下中国高等农业教育发展战略的研讨和研究

我国对于高等农业教育的研究集中于世纪之交的 2 000 年左右，主要内容是借鉴企业发展战略理论思考高等农业教育的发展战略，较多关注的是高等农业教育本身，注重描绘高等农业教育自身的发展轨迹，较少结合农业产业及农村社会的变化发展进行研究。近年来，国内学者对于高等农业教育发展的研究偏少，有关高等农业教育的战略思考更少，大多集中于高等教育内部微观问题的探讨。在英、美、日等发达国家，由于现代农业水平较高，高等农业教育与农业产业结合的模式及路径比较稳定，学者们对于高等农业教育的专门研究极少。然而，处于传统社会向现代社会转型、传统农业向现代农业转型的中国，近年来农村社会和农业产业发生了巨大变化，现代农业的发展脉络逐渐鲜明，面向国际化开展新常态下中国高等农业教育发展战略研究以促进现代农业农村社会发展必要而迫切。

二、新常态下中国高等农业教育发展的 SWOT 分析

新常态下，中国高等农业教育发展既有优势和机遇，也存在着劣势和挑战。

（一）优势

近十余年来，中国高等农业教育重点瞄准科学研究和产业服务发力，目标明确，取得了丰硕成果。在 2018 年 U.S. News & World Report 农业科学专业全球排名中，中国有 8 所涉农高校进入前百强，其中前 5 名 1 所，前 10 名 3 所，前 20 名 5 所；在 2017 年基本科学指标数据库（Essential Science Indicators，简称 ESI）排名中，中国有 45 所高校进入 ESI 农业科学世界前 1%（不包括中国香港、澳门和台湾地区的高校），其中 8 所涉农高校进入前百强，1 所入围前 10 名。在为国家和地方农业产业服务中，各高校探索出了富有自己特色的技术推广、产业合作、人才培训、对口支援、定点扶贫的方式方法，有力推动了农业进步。

（二）劣势

尽管发展迅速、成绩骄人，但与西方发达国家相比，我国高等农业教育历史短、基础薄，整体差距大，核心创新力弱。美、英、德等发达国家的高等农

业教育拥有与产业密切结合的完整教育制度和实践体系，掌握着从动植物育种、疾病防控、收获机械研发到产后保鲜处置等系列产业链上的关键技术。目前，我国高等农业教育过分强调在高档次期刊上发论文，过分强调论文的影响因子，将为产业服务当作任务来部署和完成，致使育人被轻视，同时，科研与服务也存在着"两张皮"的发展趋向。

（三）机遇

目前，中国高等农业教育面临着千载难逢的机遇期。从国际看，农业产业和高等农业教育进入新一轮的调整和发展期：农业产业朝着一、二、三产业深度融合方向发展，农业被视为最有前途的朝阳产业；面向农业产业的新态势，高等农业教育急需学科融合和方向调整。从国内看，我国政府历来重视农业，近 20 年的中共中央一号文件都与农业发展相关；政府对农业、高等农业教育及二者的结合出台了许多优惠政策，投入了大量资金，并以专项资金支持高等农业教育融入产业发展，使大多高校老师不再因科研项目及经费而束缚手足；国家重视农业高端人才支持，涉农两院院士、长江学者、"杰青""千人""万人"等人数位居众多行业前列。

（四）挑战

然而，无论国内外，当前农业仍是比较效益较低的产业，农业及高等农业教育的职业体面程度和吸引力仍与非农职业和高收入行业有较大差距，留用优秀人才仍是农业及高等农业教育面对的首要问题。其次，外部对高校的社会评价正在误导我国高等农业院校倾力获取课题、资金、论文、奖励、人才等指标，淡化了高等农业教育的本质追求；西方发达国家高等农业教育的历史优势正在吸引我国高等农业院校倾力效仿，我国高等农业教育面临照搬西方制度的西化趋势。此外，西方发达国家对农业核心技术及人才的规制加大了我国高等农业教育赶超的难度。

（五）结论

总而言之，新常态下中国高等农业教育发展的优势和劣势同在，机遇和挑战共存。中国高等农业教育必须立足中国农业和高等农业教育实际调整战略，在新一轮国际农业产业和高等农业教育发展机遇期中获得优先发展地位。

三、新常态下中国高等农业教育发展的战略选择

作为国家意志的重要体现，高等农业教育在中国强国建设和乡村振兴战略中举足轻重。作为行业教育，中国高等农业教育旨在促进和引领农业产业发

展。为充分发挥和彰显高等院校的应有功能，中国政府亟须引导和支持高等农业教育围绕农业产业的当下需求和未来趋势进行战略再谋划。

（一）农科教深度融合战略

为从体制和机制上打通高等农业教育深度参与农业产业的渠道，我国政府应建立以高等农业院校为主导，以政府农技推广网络为主体，以涉农龙头企业、农业专业大户和农民合作社为主要对象的农业产业服务体系，探索高等农业院校协同科研院所服务国家及地方农业产业的新模式。这样不仅可以有效发挥高等农业院校人才培养、科学研究和社会服务的集合功能，而且能够彰显其青年人才周期循环的活力优势，激发青年才俊献身农业产业、改造农业产业的创新潜能。

（二）面向产业调整学科战略

农业科学是现代大学的传统学科，随着时代科技日新月异而逐渐暴露出愈来愈多的内容、方法和形式等不合时宜。面向产业发展的新态势，我国教育主管部门应允许并指导高等农业院校根据我国农业现代化的水平、需要及未来发展趋势调整学科，允许并指导其打破传统学科设置的陈规陋习，根据产业需求领域和发展方向科学设定新专业，设计人才培养标准，规划未来研究项目，预测产业突破路径。依据农业产业在农村的布局和业态，我国教育主管部门应允许并指导高等农业院校根据农村社会需求及其趋势，扩大农业科学的范畴和内涵，拓展农业科学的发展领域。

（三）农业教育及生源投入战略

针对农业基础性、公益性的社会属性，我国政府应继续加大对高等农业教育的投入力度。首先，政府可以像免费师范生计划那样，在国家重点高等农业院校实施免费农科生计划；其次，政府要加大对农科学生培养过程的投入，尤其是农科大学生实习实践的投入，增强农科大学生实践动手能力的培养；第三，政府要加大对高等农业院校服务"三农"的持续投入，并要求地方政府配套，形成一定的投入比例，增强高等农业院校的服务效果。

（四）两类农业亟须人才培养战略

根据我国现阶段农业产业需求及未来趋势，政府亟须引导和支持高等农业教育培养两类农业人才。一是培养适合我国现代农业发展需求的家庭农场主和农业企业家。政府通过政策支持和资金扶持，促进高等农业院校自主招生，"理论＋实践"地为现代农业培养大批实用型人才；二是培养具有国际视野的高水平农业科技及经营管理人才。政府通过支持高等农业院通过3年国内、1

年国外的"3+1"模式，更多培养既有发达国家视野，也有发展中国家情怀，且能认识和理解中国农业发展实际的国际性人才。

（五）农业院校国际联盟与合作战略

为与世界高等农业教育广泛接触，取长补短，互促共进，我国政府亟须促进国内高等农业教育建立全面的国际合作与联盟。一是成立"一带一路"沿线国家农林高校联盟，加强"一带一路"沿线国家农林高校间的全面交流和学习，整合力量，协同发展；二是筹建国际农业教育与科技合作中心，建立全球农业教育与科技合作的大平台，及时把握学科及产业发展前沿，致力于重大前瞻问题的创新研究。

参考文献

［1］陈新忠. 高等教育分流打通流向农村渠道的思考与建议［J］. 中国高教研究，2013（3）：36-41.
［2］何传启. 中国现代化报告 2012——农业现代化研究［M］. 北京：北京大学出版社，2012：220-240.

（原文刊于《高等农业教育》2018 年第 1 期）

新常态下中国高等农林教育的愿景与使命[*]

宋维明　李　勇

摘要： 高等教育的愿景与使命是高等教育发展战略研究的重要基本理论问题，是过去农林高等教育战略研究所忽视的一个问题。本文在对企业愿景与使命内涵和高等教育哲学研究的基础上，借鉴国外著名大学先进经验，结合我国国情和农林高等教育的实际，提出我国高等农林教育的愿景与使命的内涵和具体内容。研究认为：新常态下中国高等农林教育的愿景应包括发展目的（发展宗旨）与发展目标（农林高等教育系统）；新常态下中国高等农林教育的使命包括坚守培养各类高素质人才，坚守探索真理、创新知识，坚守为国家、为社会服务，坚守文化传承与创新引领的使命和坚守国际交流与开放合作。

关键词： 新常态；农林高等教育；愿景；使命

愿景（vision）与使命（mission）是战略管理中两个非常重要的概念，最早应用于企业战略管理，后引入教育管理领域。组织的愿景引导组织利益相关者始终往愿景方向去努力，最终实现组织愿景、完成使命，达成各项目标，从而有效地执行组织发展战略。因此，在竞争日益激烈的环境中，对于组织来讲，制定好组织的愿景与使命变得尤为重要。国外大学均有对其愿景和使命的表述，我国只有少数大学在其战略规划中有愿景和使命的陈述，对其研究也较少，在高等农林教育领域中还没有这方面的文献记载。本研究探讨的愿景与使命不是针对一所大学，而是针对整个农林高等教育的系统，是系统内所有高校的集合。与一所大学的愿景与使命，既有共性，也有特殊性。

---

   * 基金项目：中国工程院咨询研究重点项目子项目"新常态下中国高等农业教育发展的理论创新研究"（2017-XZ-17-01）。

    作者简介：宋维明，北京林业大学原校长，教授；李勇，北京林业大学高教研究中心副主任，研究员。

一、高等农林教育愿景与使命的内涵

（一）愿景

愿景是一个组织希望实现的状态或图景，是组织中所有成员发自内心的共同意愿，是能够激发组织成员为之奋斗的方向和未来目标。愿景是解决"组织是什么"，告诉人们组织将做成什么样子，是对组织未来发展的一种期望。愿景是组织在大海远航的灯塔，为组织指明方向与前景。只有清晰地描述组织的愿景，社会公众和公司员工、合作伙伴才能对组织有更为清晰的认识。一个美好的愿景能够激发人们发自内心的感召力量，激发人们强大的凝聚力和向心力。一所大学愿景反映的是该所大学对未来的期望，描述了其要向何处去的全面景象，愿景一般不包含具体的行动方案和行动策略。新常态下我国高等农林教育愿景的内涵应是对农林高等教育体系未来美好发展蓝图的描绘，是制定学校发展目标的基本依据。例如，目前世界农林教育排名第四位的瑞典农业科学大学的愿景是在生命科学和环境科学领域成为世界一流的大学。

（二）使命

使命是组织存在的理由和价值，即"组织要做什么"，即回答为谁创造价值以及创造什么样的价值。简单地说，使命就是必须做的事情，一定要完成的任务。由于组织的使命一般涉及多方利益，各方利益的主次轻重必须在使命陈述中明确。如果不明确，当各方利益发生冲突时，就会无所适从。

使命区别于愿景是由于使命将组织的社会目标与组织创立竞争优势的基础结合起来。一个好的使命描述绝对不是某个人的使命描述，它一定是包含组织中利益相关者的核心管理理念，是组织利益相关者，包括股东、顾客、供应商、公共团体、社会公众的共同管理理念。营利性组织所追求的利润最大化绝不可能成为组织的使命，因为营利性组织的利润最大化使命就意味着牺牲其他组织利益相关者的利益，这样的组织不会有长期和持久的发展。一个好的使命描述也一定会表达出组织为什么与众不同。

美国当代杰出教育家博耶曾提出（E. L. Boyer）："一所办学有成效的高校必须负有明确的使命。[1]"大学使命是指大学之所以存在的理由与所追求的价值，是大学存在与否对于其利益关系人和社会的价值贡献，它明确地揭示了大学存在的目的、大学的核心价值和大学的信念等。虽然当代大学的使命越来越宽泛，但作为大学最基本的职能都会以相近的方式体现在使命宣言中。例如，目前世界农林学科排名第二位的加州大学戴维斯分校农业与环境学院，其使命陈述中就包含了大学的三大基本职能，即通过科研、教学和社会服务促进农业、环境和社会的可持续发展。新常态下我国高等农林教育的使命的内涵应是高等农林教育存在的理由与所追求的价值，是对于其利益关系人和社会的价值贡献，基本内容应是高等农林教育体系承担的职能。

二、新常态下中国高等农林教育的愿景（目的与目标）

新常态下中国高等农林教育的愿景是期望达到的状态或实现的长远目标。而确定目标先需要明确发展的目的或发展的宗旨。目的是应达到的效果（结果），目标是要达到的效果的具体指标。目的和目标有共同的结果，但是目的较概括和抽象，是某种行为活动的普遍性的、终极性的追求。目标较具体，是某种行为活动的特殊性、个别化的、阶段性的追求。目的实现目标的真正动机。因此，目标是在特定的时间内所追求的最终成果，目的则可理解为梦想与期望，目标要为围绕目的而进行。

（一）发展目的（宗旨）

教育的根本功能或宗旨是培养全面发展的人，特别是应具有理性精神、独立思考的人，并通过培养人来促进社会的发展。从教育价值观的角度看还需要回答为谁培养人这一根本性的问题。中国特色社会主义大学，其性质是社会主义，社会主义的本质属性就是人民当家做主。坚持以人民为中心、办人民满意的教育是社会主义大学的本质要求。因此，中国社会主义大学所坚持的政治方向必须是为人民服务，社会主义大学所培养的人才必须在政治思想和价值导向上始终坚持"为人民服务"的根本要求，为人民办教育，为人民培养人才，依靠人民办教育，依靠人民发展教育，是中国特色社会主义大学的根本方向。习近平总书记在全国高校思想政治工作会议上强调，我国有独特的历史、独特的文化、独特的国情，决定了我国必须走自己的高等教育发展道路，扎实办好中国特色社会主义高校。我国高等教育发展方向要同我国发展的现实目标和未来方向紧密联系在一起，为人民服务，为中国共产党治国理政服务，为巩固和发展中国特色社会主义制度服务，为改革开放和社会主义现代化建设服务。

新常态下，高等农林教育发展目的除了坚持"四个服务"之外，还应特别服务"三农"、服务乡村发展战略、服务林业和生态文明建设，服务健康中国、美丽中国，满足人民对安全优质健康食品和优美生态环境日益增长的需要，为实现人民对美好生活的向往，为实现社会主义现代化强国和中华民族伟大复兴的中国梦做出应有的贡献，也应为世界和全人类的健康与生存环境贡献力量。

（二）发展目标（农林高等教育系统）

为了达到上述目的，应坚持教育与经济社会协调发展、终身教育和差异性发展战略的理论，构建一个能够满足新时代要求、适应和引领农林业现代化建设需要、不同类型高校协调发展、具有中国特色、世界一流水平的现代农林高等教育体系。具体应具有以下几个特征：

1. 规模适度

我国农林高等教育规模在世界位居首位，随着产业结构的调整，高等农林教育规模的需求会有所减少。今后，农林高等教育将不再是外延式发展，而应实现内涵式发展，保持适度的发展规模。

2. 结构优化

新常态下，随着经济结构和产业结构的调整，农林业的产业结构也随之变化，应构建适应和引领新常态下农林业现代化发展的教育结构优化的高等农林教育体系。一是农林高等院校要根据社会需求和自身发展条件，合理定位，不盲目攀比升格，坚持差异性发展，办出特色；二是完善农林职业教育体系，深化产教融合、校企合作，加快一流大学和一流学科建设；三是办好网络教育、继续教育。打造符合国情实际的网络化、数字化、个性化、终身化教育体系，促进优质资源共建共享；四是适应农林业发展要求，适时调整学科专业结构和层次结构。

3. 质量优良

我国是高等农林教育的大国，还不是高等农林教育强国。随着经济社会发展和高等教育普及程度的提高，优质高等教育资源短缺已经成为现阶段高等教育发展的主要矛盾，提高质量是高等农林教育发展的重点。未来要提升整个农林高等教育系统人才培养的质量、科学研究的水平及服务社会的能力，打造具有国际一流水平的农林高等教育体系。要把质量意识落实在内涵发展、内涵建设的各个环节，渗透进学科专业建设、教学内容和课程建设、教材建设、实习实验、师资队伍等保障体系基础建设中；要将科学研究与人才培养有机结合，实现研究成果向社会和教学的"双转化"。

4. 公平有效

推进教育公平也是我国高等教育发展的重点，高等农林教育尤为如此。高等农林教育的生源来自农村的比例较高，家庭经济相对困难。对新型农民的培训更是直接面对农民的群体。要逐步建立以权利公平、机会公平、过程公平、规则公平为主要内容的社会公平保障体系，要大力促进教育公平，合理配置教育资源，重点向农村、边远、贫困、民族地区倾斜，保障人人享有教育的权利公平，更加着力促进弱势群体的入学机会公平。同时，面对教育发展的需求，我国的教育投入仍然偏低，高等农林教育的经费仍然不足，需要充分利用办学资源，提高资源的使用效率，构建资源利用高效的农林高等教育体系。

5. 制度完善

高等农林教育应建立完善的制度体系，保障农林高等教育体系的健康运行。应完善政府办学为主、行业部门主动参与、社会力量积极支持的办学体制；完善中央和地方政府两级管理、以省级政府为主、条块结合、统筹发展的管理体制；完善以政府投入为主，政府、社会和个人等受益主体多方投入的投资体制；完善学校与政府、企业、国内外科研院所和其他高校的协同合作机制；完善国家为主导、行业为依托、市场适度调节的招生就业体制。完善政府宏观管理、学校依法自主办学体制。完善学校内部治理结构，建立基于大学使命的权利配置与利益平衡机制[2]。

三、新常态下我国高等农林教育的使命

实现中华民族伟大复兴是新时代党团结和带领全国各族人民奋斗的伟大目标，也为中国高等教育的发展赋予了新的历史使命。党的十九大报告指出，要全面贯彻党的教育方针，落实立德树人根本任务，发展素质教育，推进教育公平，培养德智体美劳全面发展的社会主义事业建设者和接班人。中国高等教育要贯彻习近平新时代中国特色社会主义思想，抓住人民日益增长的对公平优质高等教育的需求与其发展不均衡不充分之间的矛盾，研判高等教育发展过程中出现的新特征、新变化，责无旁贷地肩负起为中华民族伟大复兴提供智力支持和人才保障的新使命。高等农林教育是高等教育的重要组成部分，在实现中华民族伟大复兴征程、建设高等教育强国和服务农林业现代化中肩负着不可替代的重要使命。

（一）坚守培养各类高素质人才的使命

大学的真正功能是"培养良好的社会公民"，并通过公民塑造"随之带来社会的和谐"[3]。尽管经历了英国大学以培养绅士为教育目的，德国大学重在培养学者，而美国致力造就专家的大学发展过程，但本质上大学都没有放弃以人才培养为第一社会职能。固然，随着社会的发展变化，大学的社会职能也会与时俱增，然而人才培养是大学存在和发展的核心使命是永恒不变的。

培养引领农林业现代化的人才是农林高等教育的基本价值追求。我国高等农林教育应面向现代农林产业的需求，面向国内乃至世界招生，促进学生群体多元化，培养研发型、应用型和技能型的人才。特别应培养两类农业急需人才：一是培养适合我国现代农业发展需求的家庭农场主和农业企业家；二是培养具有国际视野的高水平农业科技及经营管理人才[4]。加强两类林业急需人才，即高层次创新人才和高技能人才。按照实施乡村振兴战略的需求，培养懂农业、爱农村、爱农民的"三农"工作队伍，大力培育新型职业农民。培养一批农业职业经理人、经纪人、乡村工匠、文化能人、非遗传承人等[5]。

几乎所有的世界著名大学都强调培养"优秀""杰出"或"引领型"的人

才，充分地体现了著名大学对于其人才培养的高起点、高要求。例如，麻省理工学院（简称 MIT）的使命是"增进知识，在科学、技术及其他学术领域把学生培养成在 21 世纪服务于国家和世界的最优秀的人才。"东京大学的使命是"要让学生成为具备较强社会责任感和开拓精神的全球领导型人才。"实现中华民族伟大复兴，实现农林业现代化，我国需要大批德才兼备的高素质人才。农林高校应坚持立德树人的根本任务，深化人才培养改革，要把党的教育方针贯彻于办学治校全过程，立足服务全面建设社会主义现代化强国和农林业现代化新征程，引导学生做到"四个正确认识"，积极践行社会主义核心价值观，造就热爱农林、吃苦耐劳、甘于奉献，具有家国情怀、全球视野和创新能力的引领型人才。

（二）坚守探索真理、创新知识的使命

探索真理、创新知识是高等教育的核心价值所在。以认识论哲学为基础提出大学要体现崇尚科学、追求真理、学术自由的精神，大学必须集中精力于核心的"求真"和"求知"使命。基于此，大学无疑是一个最需要学术自由以保证其知识探索和创新过程中客观性的组织。大学使命宣言要明确大学首先是一个学术组织，探索真理和追求知识是大学的学术责任。许多世界一流大学均把追求真理作为学校的校训。例如，哈佛大学的校训是"以柏拉图为友，以亚里士多德为友，更要以真理为友。"耶鲁大学的校训是"真理与光明。"日本京都大学的使命是"大学的宗旨是以探索真理为其神圣事业。"

由于国家的科技竞争力很大程度上建立在大学科研和创新能力的基础上，而大学的科研和创新能力既来自学者自身的学术潜力，也来自他们对科学的执着、追求科学的大学精神以及大学为此创造的精神、制度和物质环境。因此，科学研究使命的坚守，要求大学不仅应该集中精力于知识创新和探索真理的责任担当上，更应该创造一种让大学里的师生安于学问、热爱学问、忠诚学问并献身学问的学术自由氛围。任何时候大学都应当有足够的清醒，知道自己的使命和方向所在，不仅能自觉坚持和守护大学的学术属性，而且有意识、有制度唤起和保护学者、学生对学术追求的真正兴趣和热情，使他们不受学问之外种种利益的干扰和驱使，安于在实验室和书房里做淡泊名利、宁静致远的学问。

以信息技术为核心的新一轮科技革命正在改变着人类的生活方式，正在促使传统产业发生革命性的变化。新时代高等农林教育顺应历史发展趋势，面向农林现代化的需要，充分发挥高校知识创新的功能与优势，履行好创新高深知识的历史使命。学校要培养和吸引人才，为师生营造潜心专研学问的环境，培育开放、合作和创新的文化氛围。

（三）坚守为国家为社会服务的使命

为追求知识真理，大学必须保持应有的独立性，但又绝不能脱离社会的需要。服务地方、区域和国家乃至世界也是高等教育的普遍价值追求。以政治论为大学使命的哲学观，即人们探索深奥的知识并不只是出于对知识的好奇和知识本身，而是它对国家以及人类社会有着深远的影响。因此，大学应该对社会的变化做出积极反应，通过教学、科研、服务成为改造、促进和引领社会发展的责任。

普林斯顿大学的使命就是"为国家服务，为人类服务。"在担任哈佛校长40年之久的查尔斯·威廉·艾略特（Charles William Eliot）对学生提出的要求即是：进入本大学，在智慧中成长；离开后，服务国家和人类。美国州立大学系统最大的加利福尼亚州立大学，其使命宣言中就提到："通过社会服务和与产业界的合作，我们传播研究成果，将科学发现转化成实用性的知识和工艺上的革新，为加州和国家做出了有益的贡献。"世界农林学科排名第一位的荷兰瓦格宁根大学的使命是"挖掘自然潜力，提高人民生活质量（健康的食品和生存环境）。"此外，世界著名大学不仅强调对本国服务，也强调为世界服务。例如，美国康奈尔大学的使命是"发现、保留和传播知识，培养下一代的全球公民，在大学内外培育广泛探究的文化，并通过社会服务，学校致力于提升学生、纽约市民和全球公民的生活水平。"我国高等农林教育应站在中华民族复兴的高度，及时转化、推广知识与技术创新的成果，解决农林生产实践中面临的实际问题，开展多种形式的社会服务，为国家、民族乃至全人类提供健康安全的食品和良好的生活环境做出贡献①。

（四）坚守文化传承与创新引领的使命

高等教育是优秀文化传承的重要载体和思想文化创新的重要源泉，它揭示了大学使命的本质含义，因为教学（培养人才）的本质意义就是文化传承，而研究（发展科学）的本质意义就是文化创新。从20世纪末到21世纪初，作为大学人才培养、科学研究和社会服务重要载体的文化本身开始受到人们的重视并凸显出来，大学不仅要像以往那样在人才培养、科学研究、社会服务的过程中保存文化、传承文化，而且要根据知识经济时代的需要创新文化，引领文化，推动世界优秀文化的融合和发展，尤其是昭示大学要负有引领社会文化的使命。因此，文化传承创新引领作为大学的第四使命开始得到人们的认可。

大学是以探索、追求、捍卫、传播真理和知识为目的，负有引导社会价值观，从道德上规范社会行为之使命，对人类素质改善和提高、社会文明发展和

---

① 各国大学的使命陈述均来自各校官方网站。

进步具有不可替代的重要作用。大学是社会的道德榜样和先进文化的推行者，引领社会的大学必须是自律的大学，自律既是大学属性所致，也是大学在树立风气和人才培养方面可为楷模、堪为榜样的逻辑前提。大学担负着道德和文化引导社会的作用，大学的一言一行都会受到社会的关注并具有示范作用。

文化传承、创新和引领的职能对所有高等学校都有普适性。即使是高等职业院校，也具有教学、研究与服务社会的使命，只不过具体的任务有所不同。高等农林教育在履行教学、研究和服务社会的传统使命时，还应承担传承、创新和引领社会文化的使命。按照乡村振兴战略发展要求，应特别传承发展提升农村优秀传统文化。立足乡村文明，吸取城市文明及外来文化优秀成果，在保护传承的基础上，创造性转化、创新性发展，不断赋予时代内涵、丰富表现形式。深入挖掘农耕和森林文化蕴含的思想精髓、人文精神、道德规范，充分发挥其在凝聚人心、教化群众、淳化民风中的重要作用。

（五）坚守国际交流与开放合作的使命

国际交流合作作为大学的新使命源于大学内在的国际性，大学从产生伊始就是具有国际性的机构。我国经济和社会发展进入新时代，国际交流合作成为大学的一个重要使命，既是大学内在国际性的显现，也是适应世界高等教育国际化发展趋势、满足国家发展的迫切需要和新时期我国高等教育对外开放工作的要求。

我国高等农林教育要顺应高等教育国际化的发展趋势，肩负起国际交流与合作的新的重要使命。同时，通过有效的国际交流与合作，将自己置身于国际高等教育的大格局中，促使我国高等农林教育办出一流的水平。应聘请国际知名专家学者到校任职、合作研究。支持学者前往国际一流大学进行访问进修，选拔优秀学生到国际一流大学攻读学位。要拓展和加强与世界一流大学在人才培养的实质性合作。部属农林大学应特别加强留学生教育，大力改善留学生教学和住宿条件，扩大留学生规模。应加强与世界著名大学、科研机构和实力雄厚的企业在前沿领域开展实质性的国际合作，积极参与全球或区域性的双边、多边科技合作计划，及时把握国际高水平科研的最新动态，增强自身在世界范围内的学术影响力和学术竞争力，同时也更好地服务于"一带一路"倡议。同时，应根据本国国情和社会需要，秉持开放与多元心态来应对现实冲击，积极借用国内、国际两个市场和两种资源做强、做大，在服务于本国国家利益的基础上实现与他者的利益互补与合作共赢，共同面对世界面临的主要挑战，共同合作寻求解决之道[6]。

以上对我国高等农林教育的使命陈述是从整体上而言的，所有类型的高校在价值观上有其共同点。例如，注重人才培养等基础性的价值观、重视国际性的价值观、强调服务性的价值观，但是直属重点大学、地方性大学和职业院校等每类大学的价值观并不相同，在具体的使命表述上应有自己的侧重点，以彰显学校的办学特色，促进学校更好的发展。

参考文献

［1］Boyer E. Exploring the Heritage of American Higher Education：The Evolution of Philosophy And Policy［M］.Phoenix：Oryx Press，2000：28-29.

［2］管培俊.大学内部治理结构：理念与方法［J］.探索与争鸣，2018（6）：28-31.

［3］约翰·布鲁贝克.高等教育哲学［M］.杭州：浙江教育出版社，1987：12-14.

［4］陈焕春，陈新忠.新常态下中国高等农业教育发展的战略取向［J］.高等农业教育，2018（1）：3-5.

［5］中共中央国务院关于实施乡村振兴战略的意见［EB/OL］.（2018-02-04）［2018-05-30］http：//www.xinhuanet.com/politics/2018-02/04/c_1122366449.htm.

［6］刘宝存，张伟.大学的第五使命［N］.中国教育报.2017-4-27（6）.

漫谈新常态下中国高等农业教育发展战略 *

冯永平

摘要： 新常态下，我国农业产业呈现出新态势，我国高等农业教育发展急需进行战略调整。本文从新常态的内涵实质，新常态下新时代高等农业教育发展战略的机遇与挑战两个维度展开分析，并对新时代高等农业教育发展呈现的问题进行战略对策研究。

关键词： 新常态；中国高等农业教育；发展战略

一、关于中国经济发展新常态

（一）何为新常态

新常态本意指不同以往的、又相对稳定的发展状态，它是习近平总书记治国理政新理念的关键词之一，全新揭示了中国国情，特指新周期中国经济发展新特征。习近平对"新常态"重大战略判断，充分展现了总书记高瞻远瞩的战略眼光和决策定力，主要是基于国内外宏观经济形势科学分析和准确研判：一是中国经济发展进入新阶段；二是国际经济格局正在深刻调整。

在认识新常态上，要准确把握内涵。其一，新常态不是一个事件，不要用好或坏来判断；其二，新常态不是一个框子，不要什么都往里面装，新常态主要表现在经济领域，不要滥用新常态概念；其三，新常态不是一个避风港，不要把"不好做"或"难做好"的工作都归结于新常态。

---

* 基金项目：中国工程院咨询研究重点项目"新常态下中国高等农业教育发展战略研究"（2017-XZ-17）。

作者简介：冯永平，华中农业大学发展规划处处长、学科建设办公室主任，研究员。

（二）习近平总书记对新常态的深刻论述

2013年12月10日，习近平在中央经济工作会议上首次提出"新常态"：注重处理好经济社会发展各类问题，既防范增长速度滑出底线，又理性对待高速增长转向中高速增长的新常态。

2014年12月9日，习近平在中央经济工作会议上强调：认识新常态，适应新常态，引领新常态，是当前和今后一个时期我国经济发展的大逻辑。

2015年12月18日，习近平在中央经济工作会议上强调：推进供给侧结构性改革，是适应和引领经济发展新常态的重大创新，是适应国际金融危机发生后综合国力竞争新形势的主动选择，是适应我国经济发展新常态的必然要求。

2016年1月18日，习近平在省部级主要领导干部学习贯彻党的十八届五中全会精神专题研讨班上的讲话系统论述：新常态下，我国经济发展的主要特点是：增长速度要从高速转向中高速，发展方式要从规模速度型转向质量效率型，经济结构调整要从增量扩能为主转向调整存量、做优增量并举，发展动力要从主要依靠资源和低成本劳动力等要素投入转向创新驱动。

供给侧结构性改革，重点是解放和发展社会生产力，用改革的办法推进结构调整，减少无效和低端供给，扩大有效和中高端供给，增强供给结构对需求变化的适应性和灵活性，提高全要素生产率。推进供给侧改革，必须牢固树立创新发展理念，推动新技术、新产业、新业态蓬勃发展，为经济持续健康发展提供源源不断的内生动力。

二、关于中国高等农业教育发展战略的机遇与挑战

（一）新常态对高等农业教育发展战略的重大影响

新常态主要特征就是进入经济增速换档期、结构调整阵痛期、前期刺激政策消化期的"三期叠加"，这意味着我国通过创新宏观调控思路和方式，破解经济社会发展难题；同时，我国外部需求萎缩成为"常态化"，全球经济增长缓慢，各国培育新的经济增长点，重塑世界贸易版图，发达国家向实体经济回归，围绕信息、生物、环保等领域新一轮科技和产业竞争愈演愈烈。

新常态本质是经济提质增效，需要农业发展和教育发展均重新定位，调整发展模式。通过速度变化、结构优化、动力转换，从要素驱动、投资驱动转向创新驱动。

实现转型升级，进而对高等农业教育发展产生方向性、决定性重大影响。

（二）两个"优先发展"两个"国家战略"两个"现代化"对高等农业教育发展战略的重大影响

农业农村农民问题是关系国计民生的根本性问题，必须始终把解决好"三农"问题作为全党工作重中之重，没有农业农村的现代化就没有国家的现代化；教育是国之大计、党之大计，是民族振兴、社会进步的重要基石，是功在当代、利在千秋的德政工程，以教育现代化引领国家的现代化。

农业和教育，看似两个不同行业，如同两条"平行线"，都汇聚到"高等农业教育"领域，呈现出两条高度相似的轨迹，形成了强大的交汇力和驱动力。

党的十九大报告明确提出，两个"优先发展"：坚持农业农村优先发展、优先发展教育事业；两个"国家战略"：乡村振兴战略、科教兴国战略；两个"现代化"：农业农村现代化、教育现代化。这些与高等农业教育密切相关。

1. 坚持农业农村优先发展

在要素配置上优先满足，在资源条件上优先保障，在公共服务上优先安排，加快农业农村经济发展，加快补齐农村公共服务、基础设施和信息流通等方面短板，进一步调整理顺工农城乡关系，显著缩小城乡差距，打破城乡发展的制度藩篱，实现城乡发展一体设计、统筹布局、融合促进。

努力让农业成为有奔头的产业，让农民成为有吸引力的职业，让农村成为安居乐业的美丽家园。

2. 优先发展教育事业

在组织领导、发展规划、资源保障上把教育事业摆在优先发展地位，做到经济社会发展规划优先安排教育发展、财政资金投入优先保障教育投入、公共资源配置优先满足教育和人力资源开发需要。

加快建设教育强国，不断使教育同党和国家事业发展要求相适应、同人民群众期待相契合、同我国综合国力和国际地位相匹配。

3. 大力实施乡村振兴战略

要按照产业兴旺、生态宜居、乡风文明、治理有效、生活富裕的总要求，建立健全城乡融合发展的体制机制和政策体系，加快推进农业农村现代化。要紧紧围绕促进产业发展，引导和推动更多资本、技术、人才等要素向农业农村流动，调动广大农民的积极性、创造性，形成现代农业产业体系，促进农村一二三产业融合发展，保持农业农村经济发展旺盛活力。作为现代化经济体系的重要引擎，乡村振兴离不开各类农业农村人才，要强化乡村振兴人才支撑，包括农业现代化人才和农村现代化人才两类。

2018年9月26日，中共中央、国务院印发《乡村振兴战略规划（2018-2022年）》，并发出通知，要求各地区各部门结合实际认真贯彻落实。规划以习近平总书记关于"三农"工作的重要论述为指导，对实施乡村振兴战略做出阶段性谋划，分别明确至 2020 年全面建成小康社会和 2022 年召开党的二十大时的目标任务，细化实化工作重点和政策措施，部署重大工程、重大计划、重大行动，确保乡村振兴战略落实落地，是指导各地区各部门分类有序推进乡村振兴的重要依据。

4. 大力实施科教兴国战略

要在科学技术是第一生产力思想的指导下，坚持教育为本，把科技和教育摆在经济、社会发展的重要位置，增强国家的科技实力和科学技术向现实生产力转化的能力，提高科技对经济的贡献率，提高全民族的科技文化素质，把经济建设转移到依靠科技进步和提高劳动者素质的轨道上来，加速实现国家的繁荣昌盛。

5. 实现农业农村现代化

要推动农业全面升级、农村全面进步、农民全面发展：

一是推进农业结构调整，优化农业产品结构、产业结构和布局结构，促进粮经饲统筹、农林牧渔结合、种养加销一体、一二三产业融合发展，延长产业链，提升价值链，发展特色产业、休闲农业、乡村旅游、农村电商等新产业新业态。

二是推动农业绿色发展，统筹推进山水林田湖草系统治理，全面加强农业面源污染防治，实施农业节水行动，强化湿地保护和修复，推进轮作休耕、草原生态保护和退耕还林还草，加快形成农业绿色生产方式。

三是构建现代农业三大体系：产业体系，促进种植业、林业、畜牧业、渔业、农产品加工流通业、农业服务业转型升级和融合发展；生产体系，用现代物质装备武装农业，用现代科学技术服务农业，用现代生产方式改造农业，提升农业科技和装备应用水平，推进农业科技创新和成果应用，推进农业生产经营机械化和信息化，增强农业综合生产能力和抗风险能力；经营体系，培育新型职业农民和新型经营主体，健全农业社会化服务体系，提高农业经营集约化、组织化、规模化、社会化、产业化水平。

6. 实现教育现代化

坚持扎根中国大地办教育，扎根中国、融通中外，立足时代、面向未来，发展具有中国特色、世界水平的现代教育：

一是实施新时代立德树人工程，构建德智体美劳全面培养的教育体系和更高水平的人才培养体系，健全家庭、学校、政府、社会协同育人机制，形成全员育人、全过程育人、全方位育人的格局。

二是加强新时代教师队伍建设，健全师德师风建设长效机制，提高教师专业素质能力，不断提高教师待遇，努力提高教师政治地位、社会地位和职业地位。

三是回应人民群众教育关切，推进高等教育内涵式发展、提高职业教育质量，以教育信息化促进优质教育资源共享。

四是深化教育领域综合改革，系统深化育人方式、办学模式、管理体制和保障机制改革，坚决克服唯分数、唯升学、唯文凭、唯论文、唯帽子的顽瘴痼疾，切实扭转不科学的评价导向，调整优化高校区域布局、学科结构、专业设置，加快一流大学和一流学科建设，提升教育服务经济社会发展能力，扩大教育对外开放，积极大力参与"一带一路"行动，开展高水平合作办学，提升我国教育世界影响力。

五是加强教育系统党的建设，切实履行好管党治党主体责任，把抓好党建工作作为办学治校的基本功，把做好思想政治工作作为各项工作的生命线。

（三）社会广泛关注的新现象：一批高水平综合大学纷纷涉足高等农业教育

高等农业教育既包括独立设置的高等农林院校、也包括涉农学科的综合性大学；既包括高等农林本科院校、也包括高等农林职业或专科院校；既包括农学门类的学科专业、也包括食品工程、农林业工程、农林经济管理等与农林业密切的学科专业。

近年来，农科成为新的热门学科布局领域：

2014年10月，北京大学决定成立现代农学院（筹）；2017年12月13日，现代农学院正式成立；2018年1月29日，北京大学原校长许智宏院士获聘首任农学院院长。

2018年1月22日，中国科学院大学揭牌成立现代农业科学学院。

2018年2月27日，河海大学成立农业工程学院。

2018年5月11日，南京大学与南京市农委共建创意农业研究院。

2018年7月7日，郑州大学举行成立农学院与发展论坛仪式。中国农业科学院棉花研究所所长李付广获聘首任农学院院长。

2018年8月29日，中山大学正式发文成立农学院。

2018年9月23日，设立第一个"中国农民丰收节"，这是党中央为进一步彰显"三农"工作重中之重的基础地位，研究决定自2018年起每年秋分日为"中国农民丰收节"，意义深远。

高水平综合大学纷纷成立农学院，一方面显示高等农业教育发展面临的难得机遇，体现了经济发展新常态下国家对高等农业教育有旺盛需求，在实施乡村振兴战略背景下，国家对加快推进农业转型升级有很大期待，需要大批农科人才，涉农高校将研究成果指导应用到农业，促进农业发展。在双一流建设背景下，发展农学有利于高校培育新的学科增长点，提高科研项目、科研论文、科研平台、科研获奖、学科排名等，从而促进高校发展；另一方面，这一举措必然会对现有高等农业院校的人才培养、科学研究、社会服务、教师队伍建设、国际合作与交流等形成更加激烈竞争，产生全方位的严峻挑战。

三、关于中国高等农业教育发展战略的问题与对策

（一）新时代中国高等农业教育发展战略问题反思聚焦

全面梳理"想解决却始终没有解决的问题"和"想办成却长期没有办成的大事"：

（1）高等农业教育战略地位不够高，统筹管理的领导体制机制不完善，社会轻视农业农村农民的传统观念根深蒂固。

（2）同类型同层次高校农科生源质量垫底、薪酬竞争力不高、毕业生对口就业率较低，教师队伍引进培育使用的吸引力等没有根本变化，甚至有加大差距趋势。

（3）农科的学、研、产"三位一体"有机融合成果推广、社会服务新体系不健全。

（4）与新常态下农业和教育发展的速度变化、结构优化、动力转换不匹配，与要素驱动、投资驱动转向创新驱动不协调。

（5）高等农业教育的区域布局、学科结构、专业设置、课程内容、教学方法等，与新时代农业农村现代化、教育现代化建设的需要，与德智体美劳全面培养的教育体系和高水平的人才培养体系的构建不适应。

（6）高等农业教育现代大学治理体系和治理能力提升不快。

（二）新时代高等农业教育发展战略初步对策建议

1. 不断提升高等农业教育战略地位，尽快研究出台"高等农业教育促进乡村振兴行动计划"

国务院办公厅加强统筹协调，支持并指导有关部门和各地，研究出台针对问题导向、目标导向、特色导向的务实管用的硬招实招，倾斜加快支持高等农业教育改革发展。教育部与农业农村部、林业和草原局实质合建教育部直属涉农林高校；各省级政府办公厅加强统筹，教育部门与农、林行业主管部门实质合建省属涉农林高校。

高等农业教育应有类似大行动：2017 年 7 月 10 日，全国医学教育改革发展工作会议在京召开，李克强总理做出重要批示，刘延东（时任副总理）出席会议并讲话；7 月 11 日，国务院办公厅印发《关于深化医教协同，进一步推进医学教育改革与发展的意见》，是新中国成立以来第一个以国务院办公厅名义就医学教育改革发展专项工作出台的文件。

2. 大力营造高等农业教育改革发展的良好社会氛围

中国几千年传统传递的是"务农辛苦不赚钱""不好好学习就回家务农"等陈旧的思维，导致社会对学农的偏见。社会环境对就读涉农专业存在许多困惑和误区。国家和社会要更加关注农业、关心农村、关爱农民，形成重农、尊农、爱农的时代氛围；更加重视和支持高等农业教育改革，大力营造"学农有出息、事农好创业"的优良风尚，努力让高等农业教育成为受人尊重、令人向往、有重要话语权的领域。

3. 吸引促进更多的优秀人才学习农业、研究农业、献身农业

国家和地方政府出台特殊政策，参照公费师范生政策，在教育部直属涉农林高校探索试行公费农科生计划，可先在农学门类学科专业试点，逐步引向近农学科专业；鼓励支持有条件的省级政府在省属涉农林高校（含农林类高职高专）试行；教师队伍建设有关文件中，积极保护涉农林高校的高水平人才，高层次人才、重大科研项目予以倾斜，并对高等农业教育领域的高水平人才建立保护措施。

4. 为乡村振兴培养造就一支懂农业、爱农村、爱农民的专门人才

高等农业教育具有天然的优势，可结合不同区域特点，主动引领社会发展特色农业产业，同时构建全产业链的产业模式和人才培养模式，实现人才培养与产业发展紧密结合。高水平涉农高校探索培养农业、林业专业学位博士；地方高等农业院校、职业院校，综合利用教育培训资源，灵活设置专业（方向），创新人才培养模式，为乡村振兴培养专业化人才，扶持培养一批农业职业经理人、经纪人、乡村工匠等；高等农业职业教育，通过弹性学制，大力培育新型职业农民。

5. 积极推进创建农科教融合、产学研协同的新模式

以农林高校为主导，整合资源和力量，借鉴国际成功经验，以实施乡村振兴战略、科教兴国战略为契机，以促进农业农村现代化、教育现代化为目标，重建教学、科研、推广紧密融合的新体系。可先在条件相对成熟的地方试点，待取得经验后逐步推开。此举既有利于高等农业教育培养创新创业创意人才，又有利于涌现一批特色鲜明、规模较大、结构合理、能力较强的高等农业教育服务经济社会发展系统，推动乡村产业振兴，以品质品牌引领产业优化，以科技创新驱动产业提质，以园区建设促进产业集聚，以农旅融合激发产业活力。

6. 全面应对经济新常态特征，加强高等农业教育创新发展

发展速度适度控制，发展方式转向质量效率型，用改革的办法推进结构调整，调整存量、做优增量并举，有效通过人才优势和创新驱动，推进农林行业的新技术、新产业、新业态蓬勃发展。

从满足人民物质生活需求的角度看，农业是供给方；从服务产业的角度来看，教育是供给方。而供给侧结构性改革的出发点和落脚点都必须是满足需

求。当前人民对农产品安全健康的需求、对高质量优质教育的需求与日俱增，农业产业结构不断优化升级，农业经营主体呈现多样化，政府和社会要支持高等农业教育适应新时代变化，在人才培养目标、方式、内容等方面进行深化改革。

7. 积极构建德智体美劳全面培养教育体系，努力形成高水平人才培养体系

高等农业教育要有效适应新时代农业农村现代化、教育现代化建设需要，尤其要用现代生物技术、信息技术、工程技术改造提升创新传统农林学科专业，并注重与人文社会科学及一些新兴学科交叉融合，不断优化区域布局、学科结构、专业设置、课程内容、教学方法等。

8. 优化现代大学治理体系，加快推进治理能力现代化

要依法治校，在农业和教育有关法律法规中，有明确保障和支持高等农业教育的条款；学校内部，建立健全党委领导、校长负责、教授治学、师生监督、社会参与，并有高等农业教育特色的体制机制。

9. 加强开放共享协同创新，不断提高国际合作交流水平

积极倡导成立国际高等农业教育联盟，在联盟的基础上，成立国际高等农业教育与科技合作中心，构建以平台为中心"相互交融、彼此互惠"的合作交流机制。

农业仍然是"一带一路"沿线国家的主导产业，高等农业教育要集中发力、优势互补，全面服务"一带一路"农业交流合作，为"一带一路"培养高水平人才，推进沿线国家农业资源的高效利用和农产品市场的融合。

从传统到现代的高等农业教育 *
——兼论中国"新农科"教育

董维春　梁琛琛　刘晓光　朱冰莹　张　炜　夏　磊

摘要：世界高等农业教育约有 250 年历史，经历了创立期、兴盛期和重构期三个发展时期，是高等教育组织适应社会需求的产物。文艺复兴和宗教改革对旧大学的批判，启蒙运动和第一次产业革命对新型人才的需求，催生了欧洲早期的农业专门学院；近代科学革命向生物学领域的延伸和第二次产业革命，促进了美国赠地农学院的建构和大学化；第三次产业革命和可持续发展理念，重构了世界高等农业教育系统。中国近现代高等农业教育有 100 余年历史，可分为三个时期：晚清至民国的综合化时期，1952 年全国院系调整后的专门化时期和改革开放后的多样化时期。中国在实施"乡村振兴战略"时，应面向经济全球化和正在兴起的第四次产业革命，探索实施"新农科"教育。

关键词：产业革命；高等农业教育；农业现代化；乡村振兴战略；新农科

一、引　言

农业是人类社会最古老和最基本的物质生产部门，是经济再生产和自然再生产的交织，"是人类对植物与动物进行种植、饲养或管理，并将其产品为人类自身利用的一种综合性产业[1]。"近代产业革命以来，出现了很多与农业有关的问题，如环境、食品安全、粮食贸易均衡等，于是人们发现，农业原来是

---

* 基金项目：2017 年江苏省高等教育教改研究"重中之重"项目"卓越农林人才培养的通识核心课程体系建设研究"（2017JSJG006）；2017 年度江苏省社会科学基金课题"中大农学院创立的近代农业与生物类学会历史考证"（17LSD002）。

作者简介：董维春，南京农业大学副校长，公共管理学院教授，《中国农业教育》主编；梁琛琛，南京农业大学公共管理学院博士研究生；刘晓光，通讯作者，南京农业大学公共管理学院副教授；朱冰莹，南京农业大学人文与社会发展学院讲师；张炜，南京农业大学教务处处长、生命科学学院教授；夏磊，南京农业大学国际合作与交流处助理研究员。

一项承担多种使命的生产活动[2]。与传统农业不同，现代农业是以生物技术和信息技术为先导，技术高度密集的科技型产业，是面向全球经济的一种农工贸一体化经营的现代企业，是正在拓展中的一种多元化和综合性的新型产业，是一种开源节流和可持续发展的绿色产业[3]。

若以创建于公元 1088 年的意大利博洛尼亚大学为起点，源于欧洲的世界高等教育已有近 1 000 年的历史，经历了中世纪大学、古典大学和现代大学三个发展阶段。高等农业教育作为高等教育的一个分支，至今仅有近 250 年的历史，产生于第一次产业革命时的欧洲，繁荣于第二次产业革命时的美国，是高等教育组织适应社会需求的产物。

二、世界高等农业教育发展的三次传统

世界高等农业教育可分为创立期、兴盛期和重构期，分别对应技术观传统、科学观传统和系统观传统（表1）。中世纪大学具强烈的宗教色彩，以神学、法学、医学和人文四科为主。文艺复兴、宗教改革和科学革命，促进了欧洲大学从神性走向理性；启蒙运动和产业革命，促进了大学的世俗化、现代性和多样性，也产生了高等农业教育；美国赠地学院运动使农业学科进入传统大学殿堂，并在"技术科学化"和"学院大学化"中获得新发展；可持续发展理念与经济全球化促进了世界高等农业教育系统的重构。

（一）第一次产业革命催生了欧洲农业专门学院

欧洲一系列社会变革成为高等农业教育机构产生的重要前提。文艺复兴和宗教改革两次思想解放运动中，以及中世纪大学受到了重创，使世俗政府及资产阶级对受过优良训练人才的需求得不到有效供给，创办新型教育机构便成为时代的需要。

表 1   世界高等农业教育发展的三次传统

阶段	时期	区域	特征	传统	科技基础	社会基础
创立期	18 世纪中后期至 19 世纪中期	欧洲	单科性小学院教学型	技术观	种植养殖技术 形态结构研究 物种分类 获得性遗传	科学革命 启蒙运动 第一次产业革命
兴盛期	19 世纪后期至 20 世纪中期	美国	多科性大学化研究型	科学观	细胞学说 植物营养学说 生物进化论 遗传学说 作物起源中心学说	第二次产业革命 技术的科学化 实用主义哲学 高等教育政治论 哲学

阶段	时期	区域	特征	传统	科技基础	社会基础
重构期	20世纪70年代以来	世界	综合性合作性创业型	系统观	生物技术信息技术系统科学	第三次产业革命可持续发展经济全球化

1. 欧洲思想解放运动

14—16世纪的文艺复兴是一场以复兴古希腊罗马文化形式、反映新兴资产阶级要求的思想文化运动。由教会控制的中世纪大学被斥之为落后的脱离现实的机构，最终经院哲学（scholasticism）被赶出了大学。

16世纪初爆发于德国的宗教改革，对独揽文化和教育大权的教会的全面攻击，导致了整个教育制度的巨大动荡。这种动荡对大学的打击是毁灭性的，学生人数急剧下降，很多大学被迫关闭，引发了以哈勒大学和哥廷根大学为代表的德国大学改革运动[4]。

17世纪的科学革命导致了科学知识体系的根本变革。"马克思主义者把科学革命看作是从封建秩序向资本主义秩序转变的一个必要条件。""科学的巨大成功和科学思想本身意味着科学已遍布正发生巨大变化的社会的许多角落，意味着科学已深入到受过优良教育、享有更多闲暇、少受宗教干扰和较以前更注重实际的民众之中[5]。"

2. 欧洲农业专门学院

18世纪的启蒙运动有力地批判了封建专制主义、宗教愚昧及特权主义，宣传了自由、民主和平等的思想。18世纪后期第一次产业革命，使资本主义生产完成了从工场手工业向机器大工业的过渡，对科学技术和专业人才提出了新需求。"人们认为，大学不适合实现启蒙运动的雄心壮志。很明显从某些新的公共机构的建立来看，创办专门化的培训机构，如医学、农业技术、军事战术和战略、工程学、财政学、美术和自然科学，似乎更好。""其结果是许多专门学院的建立，如农业专门学院[5]。"

在启蒙运动和产业革命推动下，欧洲产生了早期的农业教育机构（表2）。兽医在欧洲是医学分支，起源比农学院早，因其与畜牧业的关系，亦具农科特征。"这一门学科（兽医）在1750年之前，在任何地方都找不到专门的教育机构。传统上走在医学发展前列的维也纳大学从1773年开始开设这门课程[5]。"当产业革命发生时，"以牛津、剑桥为代表的传统英式大学拒绝'降低门户'来开展技术教育、培养科技管理人才。而传统的师徒制已远远不能满足经济社会发展的需求，必须有一种教育机构承载英国经济社会对技术型、应用型人才的需求，'新大学'自然就应运而生了[6]。"

欧洲早期农业教育机构是建立在"技术观"传统上的单科性专门学院，其目的是培养专门技术人才。此时，近代科学革命在哲学积累基础上正从数学、天文学向物理学、化学领域延伸，支撑农业科学的生物学还不成熟。以林奈（Linné）动植物分类及其继承人拉马克（Lamarck）获得性遗传为基础，农业还处于种植养殖技术阶段，还没有获得与其他学科同等的地位。

表 2　欧洲代表性的早期农业教育机构

创建	国家	机构名称	备注
1775	瑞典	斯卡拉兽医研究所 Veterinary Institute of Skara	1977 年与林学院、农学院合并成立瑞典农业科学大学（Swedish U. of Agri. Sciences）。
1778	德国	汉诺威兽医学院 TiHo Hannover	原名鲁斯安奇奈尔学校，1887 年改为国王王署兽医学院。19 世纪德国七大技术学院之一。
1791	英国	皇家兽医学院 Royal Veterinary College	英国最早的兽医教育机构，现隶属于伦敦大学。
1817	比利时	根特大学 Ghent University	兽医、农学具有较强实力。2017 年 U.S. News & World Report 全球最佳农业科学大学排名第六位。
1826	法国	蒙波利埃国立农艺学校 ENSA Montpellier	2007 年与国立林业、水和环境学校（ENGREF）和国立高等农业与食品工业学院（ENSIA）合并成立"巴黎高科农业学院"（Agro Paris Tech）。
1843	英国	洛桑农业实验站 Rothamsted Experimental Station	世界最早的农业研究机构，现名洛桑研究所（Rothamsted Research）。招收研究生与留学生，学位由合作大学授予。
1845	英国	皇家农学院 Royal Agricultural College	英国新大学运动的产物，是英语为母语的国家第一所农学院。
1858	丹麦	皇家兽医与农业大学 Royal Veterinary and Agricultural College	2007 年并入哥本哈根大学。2017 年 U.S. News & World Report 全球最佳农业科学大学排名第十位。
1865	俄罗斯	彼得罗夫农林学院 Petrovskaya Agricultural Academy	1889 年彼得罗夫农学院，1894 年莫斯科农学院，1923 年莫斯科季米里亚捷夫农学院。
1876	荷兰	国立农业学院 National Agricultural College	1918 年瓦格宁根农学院，1986 年瓦格宁根农业大学，1997 年与荷兰农科院合并，现名瓦格宁根大学与研究中心（WUR）。2017 年 U.S. News & World Report 全球最佳农业科学大学排名第一位。

（二）第二次产业革命促进了美国农学院大学化

1. 科学研究职能与学术体制建立

18世纪末—19世纪初，欧洲形成了新的学术体制，标志性事件是柏林大学的创办和哲学博士（Ph. D）的制度化。"研究性大学的起源根植于政府与市场所导致的学术行为方式的变迁。德国的政府官员和市场代言人共同致力于对在其看来处于蒙昧状态的学术体制实施改革和现代化[7]。"哥廷根大学于1742年设立了科学学会。1810年柏林大学创办后，"洪堡原则"使科学研究成为大学继教学之后的第二职能，并从科学家的个人兴趣上升为一项重要的社会事业，使大学实现了第一次边界扩展。

经过两个半世纪斗争，"一个新的学位——哲学博士学位，于1789年之后开始在德国各邦传播开来……渐渐地传遍欧洲和美洲，最后传遍世界。这个在中世纪闻所未闻，在近代早期大部分时间内饱受争议的事物，将以学术世界的日耳曼征服者和新知识英雄的形象进入现代社会[7]。"柏林大学成立时便设立哲学博士学位，校长施莱尔马赫（Schleiermacher）认为，"哲学博士表达了该科系和所有知识的整体统一性。"通过学位论文、答辩、相关礼仪及研讨班（seminar）、研究所等被马克斯·韦伯称之为学术卡里斯玛（Charisma）中培养的哲学博士，"在处理学术知识的过程中，表现出个性、特殊性、原创性和创造力，促进了学术事业的繁荣[7]。"

2. 美国赠地农学院的建构与大学化

美国是世界高等教育也是高等农业教育的集大成者。始于德国的第二次产业革命，逐步扩展到欧洲、美国和日本。南北战争后至二战结束，是美国实现工业化、现代化并成为世界头号经济强国的重要时期。美国高等教育在继承了英国古典自由教育基础上（如常春藤联盟高校），吸收了法国国民教育思想（如创办公立教育机构）和德国研究型大学经验（如约翰·霍普金斯大学的创办），结合了美国的实用主义哲学（Pragmatism），逐步建立了美国特色的高等教育体系。

美国建国前后，鉴于"学院"象征着社区的尊严和文明等原因，各地积极地筹建了500多所小型学院，主要包括农业在内的专科学校。农业教育里程碑式的发展始于林肯时代的公立赠地学院。赠地学院实现了教学、研究和社会服务的有机统一，使大学继"洪堡原则"后实现了第二次边界扩展。农业服务体系与农业现代化建设相互交织地成长，促进了赠地农学院的空前发展，并在哲学、制度和实践层面形成一整套支持其建构的基础。

在哲学层面，拉尔夫·瓦尔多·爱默生（Ralph Waldo Emerson）的美国本土意识与约翰·杜威（John Dewey）的实用主义哲学促进了高等教育"政治论"哲学的形成，是大学第三职能的哲学基础。1837年，爱默生在哈佛大学优等生联谊会上发表了题为《美国学者》的演讲[8]，提醒美国青年，今后不是要成为在美国的德国学者、英国学者，要成为立足于美国生活的美国学者。实用主义哲学兴起于19世纪末，主要依据是达尔文主义，所表达的权宜功用、自由民主、个人主义、人道主义、乐观主义和冒险精神，强调大学应为美国和美国人民服务，应成为美国民族特征的反映。

在制度层面，莫里尔法案（Morrill Act，1862）构建了公立农学院体系，哈奇法案（Hatch Act，1887）构建了由农学院托管的农业试验站体系，史密斯－利弗法案（Smith-Lever Act，1914）构建了农学院与地方政府合作的农业推广体系，在传统的教学、纯粹的学术研究与社会现实需求之间架起了桥梁，形成了教学、科研与推广"三位一体"的农学院办学模式。据美国农业部2009年统计，美国共有109所具"赠地身份"的院校，其中"1862机构"（依照1862莫里尔法案而获得资助的大学或学院）57所、"1890机构"（受益于1890莫里尔法案的大学或学院）18所和"1994机构"（受益于1994年中小学教育再授权法案的土著居民学院）34所[9]。

在实践层面，康奈尔计划（Cornell Plan）、威斯康星思想（Wisconsin Idea）与加利福尼亚思想（California Idea）促进了大学的结构性改革。1868年，康奈尔大学首任校长安德鲁·怀特（Andrew White）提出：大学应促成文雅教育与实际研究建立密切联系，应适应美国人民和现时代的需要。他为农学、机械学、工程学、矿产学和医学等应用学科设计了各种不同的学位课程，同时也设计了通识性的学位课程，有的包括古典教育，有的则不包括[10]。1904年范·海斯（Van Hise）出任威斯康星大学校长，根据该校推广维生素专利促进全州畜牧业发展的经验，强调大学与州政府密切合作，积极发展知识和技术的推广应用事业，形成了威斯康星思想，标志着"社会服务"作为大学第三职能的正式形成。1960年加州大学总校长克拉克·科尔（Clark Kerr）制订的"加利福尼亚高等教育总体规划"[11]，将该州高等教育分为三级，即社区学院、州立大学和多校区研究型大学，构成了连贯的体系。

19世纪以来，生物学的快速发展促进了"农业技术的科学化"，如施莱登（Schleiden）细胞学说（1838）、利比希（Liebig）植物营养学说（1840）、达尔文（Darwin）生物进化论（1859）、孟德尔（Mendel）遗传学说（1865）、瓦维洛夫（Vavilov）作物起源中心学说（1926）和摩尔根（Morgan）细胞遗传理论（1928）等。至1900年美国大学联合会（AAU）成立时，标准的农业科学体系已经初步建立，包括土壤学、农学、植物病理学、园艺学、畜牧学、兽医学等自然科学，也包括农业经济学等社会科学[12]。"在大学转型时期，美国的工业化进展十分顺利。工业化影响了美国农业的发展，新型农业机械的发明不仅增加了农产量，而且扩大了农产品的出口量[13]。"

现代化建设需要高等教育提升自然科学、农业、机械和工业等研究领域的价值，推崇以研究和知识探究为最终目的的活动，并积极参与社区服务。这就必须改变殖民地时期沿袭下来的观念，将新型学院转变为大学。"学院大学化"理念可以追溯到那些受到德国高等教育影响的人们身上。丹尼尔·吉尔曼（Daniel Gilman）、安德鲁·怀特和查尔斯·艾略特（Charles Eliot）等校长，对约翰·霍普金斯大学、康奈尔大学、哈佛大学等大学的建立与转型发挥了重要作用。康奈尔大学将私立大学卓越性与公立大学公益性结合，是美国第一所具综合性大学特征的大学，并最早将农业科学引入大学殿堂，成为世界农业学科引领者。其他大学紧随其后，很多老式学院也都通过增设研究生院和专业学院，强化大学的研究、教学和公共服务职能，进而转变成为大学[13]。

在"学院大学化"运动中，美国赠地农学院于 20 世纪中前期逐步更名为大学（表 3），并走出了一条从农学院到州立大学、研究型大学和世界一流大学的发展道路。在 2011 年世界大学学术排名（Academic Ranking of World Universities 简称 ARWU）榜中，世界前 500 强大学中美国大学 151 所，其中 56 所是赠地学院（占 37%），且全部是"1862 机构"[14]，为美国的世界一流大学建设做出了重要贡献。

表 3　美国代表性赠地农学院（1862 机构）的"大学化"

建校时间	建校时的机构名称	更名时间	"大学化"后的机构名称
1855	A C of the State of Michigan	1964	Michigan State U
1855	Farmers' High School of Pennsylvania	1953	Pennsylvania State U
1856	Maryland A C	1920	U of Maryland-College Park
1858	Iowa A C and Model Farm	1959	Iowa State U
1863	Kansas State A C	1959	Kansas State U
1863	Massachusetts A C	1947	U of Massachusetts Amherst
1864	Vermont A C	1865	U of Vermont
1865	A and M C of Kentucky	1916	U of Kentucky
1865	Maine State C of A and M	1897	U of Maine
1867	A C of West Virginia	1868	West Virginia U
1868	U of California / C of A and M（1905）	1952	UC System / UC-Davis（1959）
1868	Corvallis State A C	1961	Oregon State U
1870	Colorado A C	1957	Colorado State U
1871	The A and M C of Texas	1963	Texas A and M U
1872	Virginia A and M C	1970	Virginia Polytechnic Institute and State U

建校时间	建校时的机构名称	更名时间	"大学化"后的机构名称
1878	A and M C of the State of Mississippi	1958	Mississippi State U
1881	Storrs A School	1939	U of Connecticut
1881	Dakota A C	1964	South Dakota State U
1884	Florida A C	1903	U of Florida
1887	North Carolina C of A and M Arts	1962	North Carolina State U
1888	A C of Utah	1957	Utah State U
1889	Clemson A C of South Carolina	1964	Clemson U
1890	North Dakota A C	1960	North Dakota State U
1890	Oklahoma Territorial A and M C	1957	Oklahoma State U of A and Applied Sciences
1890	Washington A C and School of Science	1959	Washington State U

资料来源：根据各大学网站资料整理。

注1：第二莫里尔法案（1890）前成立的农学院，不含威斯康星（1848）、康奈尔（1865）等成立时即称大学的"1862机构"。加州大学系统中原总部伯克利接受了赠地学院法案，其位于戴维斯的农场于1938年成立戴维斯农学院，伯克利、戴维斯、河滨三个分校均享受赠地基金支持，这里仅以戴维斯为代表。

注2：英文缩写：A（Agricultural）、C（College）、M（Mechanical）、U（University）。

（三）第三次产业革命重构了世界高等农业教育

1. 可持续发展理念的形成

二战结束后，全球经济进入高速增长期，科学技术突飞猛进，绿色革命提高了粮食供给能力，但也带来了人口高速增长。在过去200年工业化进程中，人类美化了地球，也损坏了地球。由于过分追求工业化和经济增长，一场引发"人类困境"的思考正悄然而至，其中有两本极具影响力的著作：第一本是美国科普作家蕾切尔·卡森（Rachel Carson）于1962年出版的《寂静的春天》，该书首次揭露了美国农业、商业界为追逐利润而滥用农药的事实，并对美国滥用杀虫剂而造成生物及人体受害情况进行了抨击，使人们认识到农药污染严重性；第二本是罗马俱乐部委托麻省理工学院梅多斯（Meadows）于1972年出版的《增长的极限》，该书用经济、人口、粮食、资源和环境五大要素构建的"世界末日模型"，第一次向人们展示了在一个有限星球上无止境地追求增长所带来的后果。作为"悲观主义"典型代表，该书引发了一场全球范围关于世界未来的争论，把人类视野扩大到全球范围，成为"可持续发展理念"的有力推动者，产生了联合国体系与国际组织的一系列纲领性文件，如《人类环境宣言》(1972)、《世界自然保护大纲》(1980)、《我们共同的未来》(1987)和《21世纪议程》(1992)等。

由近代科学革命形成的以牛顿、笛卡尔为代表的分析范式（Paradigm），到20世纪中后期，正受到系统论和耗散结构理论等形成的系统范式的挑战，人们的思维方式从线性的、机械的、还原的和孤立的转向非线性的、有机的、不可逆和开放的系统。系统科学为思考人类可持续发展等"复杂问题"提供了基本思维方式。

2. 现代高等农业教育系统重构

以1953年DNA双螺旋结构的发现为标志[15]，生命科学跨入分子时代，生物工程成为新兴学科。20世纪70年代后期，原子能、电子计算机、空间技术和生物工程的发明和应用，成为推动第三次产业革命的重要力量。

20世纪60年代后期发生的绿色革命，是继19世纪末机械革命、20世纪初化学革命和20世纪前半叶杂交育种革命后的第四次农业革命。绿色革命大幅度提高了粮食生产能力，如中国的杂交水稻。第一次绿色革命发生在人类社会主流已经进入工业经济时代，带来过量使用灌溉用水、化肥和除草剂等化学物质，造成了环境负面效应；第二次绿色革命面临的是信息经济时代和生物经济成长阶段，强调开发应用高产、环境友好的绿色技术，倡导绿色消费方式，在实现食品增长的同时注重环境可持续发展。在生物经济时代，农业的功能除满足人们温饱条件、为工业增值提供原材料外，还将体现在增进人类健康、提高营养品质与环境可持续发展等方面[16]。

19世纪初以来，通识教育在美国大学逐步从争议走向盛行，产生了两次通识教育运动，其经典文献有：《1828耶鲁报告》《康奈尔计划》《名著教育计划》《哈佛红皮书》等。农业教育已从沿用早期的"专业教育"模式，转向积极吸纳"通识教育"的理念，适应经济社会发展和高等教育大众化的需要。美国赠地农学院"大学化"后的机构形态，为开展有效的通识教育奠定了知识和思维基础。农业教育与通识教育之间的冲突与对话（表4），既是农业文明与工业文明的对话，也是人与自然的新对话。

表4　1828耶鲁报告后的农业教育与通识教育的冲突与对话

时间	焦点	原因	结果
1828年	耶鲁报告	美国建国后，各州积极筹建包括农业在内的新型学院，专业教育对古典教育形成了冲击	1828年耶鲁大学戴校长为捍卫古典教育，制订《1828耶鲁报告》。1829年，Packard提出通识教育一词

时间	焦点	原因	结果
1868 年	康奈尔计划	1862 年莫里尔法案促进了农业教育，康奈尔大学接受了该法案，回应了通专教育之争	1868 年怀特校长提出康奈尔计划，适应时代需要，将古典与应用学科结合，农业科学进入大学殿堂
1904 年	威斯康星思想	1904 年范·海斯就任威斯康星大学校长后，根据农业推广经验，强调大学与州政府合作	威斯康星思想从公立大学公共投资公法性与制度主义角度，促进大学第三职能（社会服务）正式形成
1962 年	寂静的春天	二战后，工业化加速，农业上大量使用化学物质造成严重环境污染，引发人类困境的思考	1962 年卡森《寂静的春天》及 1972 年罗马俱乐部《增长的极限》，促进了全球行动并形成可持续发展理念
21 世纪	经济全球化	经济全球化使农业从局部小市场走向全球大市场，要重视粮食安全与国家安全的关系	在系统科学、可持续发展、生物技术和信息技术影响下，农业成为影响"全球人类生存与健康"的绿色产业

在可持续发展理念和学科综合化趋势影响下，越来越多的"核心赠地学院"大学做出了战略调整，一个明显的变化是学院名称。在"1862 机构"成立 100 年后，所有农学院仍然保持着成立时的称呼，要么是农学院，要么是农业与家庭经济学院。但在新世纪初，仅有不到 20% 的学院还保持着这些名称（表 5）[9]。这些调整中最流行的是"农业与生命科学学院"，反映了对基础科学的关注；其次是农业与"自然资源"和"环境"的结合，反映了可持续发展理念和系统思维。

这次重构可以说是世界性的：一方面，世界主要国家的高等农业教育都朝着综合交叉方向发展，除中国外，直接叫"农业大学"名称的机构越来越少；另一方面，世界一流大学普遍重视农业、生物与环境学科，如浙江大学、杭州大学、浙江农业大学和浙江医科大学四所高校合并后成立了农业生物环境学部。将"NTU-Ranking 农业"和"QS 农林"置于"ARWU 前 100 名大学"中进行分布密度测量，我们发现：排名前 100 的世界一流大学中 60% 具有世界一流的农业学科。

20 世纪末，在知识经济的浪潮中，高等教育领域出现了学术资本主义（Academic Capitalism）概念，并形成一种新的大学形态——创业型大学（Entrepreneurial University），伯顿·克拉克（Burton Clark）将其描述为具有积极进取、富有创业精神的大学。亨利·埃茨科威兹（Henry Etzkowitz）认为，

表 5　美国 1862 赠地院校相关学院名称的变化 /%

学院名称	年份				
	1962	1974	1988	1993	2007
农业（Agriculture）[a]	86	64	58	45	15
农业与家庭经济（Agriculture and Home Economics）	14	8	8	7	1
农业与自然资源（Agriculture and Natural Resources）		6	8	13	15
农业与生命科学（Agriculture and Life Sciences）		14	14	15	13
农业与环境（Agriculture and Environment）		4	2	4	4
院名中不含"农业"		2	6	9	49
其他[b]		2	4	7	3

资料来源：Myers，J.H.. Rethinking the Outlook of Colleges Whose Roots Have Been in Agriculture ［M］. Davis：University of California 以及 USDA Food and Agricultural Education Information System （1993-2007）.

注："a"包括"农业"（Agriculture）和"农业科学"（Agriculture Sciences）；"b"指"农业与生物科学"（Agriculture and Biological Sciences）等含"农业"但不包含表中所列学科的学院名称。

创业型大学是"大学—产业—政府"关系"三螺旋"（Triple Helix）发展的生产力，具有知识资本化、相互依存性、相对独立性、混合形成性和自我反应性五个标准[17]。如威斯康星大学麦迪逊分校（UW-Madison）以校友研究基金会（WARF）为纽带，构建了"收集大学研究成果—申请与销售专利—捐赠大学研究—产生新的成果"的闭环系统，有效地链接了大学与市场。瓦格宁根大学组建了农业技术与食品科学、植物科学、动物科学、环境科学、社会科学五个学部群（Group），鼓励自然科学与社会科学的跨学科合作，推进教育、科研、市场和政策的联合创新。

三、中国高等农业教育发展的三个时期

洋务运动提倡的"中体西用"，成为晚清教育改革的指导思想。1862 年创办的京师同文馆，是中国最早的新式学堂。1898 年批准了最早由国家开办的新式学堂——京师大学堂。1902 年制定的《钦定学堂章程》，包括从小学到大学的各级章程[18]。中国近现代高等农业教育大体分为三个时期：综合化时期、专门化时期和多样化时期。

（一）综合化时期（晚清至民国教育体制）

《钦定学堂章程》颁布后，清政府相继停书院（1902）、废科举（1905），放弃了中国传统的教育体制。1912—1913 年，民国政府颁布了《大学校令》《师范教育令》和《实业教育令》等法规。1922 年，蔡元培发表《教育独立议》，掀起收回教会学校教育权运动。国民党北伐成功后，1928 年颁布了"戊辰学制"，试行了大学院和大学区制。1929 年《中华民国教育宗旨及其实施方针》规定了大学的教育目标；将大专院校分为国立、省立、市立和私立四种；大学分科改为学院，分设文、理、法、农、工、商、医各学院，并增设教育学院[19]。以后，民国政府陆续颁布了一些法规，如 1934 年《大学组织法》和《大学研究院暂行组织规程》，1935 年《学位授予法》和《硕士学位考试细则》，1940 年《博士学位评定会组织条例法》（实际并未授予），1946 年《大学研究所暂行组织规程》等[18]。

中国近代高等农业教育始于 19 世纪末，在半封建半殖民地的旧中国，具发展缓慢，基础薄弱等特点。晚清至民国创办的农业教育机构主要有三类，一是政府创办的农务学堂和综合性大学农学院；二是外国传教士创办的教会大学农学院；三是实业家创办的地方农业学校（表 6）。1930 年后，高等农业教育主要是在综合性大学农学院体制下进行的。1949 年，全国独立的高等农业学校 20 所、综合性大学农学院 23 所，多数分布于沿海地区，内地较少[20]。

表 6 中国代表性农林院校主要创办源与历史演变

机构名称（现）	主要创办源	全国院系调整后名称	备注
华中农业大学	1898 湖北农务学堂	1985 华中农学院	
	1936 武汉大学农学院		
南京农业大学	1902 三江师范学堂农科	1984 南京农学院	
	1914 金陵大学农科		
北京林业大学	1902 京师大学堂林学目	1985 北京林学院	
中国农业大学	1905 京师大学堂农科大学	1952 北京农业大学	1995 年合并
	1952 北京农业机械化学院	1985	
浙江大学农业生物环境学部	1910 浙江农业教员养成所	1960 浙江农学院	1960 年浙江农业大学，1998 年并入浙江大学
西北农林科技大学	1934 西北农林专科学校	1985 西北农学院	1999 年合并
东北林业大学	** 浙江大学森林系	1985 东北林学院	
	** 东北农学院森林系		
河北农业大学	1902 直隶农务学堂	1958 河北农学院	1988 年合并
河南农业大学	1902 河南大学堂	1984 河南农学院	

续表

机构名称（现）	主要创办源	全国院系调整后名称	备注
湖南农业大学	1903 修业学堂 ** 湖南大学农学院	1994 湖南农学院	
江西农业大学	1905 江西高等实业学堂	1980 江西农学院	
沈阳农业大学	1906 省立奉天农业学堂 ** 复旦大学农学院	1985 沈阳农学院	
四川农业大学	1906 四川通省农业学堂	1985 四川大学农学院	1956 年四川农学院，2001 年合并
山东农业大学	1906 山东农业高等学堂	1983 山东农学院	1999 年合并
山西农业大学	1907 铭贤学堂	1979 山西农学院	
华南农业大学	1909 广东农业讲习所 1917 岭南学校农学部	1984 华南农学院	
上海海洋大学	1912 江苏省立水产学校	1985 上海水产学院	2008 年改为现名
安徽农业大学	1928 安徽大学农学院	1995 安徽农学院	
福建农林大学	1936 福建协和大学农科 1940 福建省立农学院	1986 福建农学院	2000 年合并
甘肃农业大学	1946 国立兽医学院	1958 西北畜牧兽医学院	

注：本表代表性农业教育机构主要为晚清至抗战前（1937 年）创办且目前仍继续办学的机构，抗战后创建的学校选民国政府创办的国立西北农学院和国立兽医学院，新中国成立后新组建学校选东北林业大学。1952 年全国院系调整时的非第一创办源未标注创办年（用 ** 代替）。前 7 所学校现由教育部主管，其余均由地方主管。备注栏中未作标注者，均未发生学校合并。

民国时期，国立中央大学农学院、私立金陵大学农学院、国立北京大学农学院、国立西北农学院和湖北省立农学院等五所农学院的影响相对较大，是目前教育部主管的四所农业大学的前身。胡适在 1956 年为《沈宗瀚自述》作序时，对民国农业教育机构的评价为："民国三年以后的中国农业教学和研究的中心是在南京。南京的中心先在金陵大学的农林科，后来加上南京高等师范学校的农科。这就是后来金大农学院和东南大学（中央大学）的农学院。"这两个农学院的初期领袖人物都是美国几个著名的农学院出身的现代农学者。他们都能实行他们的新式教学方法，用活的教材教学生，用中国农业的当前困难问题来做研究[21]。

中央大学农学院院长邹秉文，借鉴美国农学院"三位一体"办学模式，提出了"农科教结合"的农学院办学思想，成为新型农业教育的典范；提出创办中央和各省农业改进所的建议，促成了1932年中央农业实验所（即国家农科院）的成立，农业改进所成为各省农科院和推广中心的前身；1943年作为中国政府代表参加联合国粮农组织（FAO）的筹备，并担任筹委会副主席，使中国成为FAO的创始国之一。此外，该院还创办了中国大学第一个生物系和生物研究所，创办了中国农学会、中国植物学会、中国动物学会、中国昆虫学会、中国植物病理学会和中国畜牧兽医学会[22]。

（二）专门化时期（模仿前苏联办学模式）

新中国成立伊始，经济处于恢复期，教育上主要是接管旧学校，根据中国人民政治协商会议通过的《共同纲领》中对文教工作的政策规定，以及教育必须为国家建设服务，学校必须向工农大众开门的总方针，对旧的教育制度和教育内容进行初步改造，建立和发展新型的人民教育。

1952年的全国院系调整，把设在综合大学的农、林学院（系、科、组），组成独立的农林院校，并在沿海、边远和少数民族地区新建一批农牧、林业、农机化和水产院校。1954年调整工作结束时，独立的农（机、水产）学院30所，除四个省区外，各省至少有一所农学院，基本改变了地区分布不平衡状况。

此期，中国全面推行前苏联"专门化"教育模式，综合性大学被肢解。1953年起，改系科为专业，改学分制为学年学时制，设置教研组，制订统一的教学计划和大纲，翻译前苏联教材，请前苏联专家来华讲学等。这个重要转折时期，完成了对旧学校的改造和调整，对建立社会主义教育体制起到重要作用，培养的人才基本适应了经济建设的要求。但也存在一些问题，主要是学习前苏联经验结合我国实际不够，否定了旧学校有些合理的部分，如综合大学、学分制等，造成学科单一，基础理论薄弱，办学模式不灵活[21]。

这些弊端在20世纪60年代已经被认识到，但是在与世界体系隔绝甚至对立的条件下，中国在日趋极端的"继续革命"的大氛围下，完全抛开世界上所有的教育模式，独自探索一条"教育革命"的道路。这条道路在"文化大革命"中走到了极端这无疑是世界现代教育史上最具特色的办学模式，不仅"举世无双"，而且"史无前例"[23]。

"文革"期间，在全国历史较久的33所高等农业院校中，被迫搬迁、撤销、合并或分散办学的就有25所，有23所院校被迫搬迁三、四次之多，有的还几易其名[24]。如北京农业大学，1969年被迁到河北省的涿县农场（现涿州市），1970年又搬到陕西省清泉县的甘泉沟；南京农学院于1972年搬至扬州（仪征青山），与原苏北农学院合并成立江苏农学院，其农机化系撤并到镇江农业机械化学院。

（三）多样化时期（改革开放以后的转变）

改革开放以后，高等教育获得了新生，以 1977 年恢复高考、1978 年恢复研究生教育及召开全国科学大会和 1981 年实施学位制度为标志。高等农业院校纷纷从外迁地搬回原址恢复办学，农业部组织制订了全国 12 个通用专业教学计划，恢复本科四年学制。农业部与教育部先后确定 18 所农业、农垦、水产院校为农业部属院校，其中 8 所院校为全国重点大学。高等农业教育在恢复中发展，在整顿中逐步提高[21]。

1993 年颁布的《中国教育改革和发展纲要》，是适应中国经济社会发展和建立社会主义市场经济体制要求的一个纲领性教育文件[25]，进一步确立了教育优先发展的战略地位，把实施科教兴国作为基本国策。此后，中国又陆续出台了人才强国和创新型国家建设等一系列重大战略。以 1999 年为开端的普通高等学校大扩招，加快了高等教育大众化进程。1998—2000 年进行的高等教育管理体制改革，打破了部门办学的旧体制，实行中央与地方两级管理，基本形成了适应时代需要的新体制。

1990 年中国有高等农业院校 65 所。从 20 世纪 90 年代开始，在全国高校向综合化发展过程中，农业院校出现了与农、林、水等院校在农林大学名称框架下的"同质横向合并"（如中国农业大学）、农科院校与非农院校在综合性大学名称框架下的"异质纵向合并"（如浙江农业大学）和农业院校"独立自主发展"（如南京农业大学）的多元模式格局，总体上呈现了 1952 年全国院系调整的逆走向[26]。

"211 工程"建设后期，一些省属农业院校并入省域"中心大学"，如海南大学（华南热带农业大学）、广西大学（广西农学院）、贵州大学（贵州农学院）、西藏大学（西藏农牧学院）、青海大学（青海农牧学院）、石河子大学（石河子农学院）、宁夏大学（宁夏农学院）和延边大学（延边农学院）等，这些学校在地图上的连线正巧拟合为"C"形。沿海的水产学院从淡水走向海洋，纷纷更名为海洋大学，如大连海洋大学、上海海洋大学、浙江海洋大学和广东海洋大学。

"211 工程""985 工程"和"双一流建设"促进了中国从教育大国向教育强国的迈进。2017 年，全国 137 所高校入选"双一流建设"计划，其中涉农高校 17 所（以含有涉农学科建设为据），包括一流大学建设高校 5 所、一流学科建设高校 12 所。

改革开放以来，中国高等农业教育随着教育改革和农业现代化建设的步伐发展，呈现了大学化、多样性和高水平三个显著特征：

（1）单科性农学院逐步向多科性、综合性农业大学方向发展。以 1984 年农业部批准南京农学院、华南农学院更名为农业大学为起点，各农学院纷纷更名为农业大学，成为政府和市场双重推动下的农学院"大学化"群体行动（表6）。其学科设置从经典的"农科四方城"（农学、生物学、农业工程、农业经济）向更广泛的领域延伸。

（2）高等农业教育的机构类型呈现了多样化趋势，包括独立建制的农林大学、综合性大学农学院、其他类大学中的涉农学科，具有农业教育职能的科研机构，以及一大批涉农高等职业技术学院。

（3）一些研究型大学已经跻身世界农科前列。在2017年U. S. News & World Report"全球最佳农业科学大学"（Best Global U. for Agri. Sciences）排名中，中国农业大学、浙江大学和南京农业大学分别位居世界第四位、第八位和第九位，且这三校的"农业科学"和"植物与动物科学"均进入了ESI全球前1‰；同时，西北农林科技大学的"农业科学"和华中农业大学的"植物与动物科学"也进入了前1‰。

四、结果及讨论：乡村振兴战略与中国"新农科"教育

前三次产业革命，分别使人类进入了"机械化""电气化"和"自动化"时代。我们当前正处在第四次产业革命的开端，是在世纪之交从数字革命的基础上发展起来的。从基因测序到纳米技术，从可再生能源到量子计算，各领域的技术突破风起云涌。这些技术之间的融合，以及它们横跨物理学、数字和生物学几大领域的互动，决定了第四次产业革命与前几次革命有着本质不同[27]。第四次产业革命将使人类跨入"智能化"时代。

中国已经进入全面建成小康社会和社会主义强国的关键时期，提出了"创新、协调、绿色、开放、共享"五大发展理念，将新型工业化、城镇化、信息化与农业现代化"四化同步"推进。"一带一路"倡议和"乡村振兴战略"为中国农业农村现代化提出了新的要求，高等农业教育应主动进行农科人才供给侧结构性改革，对"新农科"的内涵、培养目标和培养模式进行专题研究，探索并实施"新农科"教育。

2017年2月，中国工程教育发展战略研讨会形成的"复旦共识"，提出了"新工科"概念，并被教育部采纳并组织实施。从新时代的特征和新型产业发展需求来看，应该还有"新农科""新医科"等与之并行。广大涉农院校对开展"新农科"教育，正逐步取得共识。中国农业大学、南京农业大学、浙江大学等涉农高校已经开展了前期研究。2017年11月3日，在上海海洋大学召开的华东地区农林水高校第25次校（院）长协作会上，新任浙江农林大学校长（浙江大学原副校长）应义斌在会议交流时，提出了开展"新农科"教育研究的建议。

2017年12月7日，在海南大学召开的中国高等农林教育校（院）长联席

会第 17 次会议预备会上，南京农业大学副校长董维春倡议实施"新农科"教育，提出"新农科"主要具有以下特点：一是，新农科是适应经济全球化和中国现代农业发展的需要，在培养理念与培养模式等方面超越传统农业教育范式，具有国际化、信息化、市场化和集约化等特征，并促进人与自然的和谐；二是，新农科是建立在产业链和综合性基础上，打破专业口径过小、培养模式单一的现状，促进相关专业的有效链接与联动，以农业及相关产业系统为背景培养新型农科人才；三是，新农科是对卓越农林人才教育培养计划的重要补充，在拔尖创新型、复合应用型、实用技能型基础上进行"本研衔接"，构建本科、硕士、博士人才培养的多样化立交桥。

2018 年 2 月，《中国农业教育》发表了中国农业大学发展规划处长刘竹青的"新农科：历史演进、内涵与建设路径"一文。该文把"新农科"描述为："以中国特色农业农村现代化建设面临的新机遇与新挑战，以及创新驱动发展战略和高等教育强国战略的新需求为背景，推进农业学科与生命科学、信息科学、工程技术、新能源、新材料及社会科学的深度交叉和融合，拓展传统农业学科的内涵，构建高等农业教育的新理念、新模式，培养科学基础厚、视野开阔、知识结构宽、创新能力强、综合素质高的现代农业领军人才，提升与拓宽涉农学科的科学研究、社会服务、文化传承及国际合作与交流的能力，增强我国高等农业教育的国际竞争力，推进产出高效、产品安全、资源节约、环境友好的中国特色的农业农村现代化建设与绿色发展，把我国建成高等农业教育的强国，为实现中华民族伟大复兴的中国梦提供重要支撑[28]。"

建议开展的"新农科"教育，应在"五大发展理念"和"四化同步"指导下，将乡村振兴战略对接经济全球化和正在兴起的第四次产业革命，兼顾世界农业现代化的发展规律和中国农业农村的现实需求，探索新时代中国特色高等农业教育体系；加强高等农业教育的综合改革，进一步转变教育理念、改进培养模式，突破长期单科性办学的局限性，走出象牙塔，践行现代大学的社会责任；面向 2035 年基本实现农业农村现代化和 2050 年实现乡村全面振兴目标，通过对"卓越农林人才教育培养计划"的升级改造，加强农科人才供给侧结构性改革，构建"本研衔接""交叉渗透""科教协同""产教融合"的多样化人才培养立交桥，提高卓越农林人才在知识、能力和素质等方面对新时代的适应性。

参考文献

［1］高亮之. 农业系统学基础［M］. 南京：江苏科学技术出版社，1993：11-12.

［2］曹幸穗. 大众农学史［M］. 济南：山东科学技术出版社，2015：1.

［3］石元春．现代农业［J］．中国高教研究，2002，18（7）：17-19.

［4］贺国庆．德国和美国大学发达史［M］．北京：人民教育出版社，1998：16-19.

［5］里德-西蒙斯．欧洲大学史（第二卷）：近代早期的欧洲大学（1500-1800）［M］．河北：河北大学出版社，2008：563，585-586，652-653.

［6］柳友荣．英国新大学运动及其对我国应用型本科教育的启示［J］．高等教育研究，2011，（8）：94-99.

［7］克拉克．象牙塔的变迁：学术卡里斯玛与研究性大学的起源［M］．北京：商务印书馆，2013：1，215，229.

［8］林玉体．哈佛大学史［M］．台北：高等教育文化事业有限公司，2002：138.

［9］刘晓光，董维春．赠地学院在美国农业服务体系发展中的作用及启示［J］．南京农业大学学报：社会科学版，2012，12（3）：133-139.

［10］马斯登．美国大学之魂［M］．北京：北京大学出版社，2015：125.

［11］道格拉斯．加利福尼亚思想与美国高等教育：1850-1960年的总体规划［M］．北京：教育科学出版社，2008：250.

［12］李典军．美国农政道路研究［M］．北京：中国农业出版社，2004：132.

［13］科恩．美国高等教育通史［M］．北京：北京大学出版社，2010：92，96-100.

［14］刘晓光，郭霞，董维春．美国赠地院校迈向世界一流农业大学的路径分析：基于2011-ARWU数据［J］．南京农业大学学报：社会科学版，2014，（3）：113-122.

［15］沃森．双螺旋：发现DNA结构的故事［M］．北京：化学工业出版社，2009.

［16］曹幸穗．大众农学史［M］．济南：山东科学技术出版社，2015：175-180.

［17］埃茨科威兹．三螺旋：大学·产业·政府三元一体的创新战略［M］．北京：东方出版社，2005：51.

［18］吴镇柔，陆叔云，汪太辅．中华人民共和国研究生教育和学位制度史［M］．北京：北京理工大学出版社，2001：1-2，6-9.

［19］娄立志，广少奎．中国教育史［M］．济南：山东人民出版社，2008：191-300.

［20］毛达如．中国普通高等农业学校要览［M］．北京：中国农业大学出版社，1995：3，5.

［21］沈宗瀚．沈宗瀚自述［M］．安徽：黄山书社，2011：110.

［22］袁家明，卢勇，董维春．中央大学农学院若干重要史实研究［J］．中国农

史，2017（4）：123-136.

［23］牛大勇.中国大学教育体制的变迁：以北京大学本科为例［J］.中国农业教育，2018，（1）：1-8，92.

［24］刘曰仁，曹永华，杨鑫淼.中国农科研究生教育（1935-1990）［M］.沈阳：辽宁科学技术出版社，1991：72.

［25］改革开放30年中国教育改革与发展课题组.教育大国的崛起（1978—2008）［M］.北京：教育科学出版社，2008：29.

［26］刘志民，陈万明，董维春.高等农业院校发展模式取向研究［J］.高等农业教育，2002，（11）：15-18.

［27］施瓦布.第四次工业革命［M］.北京：中信出版集团股份有限公司，2016：5.

［28］刘竹青.“新农科”：历史演进、内涵与建设路径［J］.中国农业教育，2018，（1）：15-21，92.

高等农业教育发展：历程、形势、问题与路径 *

朱以财　刘志民　张　松

摘要： 中国高等农业教育经历了孕育萌芽期、动荡初成期、恢复重建期、新的腾飞期等四个发展阶段，探索出了一条适应中国经济发展特色的高等农业教育发展道路，形成了中国特色的高等农业教育体系，并日趋完善，高等农业教育的内涵建设也在稳步推进，但支持高等农业教育发展的政策协同有待加强，面向农村的高等农业教育培养保障机制尚待健全。新常态下，中国高等农业教育发展应把握时代脉搏，适应国家需求；尊重教育规律，制定长远规划；整合教育资源，促进社会协同；坚持立德树人，回归育人求真。

关键词： 新常态；高等农业教育；发展

党的十九大报告指出，农业农村农民问题是关系国计民生的根本性问题，必须始终把解决好"三农"问题作为全党工作重中之重[1]。在当前人均资源不断下降的背景下，发展和提升高等农业教育，为农业和农村经济发展提供人才支撑、科技贡献和智力支持，是解决"三农"问题的关键。经过改革开放后40年的快速发展，中国经济目前已经进入经济增速进一步放缓、经济结构进一步优化、转型升级进一步加快的新常态阶段，与经济发展新常态相辅相成的高等教育在经历了1999年高校扩招以来的"超常规"发展后，也开始探索"新常态"下的转型之路。基于此，本文拟对中国高等农业教育的发展历程、当前中国高等农业教育面临的形势和存在的问题、新常态下中国高等农业教育发展的

＊ 基金项目：中国工程院咨询研究重点项目子项目"新常态下中国高等农业教育的供需差距研究"（2017-XZ-17-02）。

作者简介：朱以财，南京农业大学公共管理学院博士研究生；刘志民，南京农业大学公共管理学院教授，博士生导师，国际教育学院院长，高等教育研究所所长，江苏教育现代化研究院教育与经济社会发展研究所所长；张松，管理学博士，南京农业大学国际教育学院副研究员。

路径选择等进行研究和探讨，以期对推动我国高等农业教育发展有所助益。

一、中国高等农业教育的发展历程

我国农业历史悠久，是世界农业起源地之一，农业教育则是伴随着农业生产的发生而出现的。传统意义上的农业教育对传播农业知识和发展农业生产具有积极作用，但由于漫长的封建统治，农业生产长期处于"自给"状态，农业知识的传授大都依靠封闭、保守的家传世袭，加上儒家经学长期占据统治地位，士大夫耻涉农桑，羞务工伎[2]，很大程度上阻碍了农业技术的交流与推广，以致农业技术教育长期滞后于经济社会发展。追溯中国高等农业教育的发展历程，可以发现其大致经历了四个发展阶段，即孕育萌芽期、动荡初成期、恢复重建期和新的腾飞期。

中国近现代真正意义上的农业教育曾受到日本"劝农政策"和美国"莫里尔法案"的影响，当时晚清的一批爱国志士在看到日本、美国以及其他西方发达国家先进的农业教育体系对国家经济振兴的贡献后，提出了兴农会、办学堂、设农科等思想，影响比较大的有1893年郑观应的《盛世危言》、1894年孙中山的《上李鸿章书》、1898年康有为的《请开农学堂、地质局折》、1898年张之洞的《设立农务工艺学堂暨劝工劝商公所折》以及1898年梁启超的《农学报序》、《教学政策私议》[3]。1897年，浙江杭州太守林迪臣创办了第一所具有现代意义的涉农专门学堂——杭州蚕学馆，开创了我国近现代单科性农业教育的先河，被称为中国近代最早的职业教育机构。1898年，张之洞在《设立农务工艺学堂暨劝工劝商公所折》中强调了农业教育的重要意义，随后，光绪帝正式下诏兴办各类实业学校，设立农务学堂，在张之洞的主导下，国内第一所农务学堂——湖北农务学堂正式成立，后于1905年升格为湖北高等农务学堂。同期的还有直隶高等农务学堂、江西高等农业学堂、山西高等农业学堂、山东高等农业学堂以及私立安徽高等农业学堂，加上京师大学堂农科，这7所农业学堂被称为中国近代最早建立的农业学堂[4]。1902年京师大学堂设置农科，其后，农业学堂设置专科，标志着中国独立设置高等农业院校的开始[5]，1910年，清末最高学府京师大学堂开办农科大学，同年设置本科，成为我国农业大学的开端[6]。

从相关统计资料可以看出，在清朝末年的实业教育起步阶段，农业教育起步较早，农业学校数和学生数所占比例在农、工、商三业中比较高，可见农业教育在当时得到了高度重视[7]。但这一时期的高等农业教育还处于孕育萌芽期，高等农业教育体系主要是学习和模仿日本的教育模式，未能结合农村实际，忽视了对农民的知识宣传与普及。1912年后到新中国成立前，中国高等农业教育经历了从全面学习日本到借鉴欧美国家的转变，全面抗战开始后，很多农业院校被迫西迁、关停，但也正是在这一动荡时期，多层次的中国农业教育体系初步形成，这是中国高等农业教育的动荡初成期。从 1952 年到"文革"结束，伴随着战后的经济恢复，在学习前苏联高等农业教育的基础上，中国的高等教育经历了一次大规模的院系调整，中国高等农业教育进入重要转折期，一方面培养了一批农业急需的专业人才，满足了社会经济发展的迫切需要；另一方面形成了单科性高等农林院校的布局，削弱了农业学科与其他学科的联系[8]；1978 年十一届三中全会后，"文革"中搬、撤、并、分的学校得到了恢复或重建，高等农业教育得以平稳发展，这一阶段是中国高等农业教育的恢复重建期。1995 年以后，沿着"共建、调整、合作、合并"的思路，高等教育布局再次调整，打破了条块分割的局面[9]，高等农业教育结构布局和资源配置也得到优化，高等农业教育由此进入新的腾飞期。

二、当前中国高等农业教育面临的形势和存在的问题

2014 年 5 月，习近平总书记在河南考察时指出，"我国发展仍处于重要战略机遇期，我们要增强信心，从当前中国经济发展的阶段性特征出发，适应新常态，保持战略上的平常心态[10]。"新常态是一种发展理念，也是一种发展战略，经济发展方式的转变对高等教育发展制度、理念、目标与模式的影响较大[11]，站在新的历史起点，要主动适应经济发展对高等农业教育的新期待，就必须准确把握高等农业教育自身发展面临的新形势、新问题。

（一）中国特色的高等农业教育体系日趋完善

经过一百多年的发展，从模仿日本，转而参照欧美国家，全面学习前苏联，到后来学习借鉴美欧国家、日本教育模式并结合中国实际[12]，办学理念、管理体制、培养目标、教学模式等经历了反复调整与变革，探索出了一条适应中国经济发展特色的高等农业教育发展道路，尤其 1999 年高校扩招后，高等农业教育有了跨越式的发展，农林院校的办学条件有了较大改善，招生规模、人才培养质量不断提高，学科结构、层次结构和地区分布更趋合理，形成了以研究生教育为龙头、全日制本专科教育为主体、留学生教育为窗口、继续教育及干部培训为补充的多模式、多层次相互衔接的高等农业教育体系，并日趋完善。据统计，截至 2016 年 12 月，全国共有普通高校 2 596 所（本科院校 1 237 所，专科院校 1 359 所）[13]，其中独立设置的农林高校 82 所（本科院校 36 所，专科院校 34 所，独立学院 12 所）[14]。2016 年我国农学专业招生157 213 人[15]，比 1999 年增加 113.4%[16]，其中博士研究生 3 480 人，硕士研究生 23 477 人，本科生 72 529 人，专科生 57 727 人；2016 年在校生 529 836 人，比 1999 年增加 174.8%，2016 年毕业生 142 205 人，比 1999 年增加

337.1%。而从 2016 年我国农学专业在校生规模来看，博士研究生 14 291 人，硕士研究生 57 132 人，本科生 279 373 人，专科生 179 040 人，分别是 2005 年在校生规模的 1.93 倍、1.99 倍、1.60 倍和 1.34 倍，2005 年以来在校生规模及发展趋势见图 1[17]。相比较而言，硕士研究生和博士研究生规模增长最快，但由于基数小，图中显示其增长速度不明显，而本科生和专科生由于基数较大，增强速度较为明显。总体而言，近年来我国高等农业教育发展步伐呈现稳定放缓之势。

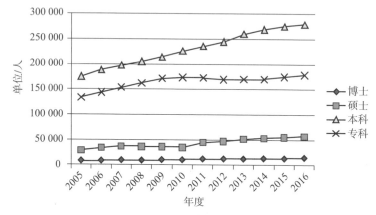

图 1　2005 年以来农学专业在校生规模及发展趋势

从国内几所重点农林类大学的建设规划来看，"特色""高水平""一流"是关键词，他们能根据自身特点在办学定位上有所分化，结合自身特点形成办学特色①。如中国农业大学"正朝着具有中国特色、农业特色的世界一流大学的目标阔步迈进"；西北农林科技大学正努力实现"突出产学研紧密结合办学特色、创建世界一流农业大学"战略目标；湖南农业大学正在为"全面建成特色鲜明、优势突出的高水平教学研究型大学而不懈努力"；南京农业大学则在"朝着世界一流农业大学目标迈进"；华中农业大学的目标是"建成特色鲜明研究型大学"；北京林业大学的目标是"国际知名、特色鲜明、高水平研究型大学"。而东北林业大学、南京林业大学、华南农业大学的建设目标更加细致、务实，东北林业大学"力争到 2022 年使学校综合实力稳居国内同类高校前列，到 2032 年努力建设成为特色鲜明的高水平研究型大学，到 2052 年（建校 100 周年）努力建设成为世界一流的林业大学"；南京林业大学"努力把学校建设成为以林科为特色，以资源、生态和环境类学科为优势，具有一定国际影响的高水平特色大学"；华南农业大学"努力把学校建设成为以农业科学和生命科

---

① 数据来源：相关高校官网，笔者注。

学为优势，以热带亚热带区域农业研究为特色，整体办学水平居国内一流"。

（二）高等农业教育的内涵建设稳步推进

在推进内涵式发展方面，国内农林院校近年来做了许多尝试与努力，形成了比较完整的学科专业体系，学科建设成绩喜人（见表1），呈现多元化及综合化发展趋势，且有一批学科跻身世界顶尖学科行列。根据2017年9月教育部、财政部、国家发展改革委公布的"世界一流大学和一流学科建设高校及建设学科名单"，中国农业大学、西北农林科技大学进入一流大学和一流学科建设高校名单，北京林业大学、东北农业大学、东北林业大学、南京林业大学、南京农业大学、华中农业大学、四川农业大学进入一流学科建设高校名单，其中，南京林业大学作为非"985工程""211工程"高校入围，此外，清华大学、中国人民大学、同济大学、东南大学、浙江大学、海南大学6所非传统农林高校也有农林类学科上榜。2017年10月24日，美国新闻与世界报道（U.S. News & World Report）发布了"全球最佳农业科学大学"（Best Global Universities for Agricultural Sciences）排名，中国15所涉农高校跻身前200，3所高校进入全球前10[18]。2017年10月26日，由教育部科学技术委员会组织评选的2017年度"中国高等学校十大科技进展"项目评选揭晓，南京农业大学作物疫病的团队研究成果《诱饵模式——病原菌致病的全新机制》入选。2018年1月8日，2017年度国家科学技术奖揭晓，农业行业相关共有30多个项目获奖，其中，由中国农业大学和华中农业大学作为主要完成单位完成的2个项目获国家技术发明奖二等奖，由中国农业大学、东北农业大学、山东农业大学、四川农业大学等高校作为主要完成单位完成的11个项目获国家科学技术进步奖二等奖。2018年5月，中国知网科学文献计量评价研究中心推出全国高校被引论文数量排行榜（基于2006年—2018年3月中国知网收录的各学科国内期刊论文数据），在高被引论文数量排名（不分学科）中，11所农林院校进入前100，其中西北农林科技大学（排名23）、中国农业大学（排名27）、南京农业大学（排名29）进入前50，而在上榜高校的高被引论文数量占比排名中，南京农业大学、中国农业大学、西北农林科技大学的高被引论文数量占比均达到或超过了20%，南京农业大学的高被引论文数量占比高达22%，位列榜首，这表明农林院校科研成果获得了充分的学术关注和高度认可。当前，中国高等教育发展水平整体处于世界中上水平，开始进入世界高等教育发展第一方阵[19]。在此大背景下，中国高等农业教育也逐步与国际高等农业教育的最新发展理念、发展标准同频共振，世界高等农业教育开始融入中国元素。

（三）支持高等农业教育发展的政策协同有待加强

新中国成立初期国家建设的6所大学中，有1所农业大学，占16.7%；20

表 1　校友会 2018 中国大学综合实力排行榜 200 强的农林院校学科建设情况

学校名称	博士学位授权一级学科	硕士学位授权一级学科	国家一级重点学科	"双一流"建设学科	第四轮学科评估 A 档学科	ESI 学科排名全球前 1% 学科	全国排名
中国农业大学	20	29	6	9	9	11（2）	33
南京农业大学	16	31	4	2	7	7（2）	43
华中农业大学	13	19	1	5	7	7（1）	48
西北农林科技大学	16	28	/	1	1	6（1）	57
华南农业大学	12	23	/	/	1	3	87
北京林业大学	9	27	1	2	2	5	93
东北林业大学	8	19	3	2	1	4	101
福建农林大学	11	25	/	/	/	2	119
东北农业大学	9	19	/	1（自定）	/	2	130
山东农业大学	10	24	/	/	/	2	135
四川农业大学	10	17	/	1（自定）	1	2	140
湖南农业大学	8	19	/	/	/	2	148
河南农业大学	5	18	1	/	/	2	154
南京林业大学	7	22	2	1	3	1	162
河北农业大学	8	19	/	/	/	1	177
云南农业大学	3	23	/	/	/	1	191
沈阳农业大学	8	18	/	/	/	1	196

资料来源：1. 各高校官网、官微；2. 教育部 . 关于公布世界一流大学和一流学科建设高校及建设学科名单的通知［EB/OL］.http：//www.moe.gov.cn/srcsite/A22/moe_843/201709/t20170921_314942.html，2017-09-21/2018-01-06；3. 中国学位与研究生教育信息网 . 全国第四轮学科评估结果公布［EB/OL］.http：//www.cdgdc.edu.cn/xwyyjsjyxx/zlpj/zdxkps/zdxk/，2017-12-28/2018-01-06；4. 艾瑞深中国校友会网 . 校友会 2018 中国大学综合实力排行榜［EB/OL］.http：//www.cuaa.net/paihang/news/news.jsp?information_id=134425，2017-12-17/2018-01-06；5. 第四轮学科评估 A 类学科统计包括 A+、A、A- 三个档次；6. 括号内数字表示进入 ESI 学科排名全球前 1‰学科数（数据统计截至 2018 年 5 月）。

世纪 80 年代初国家确立的 96 所全国重点大学中有 11 所农业大学，占 12.5%；"八五"期间国家重点建设的 10 所大学中，有 1 所农业大学，占 10%；"211 工程"重点建设的 116 所大学中，有 8 所农林大学，占 6.9%；"985 工程"重点建设的 39 所大学中，仅有 2 所农林大学，占 5.1%，而在 "985 工程"重点建设的第一期 34 所大学中并没有农林大学入围；在 "2011 计划"的两批共 38 个协同创新中心中，有 2 所农林大学牵头的区域发展类协同创新中心入选，占 5.3%。在 42 所一流大学建设高校和 95 所一流学科建设高校中，农林大学分别有 2 所和 9 所，占 4.8% 和 9.5%。这种状况与高等农业教育在经济社会发展中应有的战略地位不相协调。

我国农业高校绝大多数都是公立高校，国家财政投入始终是其重要资金来源。根据 2016 年全国教育经费执行情况统计公告显示，2016 年全国教育经费总投入为 38 888.39 亿元，其中，国家财政性教育经费为 31 396.25 亿元，占 GDP 比重为 4.22%。[20] 虽然当前我国财政性教育经费占 GDP 的比重已接近中等偏上收入国家平均水平，但与高收入国家相比仍有明显差距[21]，生均经费支出与经济发展水平不相适应，且有限的财政性教育经费用于高等教育的投入不足 26%[22]。而在国家财政对高等教育的投入中，相比同等规模和层次的其他类型高校，农林院校的财政投入相对偏低[23]，地方农林院校尤为明显。概而言之，在我国高等农业教育快速发展的这段时期内，教育经费投入的增长未能跟上教育规模发展的速度，一定程度上制约了高等农业教育的发展。

由于高等农业教育服务对象的特殊性，特别需要国家给予更多扶持，自 20 世纪 80 年代高等教育管理体制改革后，多数高等农林院校脱离了行业部门，这虽然有利于国家对高等学校专业设置的宏观调控和管理，但由于高校与行业间协同机制没能及时跟进，一方面削弱了行业部门对高等农业教育的支持与引导力度，学科专业设置、人才培养标准以及质量评价难以反映行业的特定要求，使得大学与行业的适应关系弱化；另一方面也降低了高等农林院校人才培养、科学研究、社会服务之间的协同效能，科技创新和成果转化对农业人才培养的协同反馈缺乏有效对接和沟通路径。

（四）面向农村的高等农业教育培养保障机制尚待健全

加快推进农业农村现代化离不开现代科技创新的支撑，没有一批高素质并掌握先进科学文化知识的农业人才，科技服务农业的"最后一公里"也就无法畅通。党的十九大报告提出要培养造就一支懂农业、爱农村、爱农民的"三农"工作队伍。然而现实情况是，一方面，由于受"学而优则仕"的传统观念影响，重学历轻能力、重知识轻技能的现象普遍存在，加上社会对农业及其从业人员或多或少存在一定的偏见或歧视，认为"农"字不体面，导致家长及考生对农林院校的认可度、关注度不高，而更愿意报考工科、管理、财经等热门专业，农林院校只是保底选择；另一方面，学农不爱农、学农不务农、学农即离农现象较为普遍，据统计，我国农科大学生基层就业者不到 20%，不少学生尤其被调剂到农学专业的学生不太认可自己所学专业，一心想着毕业后如何"离农"[24]，即便选择从事农业相关工作也更多倾向到农业机关、事业单位或农业院校，导致学农大学生就业率低与基层新型农业人才青黄不接的矛盾长期存在，一头是农村急需专业技术人员，另一头却是学农大学生不愿"就农"，跳出"农门"又入"农门"是很多人难以跨越的心结。究其原因，首先是由于从事农业相关工作条件艰苦、待遇地位低以及投入大、周期长、收效慢等客观情况存在，其次则是高等农林院校对学生的"学农、爱农、献身农业"思想教育不够重视，成效不够明显，作为艰苦行业，国家层面相应的特殊保障机制还不够健全。

与此同时，另一个问题也不能被忽视。社会主义市场经济体制建立后，高校完全依赖国家的局面被打破，高校之间围绕生源、师资和经费等方面的竞争日趋激烈，一批高等农林院校经过艰苦的探索，在激烈的办学竞争中抢得了发展先机，明确了自身办学定位，形成了办学特色，主要以"双一流"建设高校为主。但大部分高等农林院校，尤其是地方高等农林院校，出现了向综合性大学或重点农林大学看齐的趋势，盲目的模仿与攀比，使自身失去了个性与特色。加上行业特殊性以及城乡二元化经济结构等原因，高等农林院校生源质量出现下滑，优质生源供给不足也制约了高等农林院校的人才培养质量。在此背景下，为了拓展生存发展空间，一大批农林院校纷纷寻求增加学科专业种类，扩大专业规模，新增的学科专业多偏离农林院校的服务面向，农学学科门类在其人才培养构成中的比重不断下降[25]，学科专业建设呈现出"去农化""同质化""大而全"的"千校一面"。伴随而来的还有高等农业教育过分强调"农业专才教育"，与农业及农村经济社会发展的结合度滞后，没能及时建立起以国家、地方和行业需求为核心的教育教学机制和课程开发体系，学生参与行业实践的机会偏少，学生的创新能力、实践动手能力、社会调查能力未能得到充分的锻炼。

三、新常态下中国高等农业教育发展的路径选择

为贯彻落实《国家中长期教育改革和发展规划纲要（2010-2020年）》和《中共中央 国务院关于加快推进农业科技创新持续增强农产品供给保障能力的若干意见》，教育部、农业部、国家林业局于2013年底联合出台了《关于推进高等农林教育综合改革的若干意见》（以下简称《意见》）和《关于实施卓越农林人才教育培养计划的意见》（以下简称《计划》），为新常态下进一步发展和提升高等农业教育指明了方向。因此，为推进高等农业教育改革，实现我国高等农业教育的新发展，应重点从以下几个方面展开。

（一）把握时代需要，适应国家需求

纵观中国高等农业教育100多年的发展历程，虽然因自身发展需要进行过

反复调整与变革，但历经几番改革之后并没有完全否定过去，而是顺应了国际形势与农业教育发展需求，在学习借鉴众多国家先进理念和经验的基础上实现了本土化发展。这段历史告诉我们，只有同社会发展模式及其经济增长方式保持协调和相互适应，才能抓住发展机遇，打造中国农业比较优势和国际竞争力。作为行业教育，高等农业教育在乡村振兴战略中举足轻重，在促进和引领农业产业发展方面大有可为，主管部门应允许并指导高等农林院校根据农村社会需求及其趋势，扩大农业科学范畴，拓展农业科学发展领域，高等农林院校应积极围绕农业产业的当下需求和未来趋势进行战略再谋划。

《意见》指出，要主动适应国家、区域经济社会和农业现代化需要，建立以行业、产业需求为导向的专业动态调整机制[26]。当前，国家实施乡村振兴战略，高度重视农业发展，又恰逢高等教育综合改革的机遇，这为高等农业教育提供了最大的发展优势[27]。高等农林院校首先要紧紧围绕质量和内涵这一主线，主动融入和服务地方经济社会发展，结合专业历史沿革和比较优势做好专业布局，面向农业产业发展、区域发展以及产业转型升级需求增设新兴学科和特色学科，开设"地区紧密结合型课程"，形成专业和产业之间的紧密融合与互动。其次，要积极适应产业构造和就业结构的变化，走工农并重的发展模式，在合理调整高等农业教育现有规模的基础上推进规模、结构、质量、效益的协同发展，并围绕这一理念进行课程、实践等内容的教育改革[28]，同时兼顾农业教育服务第二产业和第三产业服务的面向，做好课程开发与设计。再次，要尊重和理解农民的需求和自身选择，加强农业推广教育，一方面积极探索培养新型职业农民的新路径，开展多形式、多层次的中高等学校毕业生、农业技术人员、乡镇干部、农村技能型人才、农村富余劳动力、退役军人、返乡农民工等教育培训；另一方面扩大农村科技队伍，面向现代农业和新农村建设需要，深入推行科技特派员制度，组织专家教授到农业生产一线开展实用技术、生产经营管理等专题讲座，提高农民自我发展能力；再一方面以政府农技推广网络为主体，构建高等农林院校、农业科研院所、涉农企业、农业大户和农民合作社共同参与的"五位一体"新模式，服务国家及地方现代农业产业发展。最后，要主动把高等农林院校发展融入"一带一路"建设中，成立"一带一路"农林高校联盟，着力从人才联合培养、农业教育科技合作、生态文明建设、课程资源开发、中国经验推广等层面加强与"一带一路"沿线高校、企业同频共振，通过技术援外、成果国际推广、优质资源共享等方式，协助沿线国家加快现代农业发展，并在这一过程中加快自身发展。

（二）尊重教育规律，制定长远规划

高等农林院校要保持快速健康发展，需要结合自身的办学层次、办学规模、学科结构、教师教学水平、生源素质等方面制定可持续发展战略，为学校发展奠定基础、指明方向。上文提到的国内几所重点农林类大学，他们之所以能够脱颖而出，很大一部分原因在于他们能够结合高等教育发展规律与学校实际制定发展规划。自世纪之交以来，中国的高等教育发展步伐加快，2002年进入大众化时期后，只用了十几年的时间便进入了大众化阶段的中后期[29]，随着我高等教育从后大众化阶段向普及化阶段迅速迈进，高等农业教育"低垂的果实"①越来越少，"人口红利"正在慢慢消失。十八届三中全会《决定》明确提出要完善学校内部治理结构，这表明依靠制度建设实现内涵式增长的时机已经成熟，为此，高等农林院校应趁势而上，对照《意见》和《计划》，在政策支持、经费筹措、大类招生分流、生源特殊保障、行业指导机制构建等方面加强探索和改革，在教育教学、专业实践、学生创业平台建设等关键环节投入更多精力和资源，争取摘得更多的"高校头果实"。

目前国内部分农林院校提出了"建设世界一流农业大学"的远景，当前中国政治、经济、教育、文化、科技发展的良好态势为世界一流农业大学的建设提供了良好的发展机遇和动力保障。高等农林院校要在"中国特色、世界水平"上下功夫，既要瞄准"学校国际化"，通过与海外知名高校、科研院所、国际组织的深度合作，加快推进国际化办学进程，又要扎根中国大地，为实施乡村振兴战略和推进农业农村现代化建设提供智力支持和人才保障，激发青年才俊献身农业产业、改造农业产业的创新潜能，让科学技术真正在农村产业发展中落地生根。

对建设世界一流农业大学而言，尤其重要的是打好本科教育的底色。近年来，世界一流大学纷纷开始回归本科教育，2016年初，英国政府发布《高等教育与研究白皮书》及其相关法案，提出"以学生为中心"的教学理念，确保每一位学生都得到良好的教学体验[30]；2006年，哈佛大学哈佛学院②院长哈瑞·刘易斯（Harry R. Lewis）教授在《失去灵魂的卓越》一书中对哈佛大学一度忽视本科教育进行反思，称其是"失去灵魂的卓越"[31]；2010年，斯坦福大学发起"斯坦福大学本科生教育研究"，提出斯坦福大学的本科生教育目标是培养真正受过教育的公民[32]；麻省理工学院2014年发布《麻省理工学院教育的未来》，提出打造"以学生为中心"的教育。我国高等农林院校应借鉴上述高校经验，积极推动"以学生发展为中心、以学生学习为中心、以学习效

---

① 美国经济学家泰勒·考恩对美国战后两个发展时期进行考察后认为，战后25年是美国经济发展的黄金期，登上了全球超级大国的宝座，但随后的40多年美国经济发展进入高原期，其原因是土地资源、移民劳动力、科技进步等这些"低垂的果实"没有了。改革开放后中国经济也经历了30多年的黄金期，依靠外延式、粗放式的经济发展方式获得了高速增长，1999年高校扩招以来，中国高等农业教育的快速发展也获益于招生人数高速增长的"红利"。

② 哈佛学院是哈佛大学唯一的本科生院，笔者注。

果为中心"的"三中心"模式变革，促进教学从"以教为中心"向"以学为中心"的范式转变，重视学生参与，不仅让学生有专业知识的收获感，也要有能力提升和素质发展上的成就感；同时还可以开发以行业需求为导向的技能类课程，执行"拟定课程模式与考核标准——征求行业意见——改进课程——确定课程"这一标准化流程，邀请具有校外工作或研究经历的教师、行业管理人员、生产技术人员等对学生进行学习指导。

（三）整合教育资源，促进社会协同

《意见》提出要大力推进协同创新，统筹高等农业教育发展。教育部门应会同行业部门以及地方政府建立沟通协调机制，协同解决高等农业教育发展重大改革和难题，如引导涉农专业毕业生树立投身农业事业的信心，解决大学生到基层农技一线工作的实际困难，营造"下得去、用得上、干得好、留得住"的人才成长氛围；通过战略联盟等形式推进农林院校之间的沟通与合作，搭建教育资源共享和学科专业渗透的"开放共享"与"校际协同"平台，对农林院校的学科建设、课程设置进行必要的整合和优化，共建高水平、跨学科的教研团队[33]。高等农林院校也要顺势而为，加强与行业部门、地方政府、农业科研院所、农业生产单位之间的协同，发挥农林院校教育工作者和农业从业人员的优势，打造"校地协同""校企协同"平台，为学生创造多种教学实践环境和资源，把以传授知识为主的学校教育与获取创新实践能力为主的生产实践贯通。

根据世界一流涉农大学 ESI 上榜学科分布情况看，其进入 ESI 前 1% 的学科数量和种类具有覆盖面广的综合性特征，瓦格宁根大学、加州大学戴维斯分校、康奈尔大学、威斯康星大学麦迪逊分校等大学的 ESI 学科覆盖了农学、生命科学、理学、医学、工学、社会科学六大学科门类。而我国的农业大学虽然也有学科进入 ESI 前 1%，甚至前 1‰，部分重点农业大学的学科呈现多元化及综合化发展趋势，但与世界一流农业大学相比，数量偏低，且主要集中在农学、生命科学门类，尚有很大提升空间。因此，要进一步完善和优化我国高等农业教育体系和结构，除独立设置的高等农林院校和小部分涉农综合性大学外，还应支持和鼓励综合性大学增设农科类院系，允许有条件的地方政府、行业企业新办职业农林院校。同时按照《意见》要求，大力推进学科结构体系调整，打破校内学科间的壁垒，促进多学科交叉和融合，组建优势学科群，在人才培养模式方面可试行"书院制"。大一新生刚进大学，对大多数专业、课程，尤其是农科类专业、课程尚没有太多认识，让新生选择自己喜欢的书院加入，按照大类融合和学科交叉的原则，实现不同学科大类、不同专业班级学生混合编班、住宿、管理，在专业规划、职业规划、实践创新、生活情感等方面加强指导。通过一年理论实践相结合的课程学习以及书院文化的熏陶，学生对自己

也会有更加明确的认识，再选择自己喜欢的专业，可降低因选择自己不喜欢的专业而转专业带来的成本和代价，亦能提高学生对专业的认可度和忠诚度。

大力推进"识农"教育，让高等农业教育有效"前置"。在美国、荷兰、日本等农业发达国家，大部分学生选择农业相关专业是由于受到了周围环境或家庭环境的熏陶，比如父母或亲戚从事农业相关行业工作，因此，他们在"学农"前就已经"爱农"了。而我国目前在这方面的相关工作还很滞后，由于受传统观念和地区经济发展不均衡的影响，大部分的农村考生认为多年的学习就是为了跳出农门，可见许多学生在"学农"前是不喜欢农业的。在如今的饱食时代，都市化减少了年轻人接触农业的机会，年轻人的社会性发展不足，与农耕文化逐渐疏远。高等农林院校可以充分利用自身的资源优势，积极挖掘和展示农业的内在魅力，通过选派师生到中小学以及农村开展农业"魅力教育"，与中小学联合开发"识读农业"课程宣教片、益智游戏等，宣传农业科技知识，让受教育者了解农业的魅力、感受农业的魅力，以吸引更多的年轻人亲近农业、认可农业、敬畏农业、尊重农业。中小学可以开设农耕课，以"识五谷知农业"为抓手，根据农作物生长的季节特点开展相关活动，通过组织学生接触农事劳作现场、农场农园农地，访问农家、参观农业设施等情景教育活动，让学生体验农业种植的乐趣，了解农产品加工的过程，享受农业收获的快乐，品尝农作物果实的甜美，感受大自然的魅力，通过体验式、探究性的农业学习，增进他们对"农业与人类生活"密切关系的了解，培养他们选择未来发展方向的能力和态度[34]。

《计划》指出，要完善招生办法，鼓励有条件的地方开展订单定向免费教育，吸引热爱农业的优质生源[35]。根据国家教育发展规划，我国高等教育将在 2020 年迈入"普及化"阶段[36]，而相关研究预测结果表明，普及化的目标可能在 2018 年或 2019 年实现[37]。在高等教育普及化的大背景下，为了吸引优质生源报考农科专业，高等农林院校可以试行"推荐入学制"和"体验入学制"，对希望升入农林院校的学生，安排专业教师到高中开设可供自由选择的农业类升学课程[38]，同时也可以组织他们参加高等农林院校的"校园科技文化巡礼"或"校园开放日"[39]，帮助他们更好地体验高等农林院校的文化氛围，为确定今后自己的发展方向提供引导和参考。

（四）坚持立德树人，回归育人求真

《计划》提出了"以人为本，德育为先，能力为重，全面发展"的总体要求，《意见》也提出了"强化实践育人环节"的目标。教育家叶圣陶先生曾经说过："教育是农业而不是工业。"顾名思义，教育就像农业一样，必须经过一个长期的、循序渐进的培育过程，而不是像工业那样流水作业，批量出产[40]。育人在育心，高等农林院校必须牢记教育的根本任务，回归育人求真的教育初心与本质，加强学生的农本思想塑造与价值观养成。新生入学可以开展"识农、爱农、学农、务农"教育，通过传统媒体和新兴媒体让学生接受农耕文化的熏陶，激发学生"爱农、学农"的思想基础；大二、大三开展"三下乡"社会调查、生产劳动、志愿服务，让学生走入乡间，熟悉劳动人民的日常生活，体味劳动人民的酸甜苦辣，通过所学专业知识服务农村建设，实现自我价值，进而强化专业认同；大四开展"献身农业、加盟农业"主题教育，增强学生"务农"的责任感与自豪感，引导学生回归乡村，在实现乡村振兴战略的生动实践中放飞青春梦想[41]。

高等农林院校应重视学生职业素养训练的探索和实践，可以试行"职业素养清单"制，对学生的"职业素养"提出明确要求和硬性规定，提升学生将农业科学知识和农业科学技术应用于实践的职业能力，并进行实践考核，增强学生职业生涯的可持续发展能力，培养适合现代农业发展需求的农业企业家、高水平农业科技及经营管理人才。加拿大在学生职业素养培养方面的成功经验对我国高等农业教育具有一定的参考价值[42]，如阿尔伯塔省雷克兰地农学院（Lakeland College）开发的"学生管理农场"（Student Manage Farm）课程，培养学生的综合运用知识能力、评估能力、决策能力、团队协作能力，并引导学生学会理解和尊重团队成员意见，深受学生尤其是行业雇主好评。

推进农业和农村经济发展，不仅需要具有优秀职业素养和娴熟职业技能的"专业人才"，更需要具有高尚情操和健全人格的"完整人才"。高等农林院校在培养学生专业知识和实践技能的同时，也不能忽视学生健康身心的锤炼和健全人格的培养，要积极创设个性化的人才成长环境[43]，让学生能够根据各自的特点和优势，在各自不同兴趣领域获取不同的成长收益；要传承传统文化的和谐思想，引导学生尊重自然、感恩自然、保护自然、回归自然，与自然、社会和谐共生，最终培养"国际视野、国家急需、学校品质"的现代化农业人才。

参考文献

[1] 习近平.决胜全面建成小康社会 夺取新时代中国特色社会主义伟大胜利——在中国共产党第十九次全国代表大会上的报告[EB/OL].（2017-10-27）http://www.gov.cn/zhuanti/2017-10/27/content_5234876.htm.

[2] 王凤喈.中国教育史大纲[M].长沙：湖南教育出版社，2008：68.

[3] 包平.二十世纪中国农业教育变迁研究[D].南京：南京农业大学，2006：15-18.

[4] 李国杰，李露萍.我国高等农林教育可持续发展战略研究[M].沈阳：辽宁人民出版社，2008：266-267.

［5］纪宝成 . 中国教育统计年鉴［M］. 北京：人民教育出版社，2004：80-85.

［6］庄孟林 . 中国高等农业教育历史沿革［J］. 中国农史，1988（2）：106-108.

［7］杨士谋，彭干梓，王金昌 . 中国农业教育发展史略［M］. 北京：中国农业大学出版社，1994：41.

［8］刘浩源 . 中国高等农业教育发展战略研究：以湖南农业大学为例［D］. 长沙：湖南农业大学，2006：4-9.

［9］高昌海，刘克敌，梁君梅 . 国民素质与教育［M］. 济南：山东教育出版社，2000：41.

［10］王占仁 . "广谱式"创新创业教育的体系架构与理论价值［J］. 教育研究，2015（5）：56-63.

［11］马廷奇 . 高等教育如何适应新常态［J］. 高等教育研究，2015（3）：6.

［12］胡吉 . 我国高等农业教育制度演化的研究［D］. 长沙：湖南农业大学，2008：26.

［13］中华人民共和国国家统计局 . 中国统计年鉴（2017）［EB/OL］.（2018-01-03）http：//www.stats.gov.cn/tjsj/ndsj/2017/indexch.htm.

［14］中华人民共和国教育部 . 全国高等学校名单［EB/OL］.（2017-06-14）http：//www.moe.gov.cn/srcsite/A03/moe_634/201706/t20170614_306900.html.

［15］中华人民共和国教育部 .2016 年教育统计数据［EB/OL］.（2017-08-24）http：//www.moe.gov.cn/s78/A03/moe_560/jytjsj_2016/2016_qg/.

［16］中华人民共和国教育部 .2000 年教育统计数据［EB/OL］.（2000-05-10）http：//www.moe.gov.cn/s78/A03/moe_560/moe_566/.

［17］中华人民共和国教育部 . 教育统计数据［EB/OL］.（2018-01-05）http：//www.moe.gov.cn/s78/A03/ghs_left/s182/.

［18］US News & World Report.Best Global Universities for Agricultural Sciences［EB/OL］.（2017-10-24）https：//www.usnews.com/education/best-global-universities/agricultural-sciences?int=994b08.

［19］吴岩 . 新时代高等教育面临新形势［N］. 光明日报，2017-12-19（13）.

［20］教育部，国家统计局，财政部 . 关于 2016 年全国教育经费执行情况统计公告［EB/OL］.（2017-10-17）http：//www.moe.gov.cn/srcsite/A05/s3040/201710/t20171025_317429.html.

［21］陈纯槿，郅庭瑾 . 世界主要国家教育经费投入规模与配置结构［J］. 中国高教研究，2017（11）：77-84.

［22］董鲁皖龙 .2016 年全国教育经费总投入达 3.88 万亿元［N］. 中国教育报，

2017−05−14（01）.

［23］凤凰资讯．教育部今年的钱都给了谁？［EB/OL］.（2016−05−16）
http：//finance.ifeng.com/a/20160515/14384718_0.shtml.

［24］陈新忠，李忠云，李芳芳，等．我国农业科技人才培养的困境与出路研究
［J］.高等工程教育研究，2015（1）：137.

［25］《农业院校农科人才培养使用状况及农业行业人才需求研究》课题组．我
国高等农科人才培养状况总体分析［J］.高等农业教育，2012（3）：8.

［26］教育部　农业部　国家林业局．关于推进高等农林教育综合改革的若干意
见［EB/OL］.（2013−12−11）
http：//www.moe.edu.cn/srcsite/A08/moe_740/s3863/201312/t20131211_166947.
html.

［27］陈利根．高等农业教育特色发展的实践探索与路径思考［J］.中国农业教
育，2017（4）：1−6.

［28］李文英．日本农业教育的现状、特点及其启示［J］.比较教育研究，2004
（4）：63−68.

［29］国务院关于印发国家教育事业发展"十三五"规划的通知［EB/OL］.（2017−
01−19）
http：//www.gov.cn/zhengce/content/2017−01−19/content_5161341.htm.

［30］Reforms to the UK higher education，research and innovation system［EB/
OL］.（2018−01−10）
https：//royalsociety.org/~/media/policy/Publications/2016/position−on−
reforms−to−UK−higher−education−research−innovation−reforms−september−
2016.pdf.

［31］Lewis H R. Excellence without a soul：how a great university forgot education
［M］.New York：Public Affairs，2006：305.

［32］John L.Hennessy.Teaching at Stanford［EB/OL］.（2013−06−20）
http：//ctl.stanford.edu/teaching−at−stan ford.html.

［33］巩其亮，齐清．新常态下高等农业教育面临的问题及应对策略［J］.高等
农业教育，2017（1）：20−23.

［34］陈焕章．日本的农业魅力教育管见［J］.外国中小学教育，2011（6）：
17−20.

［35］教育部　农业部　国家林业局．关于实施卓越农林人才教育培养计划的意
见［EB/OL］.（2013−12−03）
http：//www.moe.edu.cn/srcsite/A08/moe_740/s7949/201312/t20131203_166946.
html.

［36］教育部．一图读懂"国家教育事业发展'十三五'规划"［EB/OL］.

（2017-01-19）

http：//www.moe.edu.cn/jyb_xwfb/s7600/201701/t20170119_295314.html.

［37］别敦荣.普及化高等教育的基本逻辑［J］.中国高教研究，2016（3）：31-42.

［38］鹿児島県における新しい農業教育推進について提言［EB/OL］.（2016-03-28）

https：//www.pref.kagoshima.jp/ba05/kyoiku-bunka/school/koukou/sangyo/documents/52074_20170327191454-1.pdf..

［39］佐々木 正剛，小松 泰信，横溝 功.農業高校の今日的存在意義に関する一考察——職農教育から食農教育へ［J］.農林業問題研究，2001（2）：84-93.

［40］陈树燊.通往哈佛的旅程［M］.厦门：鹭江出版社，2016：45.

［41］毕玉才，刘勇，张宜军.如何破解学农大学生不爱农不务农困局［N］.光明日报，2018-01-08（07）.

［42］Darius R. Young.Historical Survey of Vocational Education in Canada［EB/OL］.（2018-01-10）

http：//www.captus.com/Information/tocedu07.htm.

［43］许祥云，胡林燕.从毕业生"母校认同度"看高校本科人才培养［J］.高校教育管理，2018（1）：113.

（本文已被《高教发展与评估》录用，拟发表于 2019 年第 1 期）

人才培养篇

"双一流"建设视角下的一流农科类人才培养 *

张卫国

摘要： 人才是第一资源。教育的核心任务是人才培养。党中央做出加快建设世界一流大学和一流学科的战略决策，为高等教育指明了方向。高等农林院校在"双一流"建设中，要坚持立德树人根本任务，破解农科类人才培养的困境，培养一流农科类人才，提升高等农业教育质量，服务国家战略和农业现代化的需要。

关键词： 双一流　农科类　人才培养

党的十八以来，习近平总书记在多个场合强调教育的重要性。今年在全国教育大会上指出，"党的十九大从新时代坚持和发展中国特色社会主义的战略高度，做出了优先发展教育事业、加快教育现代化、建设教育强国的重大部署。教育是民族振兴、社会进步的重要基石，是功在当代、利在千秋的德政工程，对提高人民综合素质、促进人的全面发展、增强中华民族创新创造活力、实现中华民族伟大复兴具有决定性意义。教育是国之大计、党之大计。"习近平总书记在 2016 年全国高校思想政治工作会议上指出，"教育强则国家强。高等教育发展水平是一个国家发展水平和发展潜力的重要标志。实现中华民族伟大复兴，教育的地位和作用不可忽视。我们对高等教育的需要比以往任何时候都更加迫切，对科学知识和卓越人才的渴求比以往任何时候都更加强烈。党中央做出加快建设世界一流大学和一流学科的战略决策，就是要提高我国高等教育发展水平，增强国家核心竞争力。"

高等农业教育作为高等教育的重要组成部分，"双一流"建设对于高等农业教育质量提升具有重要意义。在公布的一流大学和一流学科的名单中，涉及农业学科的有 10 余所高校、30 余个学科。按照"坚持以一流为目标"的原则，

---

* 作者简介：张卫国，西南大学校长、教授、博士生导师。

培养一流农科类人才是涉农一流大学和一流学科建设的必然要求。

一、一流农科类人才培养的时代内涵

（一）服务国家战略需求

党的十九大明确了我国社会主要矛盾的变化，提出了七大发展战略，其中科教兴国战略、人才强国战略、创新驱动发展战略、乡村振兴战略、区域协调发展战略、可持续发展战略都与高等农业教育有所关联。特别是乡村振兴战略，报告中指出"要坚持农业农村优先发展，按照产业兴旺、生态宜居、乡风文明、治理有效、生活富裕的总要求，建立健全城乡融合发展体制机制和政策体系，加快推进农业农村现代化。"乡村振兴战略是经济、生态、社会、文化和谐发展的集合，为涉农领域科技创新、高等农业院校学科发展带来了新的契机，对培养一流农科类人才，服务国家战略提出了更高要求。

同时，"一带一路"倡议也为我国高等农业教育发展提供难得的历史机遇。2016年的中央一号文件指出"加强与'一带一路'沿线国家和地区及周边国家和地区的农业投资、贸易、科技、动植物检疫合作"。在"一带一路"建设框架下，沿线国家和地区的农业环境和农业市场具有极大差异性，需要在农科类人才培养过程中，构建国内、国际农业教育和科研平台，实现跨区域、跨高校的合作交流，提升高等农业教育的国际视野和国际竞争力。目前我们也搭建了一些平台，如丝绸之路农业教育科技创新联盟、"长江－伏尔加河"高校联盟、"一带一路"中波大学联盟等多个国际合作联盟，这些平台有助于我们在农科类人才培养中加强国内外合作，形成开放包容的人才培养新局面。

（二）促进农业现代化发展

现代农业标识为生产率和社会化程度较高、要用现代科学技术、生产手段和装备来完成，同时运用现代的科学管理理念来经营的农业。农业现代化即是将现代工业元素融入农业、用现代科技改造农业、用现代管理方式管理农业、用现代科技知识培育新型农民的过程，同时也是建设生态、高效、优质农业生产体系，促使农业实现可持续发展的过程，是大幅度提高农业综合生产能力、增加农民收入和农产品有效供给的过程。推进农业现代化，实现传统农业向现代农业的转型是一个历史过程。在这一过程中，人是最基本、最活跃的因素，离开了农业生产者的现代化，农业的现代化就无从谈起。同时，农业现代化过程中，新的农业生产行业和种类将会出现，尤其是绿色无公害农产品及节能环保类农业、设施农业、生态农业、农业标准化的发展等都需要掌握相关知识和技能的专业性人才，如果没有大批量的科研人才和应用推广型人才，这些新兴产业的发展就将受到阻碍，农业现代化也将成为无本之木。农业现代化是农科类人才的主战场，农科类人才是农业现代化发展的希望。

（三）适应高等农业教育变化

改革开放以来，我国高等教育取得举世瞩目的成绩，从高等教育机构的数量和毛入学率来看，已经从大众化快速迈向普及化阶段。高等教育的主要矛盾由人民群众享受高质量教育需求迫切转变为优质教育资源供给短缺且发展不均衡。发展方式从规模扩大的外延发展转变为以提高质量、优化结构为核心的内涵式发展。高等教育还受到经济社会需要变化、信息和知识更新快、国际化等多方面的影响。党的十八大以来，中国教育改革向纵深推进。深化考试招生制度改革，统筹推进世界一流大学和一流学科建设，全面深化新时代教师队伍建设改革，建设中国特色、世界一流的本科教育等，为高等教育指明了新的方向。高等农科类院校必须适应变化、顺势而为，通过加强重点学科建设与攻关，积极引进学科人才、广纳贤士，培养大量聚集丰富农业生产理论知识及较强实践操作技能于一身的优秀人士，为农业与农村发展输送大量优秀人才。

二、当前农科类人才培养存在的问题

（一）农科类生源质量欠佳

农科类专业在各省的录取分数线普遍偏低，低于同省其他专业的录取分数。录取分数与报考专业的学生人数正相关。由此可见，农科类专业的吸引力不足。西南大学承担的国家教育体制改革项目"农科专业优秀人才选拔培养模式创新"，做过全国农科类学生填报专业的维度调查，结果呈现的是，有21.9%的学生是因为高考分数不高而选择农科类专业；有25.7%是因为被调剂到农科类专业；真正因为热爱三农而报考农科类专业的只有13.7%。这种情况与我们培养一流农科类人才的目标是相背离的，也是目前农科类专业人才选拔的一种尴尬局面。

（二）农科类人才培养目标趋同

近几年，各涉农高等院校通过对人才培养模式的探索和调整，复合应用型人才培养模式得到了快速发展，但也存在不同层次的涉农高等院校在培养目标的定位上有趋同和模式化倾向，为实现培养目标而选择的培养对策缺乏农科类专业人才培养的针对性和系统性。从全国高等农业教育的整体角度而言，不同层次的涉农高等院校在人才培养目标的定位上缺乏合理的细分，人才培养定位过于整齐划一，缺乏各自的特色和针对性，导致国家未来发展急需的农业高新技术类专业人才供给不足；高层次的农业推广、经营及管理人才供给不足；面向区域及地方服务的农科应用型人才培养薄弱。

（三）农科类课程质量不高

目前，在全国高校中，绝大多数存在"重科研轻教学"的现象，这与教师的绩效考核、职称评审的导向有关。由于评价体系不尽合理，通常认为科研项目多、科研经费多的教师工作能力强，相比之下教学方面的工作"说起来重要，做起来次要"，教师在教学工作方面投入的精力少，对教学工作的思考研究不多，一般都是以应付为主，教学质量得不到提高。

（四）农科类实践教学相对弱化

在教学安排中存在重理论教学、轻实践教学的问题，通常将理论课作为重点，而实践教学处于从属地位，体现为实验课时少、内容少，专业实习质量不高，不能深入到田间地头。加上城市化建设的迅速发展，逐步缩小了实验教学基地面积，导致实验场所缺乏，缺少培养学生实践能力的机会。

（五）农科类人才供需脱节

我国农业科技人员总量不足，农科类毕业生流向"农、林、牧、渔"的比例不高，很大一部分农科类人才从事着与农业无关的工作。就西南大学的农科类就业情况来看，2017年农科类学生专业与工作对口度远远低于平均水平，全校各专业工作对口度排名最后三位都是农科类：动物科技专业对口度41.38%，生物科技专业对口度35.29%，植物保护专业对口度33.33%，而师范类专业对口度达95%以上。而且农科类人才缺乏就业跟踪服务机制，很多人才短时间内跳槽转向其他领域。"下不去，用不上，留不住"这简单的九个字便可以解释农科类专业毕业生供求现状的尴尬局面。

三、西南大学培养一流农科类人才的思考与实践

（一）构建多元化的人才选拔机制，吸引优质生源

一是利用高考招生制度改革、自主招生考试，按大类进行招生。西南大学这两年在植物生产类实现跨学院招生，避免了专业间的报考人数分流，提高了录取分数，也在之后的专业分流中，减少了转专业的问题。下一步，学校将在全校推进学部组建，以学部为依托，全面推进大类招生；二是改革研究生招生办法，在我校一流学科——"生物学学科群"涉及的学科内，试行3+3本硕连读培养模式，完善本硕博连读培养机制以及博士申请考核制。

（二）调整人才培养模式，实现差异化发展

一是基于学科融合交叉，实施农科类人才的差异化培养。将农科类人才向上游学科和下游学科延伸，立足于多学科交叉，推进学科专业间的融合，打通一级学科或专业大类下相近学科专业的基础课程，开设跨学科专业的交叉课程，促进人才培养由学科专业单一型向多学科融合型转变，不仅培养农业技术人才，还培养农产品深加工、食品安全、农业管理等多种人才；二是根据不同定位，丰富人才培养类型，通过拔尖创新人才培养、校地校企联合培养等方式，按照"拔尖创新型""复合应用型"和"应用技能型"的分类，实现学生多样化、优质化培养；三是注重区域特点、办学特色、重点研究方向等向人才培养迁移，培养能够服务地方和区域农业农村发展的人才，比如西南大学在人才培养中积极关注三峡库区、岩溶地貌的区域实际，努力做出特色。

（三）提升课程质量，处理好科研与教学的关系

一是探索科研评价体制改革、绩效分配体制改革，引导教师向教学投入更多精力，这也是全国本科教育大会宝生部长"四个回归"的要求；二是建设核心课程体系，每个本科专业在岗在编教授或研究员（不与其他本科专业交叉重复计算）应达到 6 人以上，每个专业打造 6—12 门专业核心课程，达不到要求的限期整改，整改不到位，取消该专业招生；三是实行助教制度，新进教师首年不安排教学任务，只参加课程建设、教学研讨、教学观摩等活动，只承担 1 门课程 25% 以内的试讲教学任务（试讲共不超过 36 个学时），助教期满考核合格后，方可安排本科教学任务，且入职 3 年内的教师最多独立主讲 1 门课程，以此不断提高教学水平。

（四）强化实践教学，提升创新实践能力

一是增加实验教学投入。根据培养需要，增加人均实验经费，筹建综合实验平台；二是加强实习实训基地建设。与地方合作打造校内外实习实训基地，目前我们与地方政府合作，建设美丽乡村，积极打造一个国家农业示范中心、一个田园综合体，建成之后既是观光农业、休闲农业的经济体，也是学生实习实训基地；三是强化社会实践质量。充分利用暑期社会实践、技能大赛、专业实习等活动，将实习实践与生产实际紧密结合，着力提升学生解决实际问题的能力，也熟练掌握操作技能。

（五）完善就业机制，优化农科类人才供给

一是加强职业引导，加强农科类大学生对农业重要性、公益性的认知，同时培养他们"热农、懂农、爱农"的三农思想，培养学生农业情怀和涉农就业

意愿；二是全员、全方位拓宽就业渠道，促进农科类人才高效就业，特别要加强农科类毕业生就业跟踪服务，提供持续支持，使农科类人才能真正扎根基层、扎根农业领域，服务"三农"；三是加强创新创业教育。农业现代化为农业科技成果转化提供的广泛空间，也为农科类人才创新创业带来了机遇。今年，西南大学和地方政府借鉴"江苏产业研究院"等经验，共同成立了"重庆产业研究院"，同时引进社会资本，成立了"嘉陵创客基金"，为创新创业提供政策和资金支持，大力扶持科技成果转化。

以上是西南大学的一些探索和大家进行交流。我也深知，我们自身还存在各种各样的问题，各兄弟高校有许多有益的经验值得我们学习借鉴，希望我们在今后的发展中能增进交流、加强合作、共同进步。

最后，我也想借此机会，向大家发起一个倡议，就是"新农科"建设，这也是借鉴现在"新工科"的提法。"新农科"应该深刻把握新时代社会矛盾的变化，瞄准国家创新驱动发展战略、乡村振兴战略等战略发展需要，适应农业现代化的要求，主动与生物技术、互联网技术、机械现代化、管理科学等结合，努力培养"新农人"，产出高质量的农业科技成果，加大成果转移转化，推进产学研融合发展，形成世界一流的农业教育，助力高等教育强国建设和经济社会发展。

当前农林高校人才培养十大问题分析及对策 *

江珩 曹震

摘要： 农林高校承载着为新时期"乡村振兴"战略和生态文明建设提供强有力卓越农林人才支撑的重大使命，本文通过 23 所农林高校审核评估材料和高等教育质量监测国家数据平台 2016 年常模数据等资料，对当前农林高校人才培养进行了比较分析，指出农林高校人才培养在办学定位与目标、人才培养中心地位、师资队伍建设、政府和行业支持力度、专业建设、课堂教学质量、国际合作培养、生源质量、学生自主学习、质量保障体系建设十个方面存在问题，并提出对策和建议。

关键词： 农林高校；人才培养；卓越农林

十九大报告提出，要培养造就一支"懂农业、爱农村、爱农民"的"三农"工作队伍，服务于乡村振兴大战略。"人才"是乡村振兴的第一资源，更是新时代"三农"工作中的短板。要完成乡村振兴宏大战略，必须汇聚全社会力量，强化乡村振兴的人才支撑。近几年来，国家十分重视高等农林教育，不断推进农林高校综合改革，我国农林人才培养取得了一系列成绩，但与新时期"乡村振兴"战略和生态文明建设提供强有力的人才支撑要求还有很大差距。2013 年以来，教育部建立了高等教育质量监测平台，并坚持以学生为中心和问题导向理念，组织专家对高校本科教学工作开展了审核评估。本文通过 23 所农林高校（西北农林科技大学、华中农业大学、南京农业大学、北京林业大学、东北农业大学、东北林业大学、华南农业大学、安徽农业大学、福建农林

* 基金项目：中国工程院咨询研究重点项目"新常态下中国高等农业教育发展战略研究"（2017–XZ–17）。

作者简介：江珩，华中农业大学教务处处长，研究员，通讯作者；曹震，华中农业大学教务处实践教学科科长。

大学、甘肃农业大学、河北农业大学、河南农业大学、黑龙江八一农垦大学、吉林农业大学、江西农业大学、青岛农业大学、山东农业大学、新疆农业大学、云南农业大学、浙江农林大学、中南林业科技大学、天津农学院、西藏农牧学院）审核评估材料和高等教育质量监测国家数据平台 2016 年常模数据等资料，对当前农林高校人才培养进行了比较分析，并提出农林高校人才培养存在十大问题亟待解决。

一、农林高校人才培养取得的成绩

我国农林高校人才培养肇始于 1897 年杭州蚕桑馆的创建，而张之洞于 1898 年创办湖北农务学堂并开设农林牧三科，是中国高等农业教育重要起点之一。晚清农务学堂共有 100 多所，这些学堂促进了我国新式农业的发展，为近代农林教育奠定了基础。新中国成立以来，特别是改革开放以来，国家按照"共建调整合作合并"原则对高等教育进行了布局调整，促进了农林高校结构调整和资源优化，提升了农林人才培养质量。

2013 年，为深入贯彻党的十八大和十八届三中全会精神，落实《国家中长期教育改革和发展规划纲要（2010-2020 年）》，教育部、农业部、国家林业局印发《关于推进高等农林教育综合改革的若干意见》，明确提出"高等农林教育在实现现代农业进程中，始终处于基础性、前瞻性、战略性地位"，并开始实施"卓越农林人才教育培养计划"。全国 99 所高校开展改革试点项目 140 项，其中拔尖创新型农林人才培养模式改革试点项目 43 项，复合应用型农林人才培养模式改革试点项目 70 项，实用技能型农林人才培养模式改革试点项目 27 项，覆盖 382 个专业点涉及约 3 万多名本科生，受益学生 6 万余人。卓越农林人才培养计划通过提升改造传统农林专业、推进专业综合改革、创新体制机制，构建了多层次、多类型、多样化的中国特色农林高校人才培养模式，培养了大批高素质卓越农林人才，有效地支撑了我国迈向农业强国伟大进程。

2017 年，教育部、财政部、国家发展改革委印发《关于公布世界一流大学和一流学科建设高校及建设学科名单的通知》，公布世界一流大学和一流学科（简称"双一流"）建设高校及建设学科名单。包括中国农业大学等全国 18 所农林院校入选"双一流"，涉及 40 个学科点，农林高校和专业得到更多资金和政策支持，从而进一步推动了农林拔尖创新人才培养。

十八大以来，农业科技取得了长足发展和进步，农业科技进步贡献率超过 56%，主要农作物耕种收综合机械化水平超过 65%，主要农作物良种覆盖率稳定在 96%，充分体现了我国农业科技的自主创新能力进一步提高、成果转化进一步加快、体制机制改革方面进一步深化，这一切都与农林高校培养的农林人才支撑作用密不可分。

二、当前农林高校人才培养存在的十大问题

（一）办学定位与目标有待进一步明晰

办学定位和人才培养目标与国家和地方经济社会发展需求的适应度，是教育部对高校开展审核评估的核心理念之一。农林高校培养的人才能否适应国家和地方经济社会发展需求、是否符合当前乡村振兴大战略要求，是办学的根本方向和终极目标。

通过梳理 23 所农林高校的办学定位和目标描述可以看出，6 所"985"或"211"工程农林高校办学定位基本都是"立足区域、面向全国、放眼世界"，目标均是冲击世界一流；17 所地方农林高校大部分都是立足当地、面向全国甚至世界，建设高水平研究型大学。由此可见，一些地方农林高校办学定位还不够清晰，不符合服务区域经济发展的要求，个别高校不切实际，定位过高，需要进一步明确。

通过梳理 23 所农林高校的人才培养目标描述可以看出，6 所"985"或"211"工程农林高校培养目标基本都是"高素质创新人才"；17 所地方农林高校中，有"全面发展的学术型、复合型、应用型高素质人才"、有"综合素质高的应用型高级专门人才"、有"全面发展的高素质应用型人才"、有"高素质复合应用型人才"，描述不尽相同。

由此可见，目前国内农林高校对办学定位和人才培养目标研究与思考尚不够系统深入。一些农林高校存在办学定位趋同、人才培养目标与达成路径不够清晰、改革路径不明晰等问题。具体表现为：一是办学定位趋同化明显，存在"三不"现象，即办学定位还不能很好地适应国家、区域社会经济发展，没有主动研判中国"三农"前瞻性发展问题及应对举措；办学定位不够实际，没有充分考虑学校办学历史和现实基础；对办学定位的导向作用认识还不够清晰，学校领导、职能部门和学院对定位的认识和行动共识有待加强；二是人才培养目标和达成路径不清晰。培养目标与定位不适应、不匹配，还不能有效体现人才培养目标的"可描述、可测量、可区分、可评价、可达成"。人才培养改革还不能充分体现"学生中心、成果导向、持续改进"；三是学校特色不够鲜明。从办学定位与培养目标的静态描述看，缺乏个性，学校特色彰显不够。

（二）人才培养中心地位的保障不够

人才培养是高校根本职能和第一任务，人才培养中心地位是否稳固，直接影响高校人才培养质量。通过梳理 23 所农林高校的自评报告可以看出，8 所农

林高校表示"巩固或保障人才培养中心地位的长效机制不完备或需要进一步健全和完善";7 所高校表示"人才培养中心地位的保障措施不完备不到位或有待完善提高";3 所农林高校表示"教学中心地位需加强或进一步巩固";其他 5 所农林高校则表示"教学激励、资源投入不能支撑保障人才培养中心地位"。

由此可见，尽管表述不全相同，但 23 所农林高校无一例外的全部认为本校人才培养中心地位的保障不够。人才培养是高校的本质职能，党和国家事业发展对人才的需求非常迫切，只有有效保障人才培养的中心地位，才能确保高校完成培养社会主义建设者和接班人的重要使命。

（三）师资队伍建设整体不足

一是师资队伍总量不足。师资队伍是人才培养的根本保障，数据显示：23 所农林高校中有 12 所高校的生师比超过 18：1（农林高校合格标准），且地方农林高校和"211"农林高校的生师比均值均超过 18：1（农林高校合格标准），"985"和"211"农林高校生师比均值（16.54 和 18.12）均超过同类高校均值（15.83 和 18.01）。"211"农林高校和地方农林高校生师比最高分别达到 19.8 和 21.22，远远高于合格标准。

二是对教师教学能力提升的服务不足。虽然表述不同，但是 23 所农林高校均认为学校对教师教学能力提升的服务不够。全国已建设国家级教师教学发展师范中心 30 个，农林高校无一在内。农林高校现有教师教学发展中心服务教师教学能力提升的措施比较单一，主要局限于教师教学培训，且培训的内容模块设计不完善，对教师教学个性化服务和指导不够，对专业负责人和教学团队重视与培训不够。少数教师自身需求意识不强烈，缺乏参与学习培训的积极性和主动性。

三是教师的实践经历或经验欠缺。农业是个复杂的问题，对农林高校教师的实践经历和经验要求较高。但在现有人才引进体制下，尤其在部分传统优势应用性学科专业中，能到生产一线解决实际问题的青年教师越来越少，少部分青年教师授课时存在重理论轻实践、理论与生产实际联系不够紧密的现象，这严重制约学生实践动手能力培养。

（四）政府支持及行业企业参与机制不够健全

一是经费来源单一。农林高校主要依靠财政拨款，行业特点导致经费来源单一，校友捐赠和行业支持经费较少。23 所农林高校大多表示"经费来源单一，利用社会资源办学的程度偏低，行业性质限制了校友的捐赠能力"。农业属国民经济中的弱势产业，决定了学校通过社会服务收获的更多是社会效益而非经济效益。虽有以财政拨款为主的多渠道经费筹措体制，但受行业条件限制，学校经费筹集和自我积累的能力较低。政府拨款中大部分对用途进行了限定，难以根据发展现状和重点灵活使用，也在客观上造成了本科教学经费来源不多的问题。

二是教学经费总体不足。教学经费是人才培养的基本保障，23 所农林高校中，只有 4 所高校的生均本科教学日常运行支出超过同类院校，且"211"农林高校、地方农林高校均值（0.39 万和 0.26 万）全部严重低于同类院校均值（0.49 万和 0.28 万）。数据还显示，"985""211"和地方农林院校之间差距很大，均值分别为 0.58 万、0.39 万、0.26 万，这也在客观上造成发展严重不均。

（五）专业建设需要进一步提升

一是现有专业发展与结构布局不均衡。专业是人才培养的主要载体，而现有教育部公布的农科专业目录（2012 年版）专业总数偏少，只有 27 个，结构也不尽合理，满足不了产业发展和人才培养需要。学校专业结构和布局有待进一步优化，农林高校均不同程度地认为本校专业结构不合理，专业发展不平衡，优势专业不断累计资源，弱势专业发展相对较慢，影响学校整体实力。数据显示，"985"或"211"农林高校专业数均低于同类院校，但地方农林高校专业数均值（66.76）却远远高于地方高校均值（51），有的甚至达到 95 个，可见在经费、师资、资源远远落后的情况下，地方农林高校设置较多专业，专业建设和改革成效可想而知。此外，专业的内涵建设有待加强，不少学校存在重科研轻教学、重学科轻育人的现象，部分学校不同程度地存在将学科建设替代专业建设的情况，专业建设满足不了产业发展需要。

二是实习实训基地普遍薄弱。教育部 2017 年对全国 22 个省市数百所高校和用人单位问卷调查显示，80% 的调查对象认为"当前我国大学生实践能力培养的薄弱之处主要体现在校外实习环节"。农林学科专业的应用性、实践性强，农林高校学生培养对实验、实习等实践教学环节要求高，且由于农林高校不能给行业企业带来直接快捷的经济利润，所以安排学生实习实训主要靠校友靠感情。有的学校由于实习基地建设不足，教学往往只能以理论传授为主，不少实践环节难以开展，学生实践环节不足，动手能力差，创新能力受到限制。部分高校实习实践环节薄弱，农科学生实践实习"四不"（走不出，实践实习仅局限于校园内；走不远，实践实习主要依附于学校附近；走不长，综合实习实训时间不长；走不进，实践实习不能走进产业与企业一线）现象突出。大学生校外实习法律法规还处于盲区，难以保障大学生切实享有实习的权利。

（六）课堂教学质量有待提升

一是课堂教学质量总体不高。课堂教学是人才培养的主阵地，而 23 所农林高校大多反映：课堂教学质量有待进一步提高，信息技术与教育教学深度融合有待加强；教师教学方法相对单一，教学效果差，教师参与教学研究与教学改革积极性不高；教学改革促进教学水平提升的效果不够理想，课堂教学质量有待提升，人才培养质量提升被严重制约。不仅是农林高校，可以说全国高校少有课堂让学生"激动、解渴"。教育部高教司吴岩司长多次强调，高等教育应实现内涵式发展，不再是外延式发展，提高质量是高等教育发展的重点，提高高等教育质量首先是提升高校人才培养质量，而提高课堂教学质量是前提和基础。

二是高职称教师为本科生上课比例低。教育部 2016 年发布的《关于中央部门所属高校深化教育教学改革的指导意见》要求巩固本科教学基础地位，教授、副教授（高级职称教师）要更多承担本科教学任务，不断提高高校教学水平；要落实教授给本科生上课基本制度，将承担本科教学任务作为教授聘任的基本条件，让优秀教师为本科一年级学生上课。而数据显示，23 所农林高校主讲本科课程的教授占教授总数的比例最高为 91.89%，最低为 70.1%，与教育部要求仍有很大差距。

（七）国际合作培养程度不高

国际合作培养是目前国家培养高层次创新人才、服务国家重大战略的重要途径。相比于其他综合性高校，农林高校国际合作培养程度较低。23 所农林高校普遍反映，学校国际合作意识不强，各专业人才培养方案对国际合作的描述较少，与境外高校联合培养渠道不畅，师资国际程度不高，学生出境交流学习比例较低，高校在服务国家"一带一路"战略上的动作偏小，引进国外优质教育资源的双语课程数量不多。

数据显示，1978—2016 年底，我国各类留学人员累计达 458.66 万人，其中 265.11 万人在完成学业后选择回国发展，占已完成学业群体的 82.23%，为国家培养了一大批具有国际视野和国际竞争与合作能力的人才。但是，当前我国留学工作存在的行业间发展不平衡、不充分问题日益凸显。如党的十八大以来，占据主导地位的国家公派留学生共计 107 005 人，从学科分布看，人文社科专业占 38.14%，工科占 36.54%，理科占 15.47%，医科占 6.68%，而农科仅占 3.17%。这与新时代国家实施"乡村振兴"重大战略、加快推进农业现代化对更多创新型、紧缺型、复合型国际化"三农"高端人才的迫切、现实需求存在较大差距。

（八）生源质量普遍较低

农林高校生源质量堪忧，基本处于同层次高校垫底水平。23 所农林高校中多数高校反映："传统优势农科专业难以吸引优质生源""总体生源质量不理想""考生农科专业认同率偏低，社会认可度不高"等。特别是在高考录取制度改革后，有进一步下滑的趋势，部分农科专业第一志愿率非常低，极大地影响了高等农林教育人才培养质量。

软科中国 2018 年中国大学生源质量排名显示：21 所农林高校（两所高校数据缺失）里，只有 5 所生源质量与综合排名的比值匹配度小于 1，其余 16 所农林高校都是生源质量排名远远落后综合实力排名，其中 14 所超过 1.2，10 所超过 1.3，7 所超过 1.4。可见农林高校生源质量普遍较低，与学校综合实力严重不符。

（九）学生自主学习有待进一步提升

调动学生学习的积极性，教会学生学习，把课堂还给学生，让学生成为学习的主人，是引导学生自主学习、贯彻学生中心理念的重要途径。自主学习以训练学生创新精神和实践能力为主要目标，是提升人才培养质量的重要途径。

23 所农林高校普遍存在学生自主学习动力不足、个性化发展指导服务不够的问题，较多高校反映"学生自主学习动力不足，学生个性化多元化发展指导不够，学生评价方式方法相对单一""少数学生主动学习的动力不足，学生指导与服务工作水平需进一步提高""学生学习动力的引导有待进一步提升，学生指导与服务的个性化、精细化还需进一步提高"等。我国高等教育进入大众化后期，终身学习、灵活学习将成常态，而学生的自主学习将是重要保障，其自主学习能力急需进一步提升。

（十）质量保障体系需要进一步健全

我国高等教育已从精英阶段进入大众化阶段，并向普及化阶段迅速迈进，同时也将面临质量危机。化解改质量危机的办法就是建立有效的质量保障体系。随着国家"五位一体"本科教学评估制度建设不断深入，高校教学质量保障体系在高校逐渐建立，但也普遍存在问题。

23 所农林高校普遍存在"教学质量评价方式方法比较单一，教学质量监控队伍不足，监控手段比较传统，教学管理信息化水平不高""质量保障信息反馈机制需进一步健全，学生评教指标体系需进一步完善""质量监控信息分析与利用有待于进一步加强，学生评教工作还需要进一步改进，教学管理与质量监控队伍建设还需要进一步加强""内部教学质量监控体系实效性不够，外部教学质量评价信息征询及应用不深入"等问题。

三、对策和建议

（一）以乡村振兴战略为引领，合理确立办学定位和培养目标

高等农林教育应主动适应社会经济发展，明晰人才培养目标，服务国家未

来战略发展，切实做到学校目标、学院目标、专业目标和课程目标四者有机统一。教育管理部门应采取分类建设的方式，加强分类指导和个性化发展，重点支持，推动体制机制改革。农林高校应围绕区域地方经济社会发展，在提升办学水平的同时彰显学校特色。

一是综合性农林高校应走以农林为主的综合性特色发展之路，适应农林产业创新和交流合作的战略需求。这类高校要对催生新技术和孕育新产业发挥引领作用，发挥学科综合优势，主动作为，以引领未来新技术和新产业发展为目标，推动学科交叉融合和跨界整合，培养拔尖创新型农林人才，掌握我国未来农业技术和产业发展主动权，代表国家参与国际竞争。

二是地方农林高校应立足地方、区域社会经济发展需要，走应用发展之路，在区域经济发展和产业转型升级上发挥支撑作用。主动对接地方经济社会发展需要和企业技术创新要求，把握行业人才需求方向，充分利用地方资源，培养大批着眼未来发展，具有较强行业背景知识、实践创新能力、胜任行业发展需求的应用型和技术技能型人才。

（二）坚持"以本为本"推进"四个回归"，切实保障人才培养中心地位

一是解放思想，转变观念。切实转变追求数量规模和外延拓展的观念，注重质量优先、内涵发展；切实转变重科研轻教学的观念，注重教学与科研并举、科研促进教学；切实转变重教书轻育人、重灌输轻互动的观念，注重育教并重、教学相长，巩固人才培养中心地位。

二是重视本科，投入教学。把本科教育作为学校最基础、最根本的工作，牢固树立"本科教育是高校之本，不重视本科教育的大学不是合格的大学"的理念。资源配置、经费安排和工作评价等都要体现以本科教学为本。将教学工作列为各级领导班子及主要负责人年度、任期考核的重要内容，促进各级领导把更多时间和精力投入教学。

（三）加强师资队伍建设，提升教师教育教学能力

一是出台农林高校师资队伍建设扶持政策，助力中央乡村振兴战略和生态文明建设，为农林人才培养强基固本。

二是建立国家农林教师发展示范中心，探索实施教师"双证制度"，实施农林院校骨干教师与农林企业的互聘"双千计划"。创新服务"三农"新模式，探索服务"三农"新模式、新途径和新机制。

三是农林高校要强化教师队伍建设，不断强化教师教育教学能力培训，改进教育教学方法手段；不断更新农林教育思想观念，提升教育教学理念；不断加强实践锻炼，建立健全教师深入农林生产一线锻炼机制，促进教师教育教学能力全面提升。

（四）加大政府支持力度，健全行业企业协同育人体制

一是加强对农林高校政策、项目和资金扶持。加强农业农村部、国家林业和草原局等行业主管部门对农林高校支持力度，建立中央和省级教育部门、农业农村部、林业和草原局等部门协同育人机制，将合作成果落实到推动产业发展中，辐射到培养卓越农林人才上。

二是进一步完善校企、校所、校地协同育人模式，统筹推进校地、校所、校企育人要素和创新资源共享、互动，实现行业优质资源转化为育人资源、行业特色转化为专业特色，加大校友基金会资金筹措力度，拓宽资金来源渠道，争取更多的社会资源，服务农林人才培养。

（五）优化调整专业结构，加强实习基地建设

一是优化专业结构。国家层面成立卓越农林教育培养计划专家委员会，以引领未来新技术和新产业发展为目标，推动学科交叉融合和跨界组合，重新审视现有专业目录，优化专业结构，增设、合并、停办相关专业，瞄准行业需求，深化供给侧改革，建设一批一流涉农专业。高校层面合理设置专业，各高校应根据办学基础、优势特色和区域地方经济社会发展需求，优化专业布局与结构，控制专业总数，避免盲目上马新专业，形成布局合理、特色鲜明、办学实力较强、适应经济社会发展需要的本科专业体系。

二是加强实习基地建设。实施农科教协同育人工程，支持一省一所农林高校与农（林）科院开展战略合作，建立一批稳定优质实习实践基地。在国家教育财政支出中设立"大学生实习补贴专项"，用于支持建设一批共享型实习基地，补贴其运行成本和学生交通、住宿等费用。建议建立国家农林类大学生实习制度，通过国家立法，制定税收优惠等办法鼓励农林企业积极接收实习生，建立区域性的实习实践基地，实现行业高校的共建共享，扩大覆盖面。完善和落实关于企业支付学生实习报酬有关所得税、企业支付实习生报酬税前扣除等方面的管理办法及税费减免实施细则。

（六）巩固落实教授给本科生上课制度，提升课堂教学质量

一是出台国家层面的提升课堂教学质量的具体文件和明确要求，以便各级各类教育主管部门落实，有利于农林高校依规强力执行。

二是巩固教授给本科生上课制度，引导教师把主要精力投入教学，加强课程师资配备，形成一支结构合理的教师梯队，引导教师积极应对信息化挑战下学生对教师教学提出的新要求。

三是农林高校要加强课程体系顶层设计，推动课程教学方式方法改革，重视课堂教学内容更新与课程体系改革，建立有效的评价机制，强化课堂质量评

估，切实提升课堂教学质量。

（七）更新理念拓展途径，提高国际化合作培养水平

一是提升高等农林教育国际合作水平。建议国家实施"走出去"人才培养专项计划，选派教师赴境外开展教学为主的学习交流培训。高校应围绕"一带一路"沿线国家战略对农林教育提出的要求，有针对性地与沿线国家和地区高校开展教育合作交流，探索卓越农林人才培养的国际化路径，提升国际化办学水平。

二是农林高校应提升国际合作教学理念。立足学校特色，开展国际合作教学改革试点，积极拓展人才培养国际化途径，加大学生出国（境）支持力度。选派教师赴国外学习深造，选派学生赴国外开展交换学习。积极引进国外优质教育资源，特别是引进国外精品 MOOC，开展 SPOC 和翻转课堂教学改革，提高双语教学课程比例，拓宽学生国际化视野，提升学生参与国际农林业科技交流合作能力。

（八）政策支持和创新培养模式并重，不断提高生源质量

一是国家层面出台政策支持提高农科生源质量。必须强化涉农专业招生政策支持，实施特殊专业保护政策，加大政策倾斜力度，吸引优质生源报考农科专业。鼓励有条件的地方学习浙江经验实施涉农专业免费教育。加大农科专业人才培养过程中的各类政策支持，适度增加相关具有推免资格的涉农高校推荐免试硕士研究生名额和研究生招生计划，支持高等农林院校开展国家农林教学与科研改革试点。加大国家励志奖学金和助学金对高等学校涉农专业学生倾斜力度。

二是高校要创新农科专业培养模式。构建农科专业本硕博贯通培养模式，进一步在农科类探索本硕或本硕博贯通培养模式，例如对于农科专业学习成绩达到一定要求的本科学生，经考核可选择进入硕士阶段学习或硕博连读阶段学习等，不断促进农林人才培养模式创新。

（九）加强导学和改革学生评价制度，提升学生自主学习能力

一是构建全程导学工作体系。根据不同年级、不同专业的特点，建立多层次、全过程的导学体系，发挥成功校友、专家教授、优秀学生在专业学习、考研就业和新生入学教育等环节的作用，形成"专业教师明方向、学术活动造氛围、成功人士立目标、优秀学生树榜样"的四位一体导学模式。用学生身边的成功案例和优秀人才的成长规律教育引导学生确立人生奋斗目标。引导学生正确认知自己所学专业，了解专业发展前景，激发学生自主学习的兴趣和动力，引导学生养成课下主动请教专业教师、查阅资料、自主学习的良好习惯。

二是建立以促进学生全面发展为目标的新型学生评价制度。把学生评价作为整个教育教学过程不可分割的一部分，成为激励学生不断改进学习态度，形成自主学习良好习惯的动力源泉。评价不但要促进学生在原有基础上的提高，达到培养目标的要求，更要发展学生的潜能，发挥学生的特长，使评价成为评价者悦纳学生、肯定学生的过程，成为学生展示自主学习能力和成绩的平台。

（十）加强农林高校质量监测评价，不断健全质量保障体系

一是完善多元评价监测体系。加强农林高校质量监测，督促学校建立健全质量保障体系，建立农林行业外部质量监测监督体系，加强社会和行业第三方力量参与质量监测，彰显第三方评价的独立性、客观公正性、专业性、进步性，进而引导启示农林高校人才培养质量保障工作改进。

二是树立正确的监测评价观。教学评价是诊断、改进、提高教学质量的有效手段，也是世界高等教育通行的做法。积极引导师生全面、正确地看待教学质量监测和评价的重要性与必要性。强化过程评价与结果评价相结合，强化学生评价与教师自我评价、同行评价相结合，确保评价的科学性、客观性、有效性、诊断性，激励和引导教师提升教育教学质量。

参考文献

［1］胡瑞，刘薇，江珩，等．卓越农林人才培养的探索与实践——基于"卓越农林人才教育培养计划"的实证分析［J］.高等农业教育，2018（1）：12-18.

［2］姜璐，黄维海，戴廷波，等．拔尖创新型卓越农林人才培养模式的探索与构建——基于中美比较研究的视角［J］.高等农业教育，2017（6）：118-123.

［3］为农业农村现代化提供强有力的科技支撑——十九大新闻中心举行"农业科技创新"集体采访［J］.农民科技培训，2018（2）：6-7.

［4］徐颖．清末农务学堂之于近代农业教育的意义［J］.职教论坛，2013（4）：94-96.

［5］巩其亮，齐清．新常态下高等农业教育面临的问题及应对策略［J］.高等农业教育，2017（1）：20-23.

［6］尚微微．卓越农林人才教育视域下的大学生自主学习能力培养策略研究［J］.吉林省教育学院学报，2016，32（8）：66-68.

［7］柴如瑾．我国高教进入大众化后期终身学习将成常态［N］.光明日报，2017-09-09（001）.

［8］中共中央国务院关于实施乡村振兴战略的意见［J］.中国合作经济，2018（2）：18-27.

［9］吴岩.一流本科　一流专业　一流人才［J］.中国大学教学，2017（11）：
　　　4-12，17.

［10］李国强.高校内部质量保障体系建设的成效、问题与展望［J］.中国高教
　　　研究，2016（2）：1-11.

［11］姜澎.一套指标无法覆盖大学所有特点［N］.文汇报，2018-02-27（8）.

卓越农林人才培养的探索与实践*

胡　瑞　刘　薇　江　珩　吕叙杰

摘　要：卓越农林人才是我国发展现代农业的基础和关键。本文对教育部近几年实施的"卓越农林人才教育培养计划"进行了实证分析，深入探讨卓越农林人才内涵及知识、能力和素质结构，在全面掌握卓越农林人才培养现状和存在问题及分析原因基础上，针对性地提出要加强宏观指导和政策支持、创新人才培养模式、加强师资队伍建设、完善课程体系、搭建实践实习平台、不断推进国际化等，进一步提升人才培养质量，培养卓越农林人才。

关键词：高校；卓越农林人才；培养模式

《国家中长期教育改革和发展规划纲要（2010—2020年）》指出，高等教育要高度重视提升人才培养质量，培养社会主义现代化建设需要的德智体美全面发展的卓越人才[1]。我国正在从传统农业向现代农业发展转变，在新型工业化、信息化、城镇化和农业现代化同步发展的时代背景下，涉农院校应当培养多样化高素质创新人才，提供智力支持和人才保障。2013年11月，教育部、农业部、国家林业局等三部委联合启动实施了《关于推进高等农林教育综合改革的若干意见》及《关于实施卓越农林人才教育培养计划的意见》，认为"在实现现代农业进程中，高等农林教育始终处于基础性、前瞻性、战略性地位"[2]。"卓越农林人才教育培养计划"作为深化农林高校综合改革的重要抓手，通过改造提升传统农林学科专业，办好一批涉农学科专业；深入开展教育教学改革，建设人才培养基地和"双师型"教师；面向基层农林教育改革，强化实践动手能力培养；创新体制机制，构建多层次、多类型、多样化的具有中国特色的高等农林教育培养体系，培养大批高素质卓越农林人才[3]。

---

　　* 基金项目：中国工程院咨询研究重点项目：新常态下中国高等农业教育发展战略研究（2017-XZ-17）。

　　作者简介：胡瑞，华中农业大学公共管理学院副教授；刘薇，华中农业大学公共管理学院硕士研究生；江珩，华中农业大学教务处处长，研究员；吕叙杰，华中农业大学教务处科长，助理研究员。

一、卓越农林人才培养内涵探析

我国在迈向农业强国的进程中，对高素质人才需求迫切，亟须培养一批卓越农林人才。本研究通过对"卓越化林人才教育培养计划"的实施高校进行中期评估分析，结合新形势下农林行业社会需求的特点，卓越农林人才应是知识、能力和素质全面发展，具有学农爱农的精神，乐于奉献，敢于承担责任，吃苦耐劳，具有较强专业知识、创新精神和实践能力的高综合素质创新人才。在掌握农业专业知识基础上，熟练运用相关的农业技术理论与实践技能，了解新的农业科技革命发展趋势，把扎实的学科基础、系统的专业理论、现代生物技术等高新技术知识运用到农业生产实践中，为我国社会主义新农村建设、全面建成小康社会贡献力量[4]。框架图见图1。

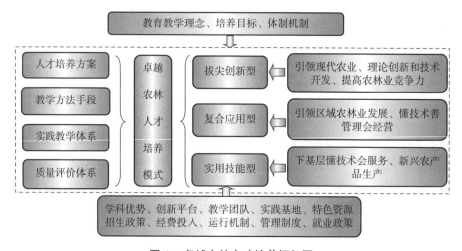

图1 卓越农林人才培养框架图

扎实专业知识和技能、较高人文素养是基础。我国是一个农业大国，具有几千年农耕文化，"三农"问题是建设小康社会的关键问题，是一个综合性大系统，具有多样性、复杂性的特点，涉及社会、资源、环境、法律等领域，需要"跳出农业看农业"的广阔视野，具备"专业较扎实、知识面较宽、实践创新能力强"特点。培养的人才应具有理性思维、宽阔视野，家国情怀，成为既有较高研究水平，又有较高文化素养的全面发展的人才[5]。

实践创新能力是核心。卓越农林人才应具备较强的实践动手能力，把实践创新贯穿于整个人才培养过程中，将来能在农业发展中，形成新理论、新思路、新技术，寻求解决问题的独特视角，灵活运用各种手段解决问题。在知识经济方兴未艾、科技日新月异，生产方式及技术手段层出不穷，掌握实践创新能力，搜集处理新信息、整合新内容、提出新见解、开拓新领域，才能立足于当今社会经济发展和"互联网+"时代。

综合素质是关键。现代农业不仅与自然资源、环境保护等联系在一起，与经济、社会、新农村建设等也密切相关，要求卓越农林人才知识面较宽、基础较扎实、实践能力较强，既能精通农业技术，又能正确处理我国政治、经济、文化等各方面对现代农业发展的影响，具有综合处理农业问题的能力和素质，能够发现问题、提出问题、分析问题、解决问题，并加强交流沟通、创新等融合，才能应对农业当中出现的各种问题[6]。

二、"卓越农林人才教育培养计划"实施现状

围绕服务"三农"和实现农业现代化总体目标，卓越农林人才教育培养计划于 2014 年上半年启动实施，分为"拔尖创新型""复合应用型""实用技能型"。第一批试点高校 99 所，拔尖创新型农林人才培养模式改革试点 43 项，涉及"985"或"211"高校 22 所，省部共建院校 17 所，省属院校 4 所，改革试点项目 140 项，覆盖 33 个专业，11 000 人/年；复合应用型农林人才培养模式改革试点项目 70 项，涉及"985"或"211"高校 22 所，省部共建院校 25 所，省属院校 21 所，中央部属院校 2 所，覆盖 32 个专业，17 586 人/年；实用技能型农林人才培养模式改革试点 27 项，其中涉及"211"高校一所，省属院校 26 所，覆盖 18 个专业，3 481 人/年。综合三类人才培养，涉及 40 个专业，382 个专业布点，受益学生 6 万余人。农学、动物科学、园艺学、动物医学、植物保护等传统农科专业布点居前列，如表1、表 2 所示。

表 1 卓越农林人才教育培养计划试点专业概况

项目	涉及学校/所			专业及布点数量	受益学生/人数		经费投入/万元
	总数	类型	数量		2014 级	2015 级	
拔尖创新型	43	独立	27	12 个专业 95 个点	9 258	9 034	11 116
		涉农	16	18 个专业 38 个点	1 949	1 946	2 458.94
		总计	43	21 个专业 133 个点	11 207	10 980	13 574.94
复合应用型	70	独立	34	28 个专业 122 个点	12 083	12 083	23 332.038
		涉农	36	19 个专业 81 个点	5 503	5 503	10 390.2
		总计	70	31 个专业 203 个点	17 586	17 586	33 722

续表

项目	涉及学校/所			专业及布点数量	受益学生/人数		经费投入/万元
	总数	类型	数量		2014 级	2015 级	
实用技能型	27	独立	5	7 个专业 7 个点	1 633	1 633	3 501.7
		涉农	22	14 个专业 41 个点	1 848	1 848	3 127.5
		总计	27	18 个专业 48 个点	3 481	3 481	6 629.2
合计	140		140	40 个专业共 382 个点	32 274	32 047	50 926.378

说明:"独立"指农林水院校;"涉农"指非农林水院校,但设置部分农科专业。

表 2　卓越农林人才教育培养计划试点专业分布

专业分布	数量/个			专业分布	数量/个		
	拔尖创新	复合应用	实用技能		拔尖创新	复合应用	实用技能
农学	18	16	6	农业建筑与能源工程	2	1	
动物科学	16	17	3	林产化工	1	2	
园艺	11	19	6	野生动物与自然保护区管理	1	1	1
动物医学	10	19	3	农业电气化		2	1
植物保护	16	9	3	茶学	2		
食品科学与工程	6	17	4	农村区域发展		1	1
园林	3	13	8	植物科学与技术	1		1
林学	8	13	1	葡萄与葡萄酒工程		2	
农林经济管理	5	16		森林工程		2	
水产养殖	4	11	1	农业水利工程		1	1
农业资源与环境	7	7		应用生物技术	1		
农业机械化及自动化	1	9	1	农业工程	1		
草业科学	4	2		生物工程	1		
森林保护	3	3		水土保持与荒漠化防治	1		
食品质量与安全	3	3		动植物检疫	1		
海洋渔业科学与技术	1	3	1	生态学			1
动物药学	1	3		蜂学			1

专业分布	数量 / 个			专业分布	数量 / 个		
	拔尖 创新	复合 应用	实用 技能		拔尖 创新	复合 应用	实用 技能
木材科学与工程	1	3		设施农业科学与工程		1	
种子科学与工程	1		3	林业工程类		1	
水族科学与技术	2	1		飞行技术			1

资料来源：中国统计年鉴－2004

从服务领域差别角度看，拔尖创新型项目最终目的是实现农业领域理论创新和技术开发，首先应从源头抓好招生工作，在人才培养过程中，突出本硕贯通、个性培养、探究式学习、科研训练、多样化考核、国际化等"一制三化"等重要方面，从优秀生源的遴选、促进个性开展、创新创业良好环境的营造以及培养创新精神、国际交流与合作能力、综合素质高的创新创业人才[7]；复合应用型项目主要培养懂各类农业新技术，擅长管理，懂得市场经营，在改造提升传统专业、强化实践教学、培养"双师型"教师、与产业对接、农科教协同育人等方面综合改革，培养产业适切性高、知识能力复合、解决实际问题能力强，符合现代农业和新农村建设发展需求的人才；实用技能型项目实用技能人才主要保障农业经济稳定持续发展，实实在在为农业农村和农民服务，面向基层、对接岗位、订单培养、顶岗实习，强化实用技能培养，提高技术开发和服务能力，培养"下得去、留得住、用得上、懂经营、善管理"的实用技能型人才。

三、目标实现与进展成效评价

试点高校通过教育思想讨论、专题研讨会等，进一步增强改革信心，凝聚共识，在优质师资配备、实验实践条件、政策制度等方面全力保障；政府部门及相关企业积极参与，形成齐抓共管、协同育人局面。依托卓越农林人才项目培养的学生中，部分已成为具备良好的实践创新能力，能较好地适应经济社会发展需要，行业也高度认可，具有比较广阔的国际视野和高质量人才，创新了人才培养模式改革，提升了教师队伍建设水平，加强了实践基地建设，质量保障体系健全完善，为卓越计划后续实施和最终目标达成奠定坚实基础[8]。

1. 体制机制创新取得进展

为保证卓越计划的有效实施，各试点高校相继成立"卓越农林人才培养计划"领导小组，试点专业多的高校由校党政主要负责人亲自任组长，由教务处、研究生院、人事处等共同管理，有关专家、产业相关技术骨干等联合组成的专家组，加强组织管理，探索共同研讨交流的工作机制，试点专业在 1 个左右的高校主要由教务处、相关学院负责人等组成领导小组；在所涉及的学院层面，成立卓越计划工作小组、包含一定数量行业专家的卓越计划专家委员会或类似组织，负责对卓越计划有关培养过程、培养方案、课程体系、实践教学环节、校企培养基地建设进行指导。同时，多渠道筹集经费，截至 2016 年底，累计投入专项经费 65 745 万元，高校与行业企业协同育人机制逐步形成。大部分试点高校积极主动与校外企业进行合作，共同搭建实践教育平台；有的省属高校积极争取到主管部门以及企业提供支持，建设实验室，购置仪器设备等经费 3 000 万元。

2. 人才培养改革初显成效

试点高校通过深入实施卓越农林人才教育培养计划，大胆探索与改革，转变教育思想观念，开展人才培养改革创新，找到了自身准确定位，明确了办学方向，借此出台系列政策，设立试验区，推进教学改革。如拔尖创新型人才培养改革项目探索形成了培养模式、创新能力和"一制三化"等为主要内容的综合实践；复合应用型人才培养改革重在实践能力培养、双师型教师队伍及农科教结合基地建设等；实用技能型人才培养改革重在加强实践基地建设和顶岗实习等，各有侧重。不仅带动专业建设，带动学校范围内改革，也促进涉农院校不断提高为农输送人才能力，提升高等农林院校服务生态文明、农业现代化和社会主义新农村建设的能力与水平。中国农业大学、南京农业大学、华中农业大学和西北农林科技大学等四校跨校建立本科生培养联盟，探索人才培养新的组织形式，发挥优势和特色，促进优质资源共享，每年互派本科生到对方学校相应专业进行联合培养，让更多学生拥有第二校园经历。现已扩展到青岛农业大学、云南农业大学等，推进了农林教育综合改革，促进卓越农林人才培养工作。

3. 教学条件保障能力逐步增强

试点高校积极整合教学资源，大力建设师资队伍和实践教学基地，完善相关管理制度和内部治理结构（表3，表4）。一是投入保障。来源于学校专项经费、企业捐款、政府拨款等，学校自筹经费占较大比重，加强基地建设（包括实验室、实践基地）、设备仪器、创新创业及师资队伍（尤其是教师培养和引进）、课程建设（精品课程和教材）、特色专业建设和人才培养模式改革研究等。大部分试点高校积极主动与校外企业合作，搭建实践平台，建有 2 000 多个校外实践基地；二是师资队伍保障。不同学科领域依据自身学科人才培养特点，加强教师队伍建设力度，聘请专家教授、企业高管、技术带头人组成联合指导队伍，积极引进国内外高端人才 3 600 余人。复合应用型培养改革中培育"双师型"教师 900 多人，有的仅兼职教师就有 400 余人；三是积极搭建国际交流与合作平台。积极选派教师、学生参与国际合作，加大交流形式、数量和规模力度，拓宽师生国际视野和多元文化理解及交流能力，努力提升我国高等教育的国际竞争力。

表 3　卓越农林人才培养计划试点专业师资队伍建设

项目类型	引进教师 / 人	双师型教师 / 人	兼职教师 / 人
拔尖创新型	223	65	292
复合应用型	3 347	907	1 694
实用技能型	94	291	223
总计	3 664	1 273	2 209

表 4　卓越农林人才教育培养计划试点专业实践教学基地建设

项目类型	校内 / 个			校外 / 个		
	实验教学中心	教学实习基地	科研创新平台	校企合作基地	野外实习基地	国家农科教结合基地
拔尖创新型	59	74	45	1 100	22	42
复合应用型	104	163	49	1 528	984	99
实用技能型	259	77	380	457	31	35
总计	422	314	474	1 715	1 037	176

4. 学生受益广泛

卓越农林人才教育培养计划虽然还没有完成一个完整人才培养周期，但已取得明显进展。许多单位对卓越农业农林人才计划培养出来的学生实践创新能力和综合素质给予高度认可，甚至提前与毕业生签订了"就业意向"合约。如拔尖创新型人才培养项目大部分试点高校积极与国外知名高校开展本科生"3+X""2+2"等联合培养，选派优秀本科生出国学习或深造。积极鼓励学生在学习过程中积极参与科研创新学习活动，在相关比赛和学科竞赛中获得良好成绩，同时也帮助行业和企业解决诸多实际问题。大多数试点高校构建学生创新创业教育体系，总计拿出 5 000 多万元专项经费支持学生开展创新创业和学科竞赛。

5. 改革氛围和舆论环境良好

试点高校把卓越农林人才培养作为学校行为，放在重中之重位置，在师资配备、实验实践条件保障、政策等方面倾斜；政府部门及相关行业企业积极参与，形成了齐抓共管、协同育人良好局面。如拔尖创新型人才培养改革试点高校通过研讨提出构建"厚基础、重创新、个性化、国际化"培养模式，培养具有高度责任心、创造力和国际竞争力创新人才的目标。有的通过讨论，强化了"厚基础""善思维""强能力""国际视野"以及搭建"两段、三阶、多通道、模块化"课程体系、"学科通识教育"和"专业及个性发展"两阶段；复合应用型人才培养改革试点高校提出立足区域经济社会发展，建立"3+1"校企联合培养模式，三年校内学习，一年校外实践学习。企业参与考核，促进学生知识和能力素质复合；部分实用技能型人才培养试点高校构建以学校——企事业单位联合培养并重的"职业定向式三阶段教育复合应用型农林人才校企联合培养模式"。部分农业高校和企业一起，联合制定人才培养方案，共同负责人才培养全过程，在高水平师资、农业新技术、教学实习条件等方面全力保障；有的提出"3+1+3"卓越农业人才培养模式，实现本科生与研究生培养有效衔接、"3+1"教育培养模式为核心，强化专业基础实践训练，突出专业实践分类指导、"2.5+1.5""通识教育＋专业基础理论＋实践技能＋执照＋就业"的校企合作开放办学培养模式。这些办学理念及培养模式都是在全校反复讨论形成的结果，凝聚了广大师生员工的共识，成为自觉行动，为推进卓越农林人才培养奠定了扎实的基础。

四、"卓越农林人才教育培养计划"主要问题分析

1. 人才培养改革趋同泛化

部分高校存在"重申报，轻实施"现象，虽成立了领导小组、工作组、教学指导委员会、专家督导组，围绕项目开展的工作不多，职能发挥有限；部分高校未能完全按照卓越农林人才教育培养计划指导思想、培养目标和改革内容进行分解，没能准确理解"卓越""拔尖创新型""复合应用型""实用技能型"培养理念和培养规律，在定位人才培养目标时，"可描述、可测量、可区分、可评价"的人才培养目标未形成，主要在原有人才培养方案的基础上修修补补，培养方案泛化，课程体系不能体现专业特色及发展趋势，创新创业教育改革力度不够，如拔尖创新型项目改革缺乏深入研究拔尖创新人才成长规律及"少而精、高层次"人才培养目标等，有的覆盖几百人，培养方案与教学组织形式与其他类型没有差异；复合应用型项目存在着专业资源整合力度不够，没有完全构建适应农业现代化和社会主义新农村建设需要的复合应用型农林人才培养体系的问题；实用技能型项目改革存在着内容改进不大、人才培养目标不明确，与深化面向农林基层教育教学改革的总目标契合度不高等，不能体现出综合性高校与农林高校、部属高校与地方高校及中东部高校与西部高校差异性。

2. 优质师资队伍供给力度不足

高端师资人才仍显欠缺，外籍教师、"双师型"教师、校外兼职教师的数

量明显不足。引进优质教师的难度较大，西部高校尤为明显。高校教师重科研轻教学问题依然突出，教学上投入精力不够，启发式、讨论式、探究式等互动课堂氛围不足。聘请的兼职教师，尽管具备丰富的社会经验和实践能力，但囿于教学经验匮乏和时间精力限制，指导效果有待提高。三类人才教育培养项目普遍实行本科生导师制，但就现状来看，与导师制相关的管理制度不健全，缺乏激励政策，校外导师缺乏高等教育教学经验，指导效果难以体现。对企业或行业人员的选聘、授课内容、考核等方面还有待进一步具体化、规范化和制度化。拔尖创新型项目存在着知名学者、专家参与不够，院士、长江学者、国家杰出青年基金获得者、学科带头人、知名教授鲜有讲授本科课程或担任本科生导师，国际化师资缺乏，极少数高校聘请外籍专职教师；复合应用型项目的师资队伍建设更需要"双师型"队伍，但很少有高校设立"双师型"岗位；实用技能型项目存在着专职队伍技能差、双师型队伍缺乏、专职队伍和兼职队伍"两张皮"等问题。

3. 实践教学基地建设仍需加强

部分高校校内外实践教学基地数量虽多，但职能单一，仅作为学生认知场所，缺少顶岗实习，产学研等方面深度合作明显不足。"先顶岗实习，后回校学习"教学方式实施不够。部分企业和行业部门出于自身利益考虑，参与主动性与积极性不高，参与协同实践育人意愿不强烈，企业导师责任感有待进一步提高，校外实习期间保障机制不够，交通、食宿和安全等问题存在隐患，可供卓越农林人才教育培养计划项目使用的固定校内外实习实践基地数量有限，基地建设标准缺失，导致学生实践教学成效有所弱化。很多高校缺少配套制度和激励措施，基于实践教学的课程、学业考核评价体系尚未建立。

4. 经费和政策供给力度欠佳

经费短缺已成为高校试点教育改革中最为突出的问题之一，一定程度上制约了改革进度和成效。目前，由于没有专项经费，高校只能依靠自筹经费或企业捐赠，西部省份和省属行业高校更为突出。由政府或行业部门牵头制定的经费投入机制几乎没有，实践教学基地与主管部门之间、实践教学基地与实务部门之间、高校之间缺乏沟通与分享平台机制。受研究生指标限制，部分高校制定的本硕或本硕博方案不能有效实施，在学分制下学生选课自由度不够，实践基地教学功能没有激活，校企协同育人机制尚未建立，与企业签约挂牌的稳定基地比例不高，校企、校地、校所合作机制还不完善。

5. 人才培养国际化程度较低

在项目实施过程中，国际化程度薄弱，有国外教学经历师资比例偏低，建立海外联合人才培养机制困难，很少学校从国外引进优质教育资源，双语教学课程数量偏少，赴国外开展学术交流、国际交换生项目或社会实践等活动的学生较少。特别在地方省属高校、行业高校和西部省份高校，教学国际化程度更低。

五、"卓越农林人才教育培养计划"政策建议

1. 加强宏观指导和政策支持，持续推进"卓越农林计划"

教育部、农业部、国家林业局等政府主管部门应加强宏观指导，破除制约创新人才培养的体制机制障碍和政策瓶颈，营造良好政策环境。一是成立"卓越农林人才教育培养计划"专家委员会，负责项目方案审核、实施督查和效益评估等，建立基于《国家专业人才质量培养标准》的卓越农林人才质量分类培养标准；二是建立健全政产学研协同创新合作育人新机制和农科教合作育人长效机制，支持高校与本省农科院所、林科院所开展战略合作，支持与企业建立战略联盟，新建涉农国家级、省级实验教学示范中心、虚拟仿真中心，遴选建设一批国家大学生校外实践教育基地，重点建设一批农林类教师教学发展中心，满足教师职业发展需求；三是加大对"卓越农林计划"经费供给。国家、地方政府和高校在经费投入、政策扶持和供给侧结构性改革上，着重考虑卓越农林人才计划培养，形成以政府为主导、社会力量参与的多元化体系，形成稳定的投入增长机制；四是动态管理，建立健全激励机制，包括硕士研究生推荐、本科教学工程、国际合作与交流等，加大奖助学金对改革试点专业学生倾斜力度。

2. 强化顶层设计，创新卓越农林人才教育培养模式

对照三类卓越农林人才教育培养目标，各高校及相关专业应明确自身三类卓越计划人才培养的目标定位，配套制定符合人才成长规律的培养模式，实现人才培养的多样性和特色。应准确专业定位，强化专业特色和优势，鼓励学生个性发展，开展多样化人才培养模式改革，秉承"以学生为本"教育理念，满足学生个性化发展需求，强化实践环节，突出创新创业教育，提升国际合作办学水平。围绕专业学科特色，开展服务地方经济社会发展的人才培养模式改革。校内各部门通力协作，统筹推进卓越农林人才教育培养计划取得实效。

3. 切实师资队伍建设能力和水平

当前，各高校正在积极建设教师教学发展中心，通过开展培训，推进教学改革与质量评估以及开展咨询服务等，满足教师职业发展需求。尤其是农林大学作为行业高校要积极支持和鼓励专任教师到政府、企业等兼职，提高实践能力；积极从相关行业引进高端管理和技术人才，建立健全考核与评价标准，以及科学完善的聘任制度和薪酬政策，符合卓越农林人才培养要求；建立健全农林大学与科研机构、涉农林企业的长效合作机制，聘请一批生产、科研、管理一线的专家、老总、技术人员到高校任兼职教师，加大"双师型"教师建设力度，将"导师制"真正落到实处。规范兼职教师选聘和管理流程，提升兼职教

师教学能力和专业理论方面水平。完善人才引进和培养办法，以中青年教师和团队为重点，建立专职教师到企业顶岗挂职制度，提升面向基层的实践服务能力。遴选具有生产一线实践经验的中青年教师，组织出国研修，促进优秀中青年教师脱颖而出，建立重视教师实践成果和教书育人业绩考核制度。

4. 优化课程体系，改革教学方法，强化培养特色

高校要按照卓越农林人才培养目标，调整课程结构，重组课程体系，突出系统性和全面性。采用灵活多样的模块化或"平台＋模块"的课程结构，构建宽厚基础和专业口径，强化实践，注重个性发展的课程体系。在坚持知识传授、能力培养、素质养成及技能训练结合基础上，突出创新能力培养。积极改革教学方法手段，推行研究性教学和探究式学习，包括参与式、合作式学习等灵活多样的教学和学习方法，体现师生互动、生生互动、师师互动，促进学生批判性思维和创新意识的培养。开展精品在线开放课程（MOOC）建设，开展SPOC或翻转课堂教学法，延伸教学时空，激发学习积极性和主动性，积极推进优质教育资源共享。鼓励学校和企业、地方共同开发校企、校地合作课程。

5. 进一步整合资源，搭建实习实践平台

高校应积极开展与农科院、林科院战略合作，主动牵头与农业龙头企业建立战略联盟，多途径建设农科教合作人才培养基地，教育主管部门应牵头制定校企、校地、校所共建管理办法，高校应建立校本实习实践基地管理办法。构建校内实践教学基地与校外实习基地联动的实践教学平台。建立以"机制、平台和课程"为核心的实践教学体系，完善实践课程体系，提高专业实践学分，突出专业核心课程，培养学生核心专业技能。将创新创业教育融入课程体系中去，营造全员、全过程、全方位教育氛围。充分发挥现代农业产业技术体系综合试验站的功能，进一步挖掘国家级农科教合作人才培养基地的科研优势和体量优势，提升农科教合作人才培养基地在创新创业教育上的作用。

6. 围绕"一带一路"沿线国家战略需求，推进卓越农林人才培养国际化

高校应围绕"一带一路"沿线国家战略对农林教育提出的需求，有针对性地与沿线国家和地区高校开展教育合作交流，探索卓越农林人才培养的国际化路径，提升国际化办学水平。农林高校立足学校特色，积极开展"扶贫"和"支边"工作，发挥高校在人才培养教育、服务农业地方经济发展等方面的独特优势。开展国际化教学改革试点，拓展人才培养国际化途径，加大学生出国（境）支持力度。选派试点项目教师赴国外学习深造，借鉴小班制、个性化、探究式教学，改革教学组织方式和考核方式，着力提升学生创新能力和创业意识。选派学生赴国外开展交换学习、暑期实践或夏令营活动。积极引进国外优质教育资源，特别是引进国外精品MOOC，开展SPOC和翻转课堂教学改革，提高双语教学课程比例，拓宽学生国际化视野，提升学生参与国际农林业科技交流合作能力[9]。

参考文献

［1］国家中长期教育改革和发展规划纲要（2010—2020年）［EB/OL］.（2010-03-01）http：//www.china.com.cn/policy/txt/2010-03/01/content_19492625_3.htm.

［2］教育部　农业部　国家林业局关于推进高等农林教育综合改革的若干意见［EB/OL］.（2013-12-11）http：//www.moe.gov.cn/srcsite/A08/moe_740/s3863/201312/t20131211_166947.html.

［3］教育部　农业部　国家林业局关于实施卓越农林人才教育培养计划的意见［EB/OL］.（2013-12-03）http://old.moe.gov.cn/publicfiles/business/htmlfiles/moe/s79491201404/xxgk_166946.html.

［4］谢华丽，高志强.卓越农业人才培养模式初探［J］.文史博览，2014（12）：47-48.

［5］刘爱辰，王伟.卓越农林人才的培养研究［J］.黑龙江畜牧兽医，2015（10）：264-266.

［6］吴爱华.深入实施"拔尖计划"探索拔尖创新人才培养机制［J］.中国大学教学，2014（3）：4-8.

［7］杨红霞.改革人才培养模式，提高人才培养质量［J］.中国高教研究，2014（10）：44-51.

［8］邹晓东，李铭霞，陆国栋，等.从混合班到竺可桢学院［J］.高等工程教育，2010（1）：66-75.

［9］江汉森.现代农业视野下的地方高水平院校卓越农林人才培养研究［D］.福州：福建农林大学，2016.

（原文刊于《高等农业教育》2018年第1期）

重点农林院校提高本科生源质量对策研究*

陈遇春　赵长江　苏　蓉　弋顺超

摘要：优质生源是农林院校培养高素质农业科技人才的基础。文章以重点农林院校为代表，分析了当前农林院校本科生生源质量存在的突出问题，并从政府层面、学校层面提出了提高本科生源质量的相应对策。

关键词：重点农林院校　生源质量　政策支持　贯通化培养

一、提高重点农林院校本科生生源质量的重要意义

优质生源是农林院校培养高素质农林科技人才的基础，而本科教育是高等教育的主体和基础。在新时期，切实提高农林院校本科生源质量，把好高素质农林科技人才培养的入口关，有利于提高农业科技人才培养的质量。农业科技人才培养质量的提高，将会进一步巩固农业基础性地位，促进农业现代化发展，并为国家乡村振兴战略提供强大的智力支持。从这个角度看，生源质量是高校人才培养的先决条件，生源质量直接关系到人才培养的质量，决定了高校教学工作的起点，影响高校的长远发展，而人才培养的质量直接影响行业产业的发展。因此，农林类院校只有吸引优质的生源才能在激烈的竞争环境中站稳脚跟、立足地位、赢得头筹，也才能在服务国家战略和社会需求中贡献更大的力量。

* 基金项目：中国工程院咨询研究重点项目子项目"新常态下国家重点农林院校农业科技人才培养问题研究"（2017–XZ–17–03–01）。

作者简介：陈遇春，西北农林科技大学教务处处长，教授。

二、重点农林院校本科生生源质量问题的突出表现

学生入学分数是衡量生源质量高低的重要指标之一。农业和农业教育具有"弱质性"，导致农林高校与综合类、理工类等其他类型高校相比，在优质生源争夺上竞争力较弱。目前，农林院校存在录取学生入学平均分较低、涉农专业招生人数逐年递减等问题。

1. 在全国范围内，重点农林院校整体生源质量不高

从全国高校来看，农林院校本科生整体入学成绩较低，生源质量不高。以2016年重点农林院校在江苏省的本科生录取分数线为例，江苏省本科招生的本投档线为353分（理科），西北农林科技大学在江苏省的一本录取线为362分、南京农业大学的一本录取线为363分、北京林业大学的一本录取线为366分、东北林业大学的一本录取线为354分、南京林业大学的一本录取线为357分。可见，高等农林院校的本科生源质量在整体生源中处于中游水平，生源质量不容乐观。另外，软科中国最好大学排名出炉了2017生源质量排名，中国农业大学的生源质量排名61位，北京林业大学的生源质量排名74位，华中农业大学的生源质量排名110位，南京农业大学和西北农林科技大学分列118位和119位。从整体来看，西北农林科技大学生源质量排在985高校倒数第一位，中国农业大学生源质量排在985高校倒数第6位，重点农林院校整体生源质量不高。

2. 在同类型高校中，重点农林院校生源质量不高

同类型高校中，重点农林院校整体生源质量不高。以"985"高校作为比较维度，中国农业大学和西北农林科技大学是农业院校中仅有的两所"985"高校。我们对比2017年39所"985"高校在陕录取平均分，发现两所农林"985"高校的生源质量排名偏低。其中，西北农林科技大学录取分数排名倒数第一，中国农业大学录取分数排名倒数第八。两所农林985高校整体录取分数偏低，生源质量不高（表1）。

表1 2017年985高校在陕录取平均分

学校	理科	文科	学校	理科	文科	学校	理科	文科
清华大学	703	683	北京大学	D699	674	中国科技大学	680	
复旦大学	D691	663	中国人民大学	677	657	上海交通大学	689	663
南京大学	675	654	同济大学	666	631	浙江大学	D678	D649
南开大学	663	636	北京航空航天大学	668	626	北京师范大学	D648	D642
武汉大学	654	642	西安交通大学	642	615	天津大学	629	

续表

学校	理科	文科	学校	理科	文科	学校	理科	文科
华中科技大学	648	616	北京理工大学	631	617	东南大学	643	623
中山大学	654	634	华东师范大学	638	621	哈尔滨工业大学	630	603
厦门大学	640	639	西北工业大学	614	596	中南大学	604	604
大连理工大学	D603		四川大学	620	622	电子科技大学	D619	581
华南理工大学	625	608	吉林大学	580	605	湖南大学	D449	D507
重庆大学	614	608	山东大学	602	613	中国农业大学	594	608
中国海洋大学	574	594	中央民族大学	573	602	东北大学	578	
兰州大学	568	585	西北农林科技大学	537	554	国防科技大学	627F	591Z

3. 在同一区域内，重点农林院校生源质量不高

同在一区域内，重点农林院校生源质量不高。以陕西省高校为例，表 2 列举了 7 所重点大学的录取平均分，西安交通大学录取平均分最高，西北农林科技大学录取平均分最低。可见，在同一区域内，农林内院校与综合类大学、理工科大学等相比，生源质量明显不高。

表 2 2017 年在陕重点高校录取平均分

学校	理科	文科	学校	理科	文科	学校	理科	文科
西安交通大学	642	615	西北工业大学	614	596	西安电子科技大学	591	561
西北大学	558	577	长安大学	560	556	陕西师范大学	555	573
西北农林科技大学	537	554						

（二）农林院校及涉农专业招生人数规模减小

从我国高等农林院校本科招生规模来看，其增速低于其他类高校。2012 年，我国高等农林院校本科招生数约 6.4 万人，而同年全国本科招生总数约 374 万人，高等农林院校本科招生数仅占全国本科招生总数的 1.71%。调查显示，在 38 所高等农业院校中，农学类专业占全校专业总数的平均比例为 20.64%，涉农类专业占全校专业总数的平均比例为 8.52%，非农专业占全校专业总数的平均比例达 70.84%。农林院校中的涉农专业失去主体地位，对于农科生源的数量及质量造成消极影响；从近年来农林院校涉农专业招生人数规模来看，招生人数逐年递减，在农业院校的招生计划中，传统农科专业的招生数不足 30%；全国农业类专业招生人数不足高等教育总招生人数的 2%。高校对于优质生源的选择余地愈渐狭窄，导致农科专业生源质量每况愈下。

三、重点农林院校本科生生源质量问题的原因分析

1. 传统轻农观念影响生源质量

我国是一个传统的农业大国，在历史发展进程中，存在着将农业视为底层行业，产生"厌农""轻农"观念。当今时代，尽管农民的社会地位发生了根本性的变化，但由于农民经济地位普遍不高，受教育程度相对较低，加之我国城乡二元结构的出现，城乡差距较大，这就使得一些人认为学农没有前途，低人一等，造成高等农业教育的社会地位不高。尽管近年来整个社会对农林院校的认识逐渐客观理性，但传统意识中"轻农嫌农"的观念依然存在。社会"轻农"观念在教育行业主要表现为家长不愿意让子女考取农林类高校、学习涉农专业，认为农村、农业与农民是"贫穷、落后"的代名词。同时，考生受传统观念影响，对专业行业存在认识误区，大多数人对农林学科专业和农林行业缺乏正确的认识和了解，普遍认为农林学科专业就业面相对狭窄，工作环境较为艰苦，收入水平不高，社会地位不高，考生填报专业志愿时，选择农林学科专业志愿人数偏少，且填报的专业志愿顺序靠后，很多农林院校需调剂才能完成招生计划，导致农林学科专业第一志愿率偏低。总体上说，因为社会误解的影响，社会大众对农业没有科学的认识，导致生源质量以及整个农科人才培养环节出现问题。多所农林院校纷纷反映，这种思想在一定程度阻碍着农科人才培养工作顺利开展，将在很大程度上影响农林院校的发展与社会声誉。

2. 农业比较效益影响生源质量

农业比较效益是指在市场经济体制条件下，农业与其他经济活动在投入产出、成本收益之间的相互比较，是体现农业生产利润率的相对高低，衡量农业生产效益的重要标准。当前，我国农业一直是弱势产业，在操作工具上以人力、畜力为主，生产手段落后，劳动强度大，技术水平低；在组织经营方式上，呈现出小规模、分散化、不连片的特点，土地出产率低，商品率低，经济形态属于自给自足的自然形态；在产业层次上，局限于第一产业，产业链短，只涉及生产和消费两个环节，呈封闭性的特点；在生产方式上，还属于数量型的粗放经营，产业链条短、专业化程度及社会服务化水平较低。我国农业比较效益普遍较低是不争的事实，成为制约三农发展的突出矛盾。农业产业比较效益与高等农林院校人才培养存在内生关系，对人才培养产生一定程度的影响。农业产业比较效益低，很多学生在大学的选择上没有强烈的意愿选择农业大学。

3. 政策支持不够影响生源质量

中国作为农业大国，要想成为农业强国就必须依靠农业科技，而农业科技离不开农业教育。扶农要扶智，扶智要靠教育。我们在扶持农业产业的时候，

更要加大扶持农业教育。

涉农专业每年的招生计划较少，加之学生报到率又比较低，农业类实用型、技能型人才短缺，与农业大国对农业人才的需求极不适应。对涉农教育进行必要的政策倾斜对于进一步增强农林院校涉农专业的吸引力、发展现代农业产业、加强农村基层干部队伍建设、培训农村富余劳动力有很大的促进作用。但是目前来看，国家对于涉农教育及人才倾斜的政策还远远不够。突出表现在以下方面：对农业大学招生没有政策支持；对农业大学毕业生没有政策扶持；对农业大学在人才培养的具体环节缺少支持。

4. 人才培养环节影响生源质量

人才培养环节中存在的问题，影响了学校人才培养质量，也影响了学校声誉，从而影响了人才培养质量。培养环节中的问题表现为几个方面，一是培养目标问题。专业的培养目标与经济社会发展需求之间的矛盾，农林高校一些专业的培养目标与经济社会需要不够契合，培养标准与行业产业要求存在差距；二是一些专业在课程设置上尚未完全满足学生个性发展的需要，社会需求的适应度也亟待提高。此外，人才培养目标同质化严重，个性价值弱化，也是一个突出问题；三是培养过程中的问题。这些问题体现在人才培养方案制定、课堂教学实施、实践动手能力的培养、学习成果评价等各个方面。相关研究已经很多，在这里就不再赘述。

四、重点农林院校提高本科生生源质量的对策

1. 加大经费支持力度

经费支持针对两个方面：一是加大对农林学子的资助支持力度，吸引优质生源报考；二是加大对农林院校的支持力度，提高人才培养质量，吸引优质生源报考。加大农科专业招生政策和经费支持力度，尽快建立和落实农科专业学生免除学费的制度，完善国家农科专业学费拨付制度，减免部分由中央、省部级财政足额转移支付，着手在农林高校中开展试点工作。完善农科专业奖、助学金制度。加大国家奖学金、国家励志奖学金、国家助学金和国家助学贷款等向农科专业倾斜的力度。将国家助学贷款与农科大学生就业挂钩，实行农科专业大学生毕业后到农业基层就业达到一定年限，由政府设立专项基金代其偿还助学贷款。同时，建立农科专业人才培养专项基金，用于资助优秀贫困生顺利完成学业。提高农业院校的生均拨款标准，促进人才培养质量提升。

2. 实施贯通化人才培养

建立农科专业学生本硕博贯通培养制度，促使有潜质的学生在涉农领域长期从事农业科技创新。打通涉农专业培养与学生个性化发展的体制通道。实行按学科大类培养，三年级在导师指导下按个性化培养方案完成专业学习，通过

学业考核后，完成本硕、本硕博贯通培养。以此建立相应的自主选择、分流机制和学籍管理制度，保障涉农专业学生各个阶段分流和学业衔接的顺畅，促进学生发展的自主选择，确保卓越农林人才在涉农领域长期发展。

3. 建立定向培养制度

重点农林院校人才培养层次是以本科教育为根本，研究生教育为重点，留学生教育为突破，培养农业学术领域、技术领域和管理领域的拔尖创新人才。借鉴师范类专业学生的人才定向培养制度，使农林院校培养出来的农业科技人才更好地适应地方农业、产业和企业农科人才的需求。与地方政府签订定向培养协议，培养学生服务地方管理；与企业签订定向培养协议，优化专业结构，培养学生服务于地方产业发展。

4. 优化本科专业设置

根据学生选择农林院校的诸多影响因素进行分析可知，农林院校在进行招生前和招生过程中，具有战略性的策略应始终以学生最优发展作为战略核心。比如高考考生对农林院校的学术地位的关注，考虑农林院校中的专业设置是否能适应社会的要求，学生毕业后其就业情况怎么样等。因此，我国农林院校应在以农林类教育为主，涵盖理、工、文、管、经等学科协调发展的同时，更要着眼于区域经济的发展和地方特殊行业发展的需要，优化农林院校的专业结构，设置符合市场需要的专业和培养市场所需的专门人才。

高等学校专业人才培养质量的实证评价之个案研究 *
——基于华南农业大学第三方评价数据的分析

曹广祥　陈　然

摘　要： 专业人才培养质量评价是高校评价的重要环节。人才培养质量评价因其评价对象的特殊性，一直以来以条件保障和办学水平等方面的间接评价为主。本研究以第三机构对毕业生跟踪调查数据为基础，以主成分分析法为手段，对第三方公司的调研数据进行降维处理，得出影响专业人才培养质量的 5个主要成分。依据主成分得分对专业培养质量进行排序，通过对每个专业的得分的聚类分析，把 77 个专业划分为 5 个类型，有针对性地分析各类专业发展情况及建设路径，为其他高校专业建设与评价提供借鉴与参考。

关键词： 专业，人才培养质量，评价，主成分分析

专业是高校与社会需求联结的桥梁和纽带，专业人才培养质量与专业建设质量直接相关。习近平总书记指出，"只有培养出一流人才的高校，才能够成为世界一流大学"[1]。清华大学校长邱勇提出"一流本科教育是一流大学的底色"。而一流专业是一流大学里一流本科的基本依托，《国家中长期教育改革和发展规划纲要（2010—2020）》强调："推进专业评价。鼓励专门机构和社会中介机构对高校学科、专业、课程等水平和质量进行评估"。以专门机构和社会中介机构对高校专业人才培养质量评价结果衡量高校办学质量成为常态，据此推进专业建设成为必然，其作用越来越受到重视。

---

* 基金项目：中国工程院咨询研究重点项目"新常态下中国高等农业教育发展战略研究"（2017-XZ-17）；教育部首批"新工科"研究与实践项目"地方高校新工科专业评价标准研究"。

作者简介：曹广祥，华南农业大学教务处教学研究与评估中心助理研究员；陈然，华南农业大学公共管理学院副教授。

一、专业人才培养质量评价现状分析

十年树木，百年树人。人才培养的长周期性和培养效果的滞后性，客观上使得专业人才培养质量评价变得复杂，目前直接关于专业人才培养质量评价的研究与实践较少，系统性不足，存在两个方面的倾向，一是以条件评价侧面反映人才培养质量；二是以办学综合水平反映人才培养评价。在条件评价方面，主要集中在专业评价。国内有关专业评价研究起始于 20 世纪 80 年代。方东风、胡崇弟提出专业评价的侧重点应从师资力量、专业建设、教学质量、科研水平和办学效果等 5 个方面设立相关评估指标体系[2]。同时曹善华等介绍了同济大学专业评估的实践探索[3]。沈本良认为，除了传统的基本办学条件、科研与研究生教育之外，把教育管理与改革纳入专业评价[4]；徐秀英则从高校内部组织和实施本科专业评估工作实际出发，认为专业评估指标体系必须围绕人才培养的全过程来展开，从专业的师资队伍、办学条件、教学质量和社会评价等方面设置一级指标，逐项进行分解，得到各级分指标[5]。以条件保障为核心的评价思路，契合了我国作为经济后发国家，高等教育跨越式发展中急需对办学条件进行保障的高等教育发展现状，对高校专业办学实践具有较大的指导意义。但是这种评价方法，不能直接客观地反映人才培养质量的根本属性，其不足较为明显。

另一方面，则是从学科水平的角度出发衡量人才培养质量。张晓丹从实证的角度系统阐述大学专业评价体系并提出从专业评价指标体系角度提升高校竞争力，其核心内容为各项指标体系的建立和大学专业分类评价体系研究[6]。廖益提出了目标中心、过程中心、结果中心、情景中心的评价维度，并提出了自主性评价的理念[7]。宋孝金提出，在大学专业评价中，要以学科支撑论品质。学科水平进行评价的研究，在着眼点上，从办学保障的"底线"出发，考察作为人才培养依托学术共同体的水平[8]。该学术共同体的水平，可以借助更为显著的特征和可测量的角度，进行定性定量评价。但评价的具体要素，尚未直接聚焦在本科人才培养。

随着我国高等教育从大众化向普及化的迈进，毕业生培养就业质量成为高校人才培养质量的核心要素。专业或人才培养质量评估的重心已经从条件保障、学科水平转向了培养结果。"把促进人的全面发展和适应社会需要作为衡量人才培养水平的根本标准"已经成为业界共识；实践层面教育部对普通高等学校开展的本科教学工作审核评估，把"办学定位和人才培养目标与国家和区域经济社会发展需求的适应度""学生和社会用人单位的满意度"作为评估重点。本项目以毕业生对培养过程的评价及给予工作岗位的自身评价为研究对象，通过第三方机构对毕业生开展独立调研数据进行分析。该机构作为国内最早开展高等教育第三方调研的咨询公司，目前与国内 900 多所高校合作，每年对毕业生开展大规模调研。本研究采用数据为该机构问卷调研的常规和核心数据，数据信息具有连续性、广泛性和代表性。

二、专业人才培养质量评价的具体方法

1. 样本来源

根据对华南农业大学 2013 届 86 个专业本科毕业生的跟踪调查（毕业半年后）[9]。在毕业生总数 8 827 人中，能够取得联系并发放调研问卷的为 8 363 人，总体调研覆盖率为 94.74%。在发放的 8 363 份问卷中，有效问卷 4 031 份，回收率为 48.2%。蚕学、艺术设计、音乐学、哲学、动物生物技术、动物药学、能源与环境系统工程、森林资源保护与游憩、草业科学等专业因样本数过少，一些指标样本数少于 30%，为保证调研数据的代表性和客观性，有效样本数为 77 个（软件工程分布在软件学院、信息学院两个布点，英语专业商务方向和艺术设计专业产品造型设计后均设为专业，故单列）。

2. 研究方法

人才培养质量评价是一种综合评价。涉及综合评价，目前常用的方法有模糊综合评判法、层次分析法、主成分分析法等。模糊综合评判法、层次分析法等评价方法通常采用多指标人工赋值的方法，在赋值过程中，每个指标的权重不可避免会受到研究者个人因素的影响。在多指标的实证研究中，面临的问题一是如何确定每个指标的权重；二是不同指标的相关性问题，导致指标之间存在一定的重叠。

主成分分析法利用降维的思路，通过对数据的线性转换，把原始数据变化到一个新的坐标系统中，使得任何数据投影的第一大方差在第一坐标（第一主成分）上，第二方差在第二个坐标（第二主成分）上，以此类推。通过主成分分析，把多个指标转换为少数几个综合指标，且每个综合指标之间互不相干，这些综合指标可以保持原始信息，能尽可能地反映研究对象的信息。本研究以毕业生调研为数据获取手段，调研指标的权重难以科学衡量，调研指标之间的相关性不可避免，指标的重叠性客观存在。数据的基本情况适合主成分分析。

3. 指标选取

本文从毕业生调研的问卷具体指向问题归类，在可量化数据的基础上，从培养目标达成高度、学生和用人单位满意度、教学条件保障度三个角度，选取毕业生的就业率、月收入、专业相关度、用人单位类型（国有企事业单位、中外合资企业、外商独资企业）占比、就业现状满意度、离职率、校友推荐度、校友满意度、教学满意度、专业核心课程重要度、专业重要课程满足度、任课教师与学生交流次数、深造率等 12 个指标作为主要评价指标进行分析（详见表 1）。

在全国进行的毕业生调研问卷中，均涵盖这些指标，因此，指标选取具有较大的通用性，对高校人才培养质量评价具有较高的参考价值。

表 1 专业人才培养质量评价指标（根据问卷构建的指标体系）

序号	一级指标	二级指标
1		月收入 / 元
2	培养目标达成度	专业相关度 /%
3		用人单位类型比（国企 + 外企）/%
4		就业现状满意度 /%
5	学生和用人单位满意度	离职率 /%
6		校友推荐度 /%
7		校友满意度 /%
8		教学满意度 /%
9		专业核心课程重要度 /%
10	教学条件保障度	专业重要课程满足度 /%
11		任课教师与学生交流次数 /%
12		深造率 /%

4. 主样本处理过程

本文使用 SPSS18.0 软件，对调研数据进行分析。具体过程如下：

（1）KMO 和巴特利特球形检验。

主成分分析是将原来多种变量重新组合成一组新的互相无关的几个综合变量一种的因子分析方法。在进行因子分析时，需要先进行 KMO（Kaiser-Meyer-Olkin）检验和巴特利特球形检验（Bartlett's Test of Sphericity），来判断其是否适合做主成分分析。

KMO 检验是用于比较变量间简单相关系数和偏相关系数的指标，KMO 检验越接近 1 说明变量之间的偏相关性越强，分析效果越好，KMO 检验一般要求在 0.6 以上，最低不能低于 0.5。球形检验衡量各个变量是否各自独立，其检验需要满足显示度低于 0.05%。本文数据 KMO 检验统计量为 0.622，球形检验为 0，通过 KMO 检验和球形检验，可以进行因子分析。

（2）公因子方差分析。对调研数据中筛选出的 12 个变量进行公因子方差分析，此分析反映每个变量的信息提取度情况。由表 2 可以看出，全部指标信息提取度都在 55% 以上，其中 10 个指标的信息提取度达到 60% 以上、过半指标信息提取度在 70% 以上，信息损失较少，具有较高的解释度。

表 2　公因子方差

序号	指标	初始值	提取
1	月收入 / 元	1.000	0.681
2	专业相关度 /%	1.000	0.758
3	用人单位类型比（国企＋外企）/%	1.000	0.783
4	就业现状满意度 /%	1.000	0.777
5	离职率 /%	1.000	0.555
6	校友推荐度 /%	1.000	0.693
7	校友满意度 /%	1.000	0.640
8	教学满意度 /%	1.000	0.736
9	专业核心课程重要度 /%	1.000	0.716
10	专业重要课程满足度 /%	1.000	0.822
11	任课教师与学生交流次数 /%	1.000	0.747
12	深造率 /%	1.000	0.578

提取方法：主成分分析

（3）方差贡献分析。在主成分分析的过程中，方差累计贡献率反映的是该主成分能够反映原始指标信息量的百分比。如果累计贡献率达到 85%，可以认为这些主成分包含了全部测量指标的信息。对于人文社会科学的研究，可以放宽到 70%。特征值是通过矩阵分解得到的特征值，反映了这个向量的贡献程度大小，按照特征值大于 1 的原则，提取出 5 个主成分。这 5 个主成分的总方差累计贡献率达到 70.953%，基本包含了大部分测试指标的信息（表 3）。

表 3　解释的总方差

序号	特征值	方差的 /%	累积 /%
1	2.708	22.566	22.566
2	2.132	17.766	40.332
3	1.476	12.300	52.631
4	1.183	9.859	62.490
5	1.016	8.463	70.953

（4）主成分矩阵分析。本文采用方差最大正交旋转法进行主成分分析后，得出各指标载荷。每个指标载荷的高低，代表了该指标在该主成分中的影响和贡献。具有较大影响力的指标代表了该主成分的核心评价要素（表4）。

表4　成分矩阵

序号	指标	成分（Z1）	成分（Z2）	成分（Z3）	成分（Z4）	成分（Z5）
1	月收入 / 元	0.655	−0.363	0.220	−0.261	0.029
2	专业相关度 /%	0.816	0.141	−0.260	0.058	−0.052
3	用人单位类型比（国企 + 外企）/%	0.243	−0.366	0.664	0.176	0.342
4	就业现状满意度 /%	0.562	0.120	0.123	0.003	−0.662
5	离职率 /%	−0.641	0.359	0.039	−0.044	−0.133
6	校友推荐度 /%	0.155	0.707	0.406	0.036	−0.112
7	校友满意度 /%	0.064	0.697	0.383	0.124	−0.081
8	教学满意度 /%	0.228	0.509	0.136	0.475	0.422
9	专业核心课程重要度 /%	0.588	0.350	−0.493	−0.003	0.004
10	专业重要课程满足度 /%	0.263	−0.350	−0.280	0.744	−0.010
11	任课教师与学生交流次数 /%	0.176	0.435	−0.386	−0.393	0.474
12	深造率 /%	−0.548	0.157	−0.319	0.357	−0.129

提取方法：主成分分析，已提取 5 个成分。

（5）聚类分析。根据提取出来的主成分计算主成分得分，对 77 个专业进行综合评估，得出各专业人才培养质量的相对排位情况。根据主成分分析得出的总体评分，将 77 个行业进行聚类。通过 8 次迭代把以上 77 个专业分为五个类别。五个级别的聚类值分别为 A 类（1.1583）、B 类（0.8802）、C（0.7231）、D 类（−0.6731）、E 类（−0.8949）类（表5）。

表5　最终聚类结果

类别	每个聚类中的个案数量	主成分总分排位
A	2	1–2
B	10	3–12
C	19	13–31
D	25	32–56
E	21	57–77

三、结 果 分 析

1. 主成分主要因子贡献分析

由表4可知，成分Z1对结果的贡献率最高，代表着毕业生培养质量影响最大，该成分的贡献度中，主要有专业相关度（0.816）、月收入（0.655）、专业核心课程重要度（0.588）、就业现状满意度（0.562）四个因素，该成分主要与职业发展支撑有关。我们可以把这个因素命名为职业发展支撑因子。离职率和深造率对该主成分为负值，可以看出，毕业生就业质量高的专业，其离职率相对很低，且深造率不理想，也从侧面说明，深造率高的专业，本科就业市场可能不是足够有吸引力。

主成分Z2中，校友推荐度（0.707）、校友满意度（0.697）很高、教学满意度（0.509）贡献度比较高，反映了毕业生对在校期间的体验有关，我们可以称之为成长体验因子。而用人单位类型和月收入在该成分得分较低，可以考虑毕业生培养质量不仅需要显性量化方面评价，还需要从非量化的定性评价方面入手。

主成分Z3中，用人单位类型（0.664）贡献度最高。根据调研机构的调研结果，国有和外企薪酬平均水平居于所有用人单位平均薪酬的前两位，可见该主成分一方面是代表了毕业生工作满意度，也在一定程度上与薪酬有关，我们可以称之为职业满意因子。

主成分Z4中，专业重要课程满足度（0.744）贡献度最高，教学满意度（0.475）其次。这些因子，在一定程度上代表了毕业生职业发展的基础，是学生职业可持续发展的专业支撑，可以成为专业发展因子。

主成分Z5中，主要体现在认可教师与学生交流次数（0.474）、教学满意度（0.422）等因素的贡献，可以称之为教学感受因子。这个指标的因子贡献度较低，因子贡献度为负值的达到7个，对培养质量的影响相对较弱。

从表4中可以发现，教学满意度在多个因子中居于较大影响力，可见从毕业生调研角度，课堂教学质量对人才培养质量的影响居于核心地位。

2. 专业人才培养质量情况

根据聚类结果，可以判定为从毕业生评价角度，各类专业人才培养质量存在一定差异，77个专业可以分为A、B、C、D、E五个类别，每个类别最少2个专业，最多25个专业，详见表6。由归类可以看出，从毕业生角度评价，电气工程及其自动化、车辆工程两个专业人才培养质量最好，电子商务等21个专业需要重点关注。广播电视编导等10个专业培养质量相对突出，网络工程等19个专业处于中间水平，食品质量与安全等25个专业培养质量提升空间较大。让人感到意外的是，信息学院的软件工程专业相对软件学院的软件工程培质量评价较高，软件学院的培养模式改革有待进一步优化。

表6 各专业人才培养质量排位

排序	专业名称	主成分得分	归类
1	电气工程及其自动化	1.1583	A
2	车辆工程	1.0268	A
3	广播电视编导	0.8802	B
4	会计学	0.8424	B
5	软件工程	0.8222	B
6	园林	0.7231	B
7	土木工程	0.6577	B
8	电子科学与技术	0.646	B
9	金融学	0.6452	B
10	计算机科学与技术	0.6153	B
11	交通运输	0.5999	B
12	测绘工程	0.5636	B
13	网络工程	0.454	C
14	机械设计制造及其自动化	0.4465	C
15	英语	0.4358	C
16	人力资源管理	0.4304	C
17	法学	0.3396	C
18	木材科学与工程	0.3264	C
19	林学	0.2991	C
20	艺术设计（产品造型设计方向）	0.2935	C
21	英语（商务）	0.2915	C
22	信息与计算科学	0.2408	C
23	软件工程（软件）	0.229	C
24	土地资源管理	0.2174	C
25	建筑学（五年制）	0.2126	C
26	动画	0.1865	C
27	自动化	0.1806	C
28	劳动与社会保障	0.1678	C

排序	专业名称	主成分得分	归类
29	服装设计与工程	0.136	C
30	水利水电工程	0.1106	C
31	工商管理	0.1016	C
32	信息管理与信息系统	0.0623	D
33	食品质量与安全	0.0338	D
34	农业机械化及其自动化	−0.0005	D
35	工业设计	−0.0031	D
36	社会工作	−0.0168	D
37	公共事业管理	−0.0189	D
38	经济学	−0.027	D
39	汉语言文学	−0.0285	D
40	设施农业科学与工程	−0.0285	D
41	物流管理	−0.0405	D
42	光信息科学与技术	−0.0752	D
43	电子信息科学与技术	−0.0831	D
44	电子信息工程	−0.1081	D
45	环境科学	−0.1226	D
46	农林经济管理	−0.1526	D
47	国际经济与贸易	−0.1599	D
48	材料化学	−0.1738	D
49	通信工程	−0.1953	D
50	城市规划	−0.2038	D
51	植物保护	−0.2075	D
52	数学与应用数学	−0.2428	D
53	食品科学与工程	−0.2435	D
54	动物医学（五年制）	−0.255	D
55	制药工程	−0.269	D
56	社会学	−0.2964	D
57	电子商务	−0.3359	E
58	生物科学	−0.3432	E

续表

排序	专业名称	主成分得分	归类
59	行政管理	−0.3589	E
60	应用化学	−0.368	E
61	农学	−0.4228	E
62	包装工程	−0.4237	E
63	环境工程	−0.4264	E
64	地理信息系统	−0.4445	E
65	工业工程	−0.4494	E
66	动物科学	−0.4591	E
67	生态学	−0.477	E
68	生物技术	−0.4777	E
69	市场营销	−0.5073	E
70	园艺	−0.5344	E
71	资源环境科学	−0.5446	E
72	水产养殖学	−0.5655	E
73	生物工程	−0.5684	E
74	统计学	−0.6074	E
75	旅游管理	−0.6358	E
76	茶学	−0.6731	E
77	历史学	−0.8949	E

四、讨论与建议

由主成分聚类分析的结果可知，专业人才培养质量评价指标较好的专业为 A 类专业，为电气工程及其自动化、车辆工程专业，均属于工科专业，且是学校省级名牌专业和省级特色专业，具有较好的专业建设水平。这两个专业依托国家重点（培育）学科，两个专业均符合广东省"十二五""十三五"战略新兴产业发展的重点领域——高端装备制造领域，在学科水平和社会行业依托与产业需求方面均呈现出较好发展态势。这类专业应该瞄准行业发展，实施产教融合战略，保持现有良好发展态势，形成品牌优势。

B 类专业包括广播电视编导、会计学、软件工程、园林、土木工程、电子科学与技术、金融学、计算机科学与技术、交通运输、测绘工程 10 个专业，涵盖了艺术学、经济学、工学等三个门类，与广东省经济社会发展转型重点发展的新一代信息技术产业、数字文化创意产业等行业密切相关。这些专业的学科依托在学校属于中等水平，但是发展态势和发展前景开好。B类专业培养质量表现突出，其中行业红利占优还是培养过程占优有待进一步研讨，但其中计算机科学与技术在全国范围被亮黄牌，但本文中个案评价较高，一定程度上说明，B类专业的培养过程较为扎实，培养质量向好。在目前发展机遇下，这类专业应该两条腿走路，科研与教学并重，抓住区域经济社会发展转型契机，打造品牌，建设为一流专业。

C类专业包括网络工程等19个专业。这些专业均是社会需求相对较好的专业。虽然这类专业学科依托一般，一些专业甚至没有硕士点依托，但整体发展态势向好。C类专业中的法学、动画、艺术设计等属于同期毕业生就业红牌警告专业，但在评价中表现较好，显现出这些专业在人才培养方面做了较为扎实的工作，人才培养质量明显优于全国平均水平。也预示着学校部分教学型学院在专业建设方面初步具备了形成特色的基础。C类专业应以专业认证为抓手，规范专业建设，以产业发展为导向，提升专业培养与行业发展的适应度，凝练专业特色，逐步形成品牌。

D类专业包括信息管理与信息系统等25个专业。这类专业既有涉农专业如农业机械化及其自动化、农林经济管理、植物保护、动物医学等传统优势专业，也有工业设计、电子信息工程、通信工程等新兴产业相关专业，还有食品质量与安全、制药工程、环境科学、材料科学等工科与理科专业，亦有社会工作、经济学、汉语言文学等文科专业。本类中的传统优势农科专业有重点学科依托，但其学科优势尚未完全转化为教学优势，需要在科研反哺教学上下功夫，调整人才培养定位。本类别中的食品质量与安全、食品科学与工程、材料化学、环境科学等专业，处于学科上升期，教学科研二者之间关系有待进一步理顺，科研促教学的机制有待建立。本科类其他专业，学科基础相对较弱，建议调整专业定位，拓宽专业基础，运用新工科思维改造提升专业内涵，支持专业的发展和转型升级，以符合应用型人才培养为目标，增强竞争能力，形成人才培养特色。这类专业中多数需要在学校层面加强扶持，如果没有较为有效的扶持措施，这些专业的发展前景不容乐观。

E类专业的人才培养质量有待大幅度提升。这类专业主要有电子商务等21个专业涉及13个学院，涵盖了管理学、理学、农学、工学、历史学等多个学科。其中农学、动物科学、园艺、茶学、生物技术5个专业为国家特色专业，农学、园艺两个专业均有国家重点学科依托，是学校传统优势专业。与D类中部分传统农科专业处境相同，其学科优势尚未完全转化为教学优势。本类别中管理类、理学类及部分工科类等专业，从学校本身来看，这些专业在学院属于非优势学科专业。虽然这些专业所在学院学科实力不软弱，有博士点乃至国家重点学科，但这些专业的学科依托较弱，在发展博弈中处于劣势。

从另外一个角度看，E类21个专业中，有着培养质量不高的共性专业，调研机构发布的2013届本科毕业生就业红牌专业中，有3个专业在同期红牌警告专业范围，即生物类的生物科学、生物工程、生物技术。这些专业在办学中，未能找到符合自身特色的发展道路，也未能为学生发展创造蓝海体验[9]。

基于这种发展现状，E类专业中的传统优势专业，一方面需要在科研反哺教学方面下功夫，把科研优势转化为教学资源；另一方面需要根据行业发展调整培养定位，以新农科思维改造专业，提升毕业生的创新能力与专业研发能力，培养行业骨干人才。同时，也要考虑E类专业中一些专业是否与学校办学定位、学院发展定位契合度，对偏离学校办学定位、办学条件薄弱的专业可以考虑撤销处理。

五、总　结

本文采用主成分分析法，以第三方对毕业生开展的独立评价数据为依据对毕业生培养质量进行评价。研究中不论是方法选择的检验还是数据提取的可信度方面均达到分析要求，数据处理结果在科学性和客观性上可以保证，研究结果符合学校专业发展的经验性评判。研究结论可为同行参考。

从研究结果看，同一学院不同专业、同一学科同类专业发展中有较大发展差异；不同学院相似的优势专业发展境况存在相似性。前者说明即使是相同的机制体制下，专业人才培养水平差异依然显著，专业人才培养质量的提升，核心在专业教师、重心在专业课程；后者代表着以毕业生的角度评价人才培养质量，社会需求应该是需要关注的焦点，人才培养的需求导向是现实选择。这一评价结果，不仅适用于本研究分析对象，也适用于同类高校作为研究借鉴。

鉴于此，农林院校在专业建设中，学校构建良好的保障机制是前提，更关键的是，需要面向社会需求重构专业内涵，以学生职业发展的全程视野设计课程体系，为学生可持续发展奠定基础；另一方面，每个专业要立足本专业实际，形成独特的专业文化，满足学生发展最基本的核心需求。

参考文献

［1］吴岩. 一流本科　一流专业　一流人才［J］. 中国大学教学，2017（11）：4-12，17.

［2］方东风，胡崇弟. 高等工业学校专业评估刍议［J］. 高教探索，1985（4）：35-41.

［3］曹善华，陈士衡. 同济大学专业评估的尝试［J］. 上海高教研究，1985（4）：100-103.

［4］沈本良. 专业教育评价及组织［J］. 高教评估，1992（1）：43-46.

［5］徐秀英. 高等学校组织和实施本科专业评估工作的探讨［J］. 黑龙江高教研究，2008（7）：41-43.

［6］张晓丹. 高校竞争力与大学专业评价研究［D］. 武汉：武汉大学，2004：3.

［7］廖益. 大学学科专业评价研究：以广东省名牌专业和重点学科为例［D］. 厦门：厦门大学，2007：2.

［8］宋孝金. 大学专业评价：以学科支撑论品质［J］. 教育评论，2014（8）：26-28.

［9］麦可思研究院. 2014 年中国大学生就业报告［M］. 北京：社会科学文献出版社，2014：19.

重点农林院校学生专业发展动力问题研究*

李培彤　陈遇春　赵　丹　刘红波

摘要：本文通过数据分析，总结重点农林院校学生专业发展动力不足主要表现在农科专业第一志愿报考率低、涉农专业转出率高、毕业生涉农领域就业率低以及专业学习动力不足四个方面。根据一系列表征分析，认为专业发展动力不足主要是由于学生的"轻农"观念、迷茫的就业前景、相对陈旧的培养模式以及教师教学精力投入不足造成的。针对农林院校学生专业发展动力不足的原因，文章从加大政策扶持、创新农林院校人才培养模式、加强专业思想教育、促进教师教学精力投入四个方面提出对策建议，以期激发重点农林院校学生专业发展动力，提升国家农科人才培养质量。

关键词：重点农林院校；专业发展动力；成因分析；对策建议

随着新时代的到来，坚持走中国特色农业高等教育道路是重点农林院校的发展方向。重点农林院校作为现代农业人才的孵化器，承担着培育适应、促进现代农业发展的建设者的使命。研究农林院校学生专业发展动力问题是培养多层次、多类型农科人才的前提条件，对于为现代农业发展提供人才和智力支撑有着重要意义。然而目前我国农林院校人才培养质量尚待提高，农科人才尚不能满足经济社会发展需求，学生专业发展动力不足的问题普遍存在。面对此种形势，开展重点农林院校学生专业发展动力问题研究是一项必要而迫切的任务。

---

　　* 基金项目：中国工程院咨询研究重点项目子项目"新常态下国家重点农林院校农业科技人才培养问题研究"（2017-XZ-17-03-01）。

　　作者简介：李培彤，西北农林科技大学人文社会发展学院职业技术教育学硕士研究生；陈遇春，通讯作者，西北农林科技大学教务处处长，教授，硕士生导师；赵丹，西北农林科技大学人文社会发展学院副教授，硕士生导师；刘红波，西北农林科技大学人文社会发展学院职业技术教育学硕士研究生。

一、重点农林院校学生专业发展动力不足之表现

专业发展动力是影响学生发展的综合复杂体，它能够激发专业发展并将发展导向具体目标，是农林院校学生专业发展积极性、主动性发挥的前提和基础。新的历史条件下，农林类院校学生的专业发展呈现多样化的趋势，但总体依然存在发展动力不足的问题，主要体现在第一志愿报考率低、涉农专业转出率高、毕业生涉农领域就业率低、专业学习动力不足等现象上，这将影响农林类院校专业发展水平，制约农林院校培养高水平卓越农科人才。

（一）农科专业第一志愿报考率低

专业志愿选择的主动性直接影响农林院校学生对专业发展的兴趣和动力，关系到农林院校选拔和培养人才的质量。通过农业院校农科专业报考数据发现，农科专业第一志愿报考率普遍偏低，大部分高分考生不愿填报农林高校和涉农专业，很多涉农专业需要通过调剂和多次征集志愿才能完成招生任务。

以东北农业大学为例，该校农科专业是优势专业，农科类招生专业数占到学校总专业数的 19%，计划数占到学校总计划数的 22% 左右，但经调查发现，农科专业却是该校冷门专业，相比较其他学科专业，农科类专业录取分数偏低，第一志愿录取率过低，无志愿录取率过高[1]，大部分农科专业学生为专业调剂学生。其中，植物生产类（Ⅰ）、植物生产类（Ⅱ）、自然保护与环境生态类、水产养殖学、草业科学 5 个农科专业学生三年来无志愿录取率均超过 13%（表 1），第一志愿录取率仅 10% 左右。另外，该校农科专业未报到率较高，农科专业的学生入校后转入非农专业的比例普遍较高。

表 1　2015—2017 年农科类专业无志愿录取率情况

专业	2015 年	2016 年	2017 年
植物生产类（Ⅰ）	54.61%	61.12%	53.07%
植物生产类（Ⅱ）	53.25%	58.55%	45.11%
自然保护与环境生态类（农学）	37.15%	42.00%	18.67%
草业科学	66.67%	23.33%	13.33%
水产养殖学	77.59%	77.05%	67.21%

这样的生源背景下，学生对专业的被动选择将直接导致专业发展动力不足，致使学生理论水平和实践能力短缺，影响其学业成绩和专业发展，使高校的专业人才输出与社会用人需求的结构性矛盾突出，增加了就业难度，很大程度上阻碍了农科人才的流动，造成重点农林院校人才培养过程的末端堵塞，产

生恶性循环。

（二）涉农专业转出率高

农科是农林院校的主要学科，其教学科研实力相对较强，但在整个高等教育系统中处于相对弱势地位，故而造成学生专业思想较不稳定。由于学生普遍对涉农类专业认可度不高，很多学生填报农林院校的农科专业志愿，只是为了将其作为跳向热门专业的跳板。

以几所高等农林院校为例，每年农科专业学生转出率高达 15% 以上：中国农业大学每年约 17% 的涉农专业学生选择专业转出；东北农业大学及华南农业大学 2017 级学生中分别有 291 及 503 人选择转专业，且数据显示这些学生多是从农学院、林学院等涉农专业转向工程学院、电子工程学院等非农专业。另外，根据对四川农业大学李廷轩教授的访谈得知，该校也存在大量的涉农专业学生转至非农专业的现象："我校转专业现在没有限制，只有校区的限制，以前是 1 年 2 次，现在是 1 年 1 次，但我们实行超学分收费，所以才一定程度上限制了学生转专业的比例，2017 年转出最多的是动物科学，针对学生转专业去向比较集中的专业进行统计发现，工商管理类、经济学类等就业率排名靠前的专业成为学生首选的热门专业。"

躁动的专业发展态度大范围存在于涉农专业之中，很多学生甚至将农科专业作为进入高等农林院校的迂回战略，从进入学校开始就没有重视专业发展，长此以往，必然导致涉农专业发展动力严重不足。

（三）农林院校毕业生涉农领域就业率低

虽然农林高校学生学习的内容与农业紧密联系，但实际上他们就业的主要方向并不在涉农领域，农林高校毕业生就业的结构性矛盾比较突出，特别是就业流向十分不平衡，真正到县以下基层单位就业的农林高校毕业生人数很少。另外，在为数不多的涉农领域就业生中，他们即使愿意到基层就业，也大都带有前提条件，有相当一部分学生将涉农领域当作未来职位晋升的捷径，工作不到一年就纷纷改行换业。北京大学生命学院顾雅红教授在访谈中就提到"真正到农业第一线的学生是很少的，这是最大的问题。"这种涉农领域就业率低及涉农就业意识淡薄的普遍现象极大地削弱了农林院校学生专业发展的积极性。

以东北林业大学、东北农业大学、四川农业大学、西北农林科技大学四所本科农林高校对服务现代农业的毕业生就业数据进行调查分析可得，四所本科农林高校毕业生 2009—2013 年 5 年间在涉农领域就业的平均比例为 19.32%，在农村基层就业的平均比例为 4.02%，农村基层就业的比例约为涉农领域就业的 20%。也就是说，在上述本科农林高校毕业生中，平均每 5 个人中最多有 1 人从事涉农工作，平均每 25 个人中仅有 1 人在农村基层就业（表 2）。

表2　2009—2013 年四所农林高校毕业生涉农领域就业数据

年份	毕业生总人数	扣除升学人数后的毕业生人数	涉农领域就业		农村基层就业	
			人数	比例 /%	人数	比例 /%
2009	18 972	16 823	3 246	19.30	700	4.16
2010	19 041	16 875	3 267	19.36	595	3.53
2011	19 442	17 231	3 357	19.48	691	4.01
2012	20 331	18 022	3 504	19.44	746	4.14
2013	21 020	18 631	3 551	19.06	792	4.25
合计	98 806	87 582	16 925	19.32	3 524	4.02

（四）农林院校学生专业学习动力不足

专业学习动力是指学生在学习专业课的过程中维持学习热情，推动学习行为持续均衡发展的内在力量[2]。农林院校学生专业学习动力不足是缺乏专业发展动力的主要表现之一。当前农林院校中有很大比重的学生没有积极主动学习的意愿，造成农林院校学生的专业发展动力严重不足。

学生对于专业课程的学习兴趣、旷课率、实践环节参与度、选课量等指标都是衡量专业学习动力的重要依据。以西北农林科技大学为例，对该校人文学院某专业学生专业学习动力进行了问卷调查，选取该专业学生对于所学课程的总体兴趣情况以及旷课情况。数据显示，在对所学课程感兴趣程度中，选择兴趣"非常低""比较低"及"一般"的学生高达71.8%，兴趣"比较高"和"非常高"的学生仅占28%左右，说明该专业学生对课程的学习兴趣较低，缺乏专业学习动力（表3）。另外，在上学期间是否有旷课行为的调查中（表4），从未有旷课行为的学生仅占34.5%，有旷课行为的学生占总比重的65.5%之多，存在比较严重的旷课情况，学生学习动力不足。

表3　您对所学课程的总体兴趣

	频率	百分比 /%
非常低	35	8.2
比较低	52	12.2
一般	218	51.2
比较高	100	23.5
非常高	20	4.7
合计	425	99.8
缺失　系统	1	0.2
合计	426	100

表4　您在大学期间是否有过旷课行为

	频率	百分比 /%
从未	147	34.5
有时	236	55.4
一般	32	7.5
经常	8	1.9
总是	3	0.7
合计	426	100

二、农林院校学生专业学习动力不足之成因分析

面对现行农科人才培养过程中存在的专业发展动力不足的问题与挑战，找到新常态下削弱学生专业发展动力的原因是促进高等农林院校发展、提高农科人才培养质量的有利突破口。

（一）学生自身"轻农"观念削弱专业发展动力

尽管近年来整个社会对农林院校的认识逐渐客观理性，但传统意识中"轻农嫌农"的观念依然存在，加之我国城乡二元结构的出现，城乡差距较大，这就使得一些学生认为学农"没有前途，低人一等"。农林院校学生专业发展动力不足与学生对于农科专业存在的偏见有着不可分割的关系，这种偏见严重打击了农科学生的专业发展积极性。

虽然很多农科专业师资水平高、科研条件好、综合实力强，但入学的农科专业新生往往都存在"厌农、弃农"的思想，这种观念不利于激发学生的专业发展兴趣。一方面，在"轻农"观念导向下，很多新生都将涉农专业作为进入学校的跳板，其目的是经过一学期或一学年的学习后转入非农专业。在这种情况下，具有轻农观念的学生不会将自身时间与精力花费在农科专业发展上，他们更乐意去学习自己感兴趣的专业，为日后转专业打好基础。这种学习背景下就出现大量"理论课听讲懈怠""实验实践课程应付"及"60分万岁"的情感色彩[3]，不利于学习的适应和进步；另一方面，存在"轻农"观念的学生入学时就对农科专业具有抵触心理，同时对于所学专业缺乏系统的了解，难以转变对于所学专业的态度，从而学习情绪消极。这种"轻农嫌农"的思想观念对高等农林院校教育发展有着一定程度的负面影响，应该引起广泛的思考。

（二）就业前景迷茫降低学生专业发展动力

专业就业前景的好坏是吸引学生报考及主动学习的主要因素。从各农林院校涉农专业学生转专业的流向来看，就业渠道宽、社会需求大的专业自然成为学生们追求的热门专业，其学生的专业发展动力也更足。农林院校毕业生一直面临着行业发展不力、扶持政策不足、工作环境差等就业前景，出现了很多就业与专业不对口的情况，使在读的农科专业学生对于所学专业信心不足，一定程度上降低了学生的专业发展动力。

首先，长期以来我国农业比较效益低下，产业化、市场化及现代化程度偏低，存在农业生产基础设施薄弱、农业竞争力不强、农业要素外流加剧等现实性问题，农业在整个市场受关注度不高，农业相关工作风险较大、效益较低，对于学生的吸引力很小；第二，虽然近年来国家一直在颁布及实施有关促进农林院校毕业生基层就业的方法与决定，但是从现实情况来看，其资金投入程度及政策倾斜力度尚不足，就业渠道依然相对较窄，难以满足毕业生到涉农领域就业服务的需求，工作前景令学生担忧；第三，由于农科专业学生所从事的工作大多需要他们前往农村生产一线，而基层工作及生活条件艰苦，职业发展空间较小，待遇相对较差，与当代学生期盼的"大城市，高收入"存在明显的差距，使得很多学生对于农科专业望而却步。

（三）培养模式相对陈旧，难以激发学生专业发展动力

高校内部的人才培养机制是影响人才培养的最主要因素，创新的人才培养模式可以针对学生学习的个性特点，有效地激发学生专业发展的主动性。然而，目前农林院校人才培养机制依然相对滞后，这种局面对于农林院校农科人才的专业发展动力无疑是一种威胁。

农林院校培养模式在专业设置、课程设置及教学方法三个方面较大地影响着学生专业发展的动力。第一，在专业设置上，很多农林院校的农学专业还是多年以前的模板，增设的学科也多是"热门"专业，与农学相关的新兴专业、交叉学科未得到充分发展，专业"去农化"与"同质化"较为严重，无法满足农业产业日趋多样化的发展需求，农科专业的优势和特色发展受到影响，对学生专业学习的吸引不力；第二，在课程设置上，农林院校通常是将基础课与专业课、课程学习与校外实习按学习时间分离开来，理论与实践很难融合，加之实习内容枯燥无味，无法激起学生的学习兴趣。在这样的课程设置下，学生的学习兴趣不浓、创新意识不强，所学内容无法满足实际需要，自然降低了其发展的动力；第三，教学方法方面，我国农林院校在教学实施过程中，仍旧坚持以传统的灌输式教学方法为主，教师在教学过程中依然处于主体地位，师生之间的双向互动较少，而对人才培养更为有效的启发式教学法、案例教学法、情

境教学法等教学方法仍未得到广泛运用[4]。这种完全以教师为课堂教学主导的教学方法单一而陈旧，学生没有足够的思考时间和思考空间，不能培养学生的问题意识，久而久之，学生形成依赖心理，从而失去了主动进行专业发展的积极性。

（四）部分教师教学精力投入不足，影响学生专业发展引导性

教师作为教学主体，在人才培养过程中的作用不容小觑。重点农林院校教师的投入程度将直接影响农林院校学生的专业发展动力。教师的教学投入表现为教师在教学活动中投入的时间、精力和情感等，当学生感受到教师的教学投入之后会为教师的投入所感染从而增加自己的学习投入，进而提高专业发展动力。同时，教师的教学投入会提高教师自身教学水平、增强教学的吸引力，提高学生的学习质量。作为重点农林院校的教师，需要在农科人才培养中承担更多角色，加大对涉农专业以及学生的投入，才能确保农科人才专业发展的积极性、主动性，使得农科专业持续发展，保证农科人才的卓越成长。但是目前来看，农林院校教师的教学精力投入情况依然存在问题，将使学生专业发展主动性下降，造成农科人才培养的质量滑坡。

教育部部长陈宝生在新时代全国高等学校本科教育工作会议上提到，一些学校在本科教育上还存在教师精力投入不到位的问题。陈宝生还表示，高等学校要实现回归本分，即教师要潜心教书育人，强调高等教育强国建设的重难点问题之一就是部分教师对教学投入不到位。一方面，重点农林院校教师的工作及专业具有一定的特殊性，工作过程、工作结果较难量化。虽然各农林院校都非常重视并积极施行教师绩效考核，但是尚未形成统一的考核体系，使考核评价走向了重量轻质的误区，并且出现了"重业务轻师德""重结果轻素质"等现象，给教师带来了工作投入和工作不投入考核评价结果都一样的错觉，进而削弱了教师对于工作投入的积极性；另一方面，随着经济社会的高度市场化对于价值追求的冲击，多元化价值体系逐渐形成，各种哲学思潮开始涌动，自我主义、功利主义等现代性问题充斥于社会中。部分教师已然出现重功利选择轻精神追求的失衡表现，主要体现在对评职的功利化、对学术研究的功利化以及对工作考核的功利化等，一系列功利选择将在很大程度上排挤批判精神、学术精神以及敬业精神在高校教师意识中的主流地位。这种过度的价值追求及功利选择导致教师很难一心将时间与精力投入在涉农教育与学生身上，极大地影响了教师对学生专业发展的引导及示范作用，降低学生专业发展的投入程度。

三、学生专业发展动力不足之对策建议

（一）加大政策扶持，增强专业发展信心

首先，国家应该加大对农业发展及新农村建设的资金投入与政策支持，从根本上加快农业产业化与城市化进程，缩小城乡差距，建立全面协调的城乡保障体系，改善农村基层工作人员的生活环境与工作环境，建立完善的职业上升发展空间，提高社会对农科人才的需求，让学生看到良好的就业前景，增强农科专业发展信心；其次，还要通过政府的宏观调控和政策引导，为农林院校毕业生基层就业提供适当倾斜的优惠政策，拓宽农林院校毕业生就业渠道，从农林院校培养出处反向调动在读学生的专业发展积极性，建立发展信心。

（二）创新农林院校人才培养模式，增加专业吸引力

1. 完善专业设置

农林院校应积极响应创办"双一流"大学的号召，增强农科人才专业发展动力，培养一流人才。其中一流的专业设置即为"双一流"大学的基础。各农林院校应着力对专业结构进行调整，加大对农科专业的投入，使学科专业与农业产业链有效对接，保持传统农林学科的优势地位，为本校产学研一体化做有力支撑；同时，应增设新兴专业，研究市场需求，优先增设农林优势学科与现代生物技术、人工智能、大数据交叉融合的特色新专业，加强内涵建设，保证新兴专业持续健康发展；最后，还要加强对现有专业的分类管理，对不适应市场需求的专业建立退出机制，优化专业结构，增强专业吸引力。

2. 优化课程设置

在课程体系设置上，建立跨学科、文理渗透和以探究精神为基础的综合性课程体系[5]，在学习专业基本知识的同时渗入"三农精神"等人文学科思想，使学生在了解学科前沿发展动态的同时培养爱农精神，提高专业认同度；同时，应将课堂学习与校外学习相结合，加大实践课程比重，使专业理论知识为实践充分所用，让学生在实践中全面了解所学专业，认识所学专业知识的实用性，以推动专业学习的趣味性及积极性。

3. 改革教学方法

教师的课堂教学，应从传统的以讲授为主转变为坚持"讲授""自学""讨论"相结合的方式，培养学生的创新意识和能力，依照建构主义学习理论，发挥学生主体地位，给予学生独立思考的机会，增强师生间交流，激发专业发展兴趣；同时，还应通过利用现代化教学手段，提高课堂质量及吸引力。

（三）加强专业思想教育，转变轻农嫌农偏见

党的十九大"乡村振兴战略"中提出要培养一支"懂农业、爱农村、爱农民"三农人才队伍，这对农林院校农科人才培养的总目标进行了明确定位，应将这一目标定位首先灌输给农林院校的学生，尤其是对于新入学的大一新生来说，爱农业、懂专业是专业发展的前提，正确的专业思想意识及观念是农林院校学生专业发展的重要影响因素之一。农林高校应将农业意识的培养加入入学思想教育之中，邀请本专业优秀教授及人才为学生开设专题报告会，增强专业吸引力。同时，应统一组织相关专业思想学习，加深入学新生对农业产业及发展前景的全面认识，了解我国农业在整个国民经济中不可动摇的基础地位，以提高学生专业发展动力，转变"轻农、嫌农"观念。

（四）促进教师教学精力投入，引导学生专业发展积极性

一方面，调整教师评价导向。改变只以专利论文发表数量、项目经费等指标作为评价指标，关注教师工作过程及质量分析，通过教师互评、学生评价等渠道了解教师的教学态度与教学水平，加大质性评价比重，评价与奖励重点向教学质量方面倾斜，从而提高农林院校教师的教学投入，以高质量的课堂教学吸引学生的专业发展兴趣；另一方面，教师自身要树立正确的职业发展观，抵御市场化及功利化的思想冲击，做好教书育人的本职工作，将农科精神贯穿于课堂，加强对学生专业发展的引导，身体力行，增强学生专业发展动力。

参考文献

［1］刘洪彬，王洪来，高爽.农业院校本科生生源质量存在的问题、原因及对策研究：以 S 大学 57 个专业为例［J］.高等农业教育，2017（1）：79-83.

［2］李春生.论大学生学习动机的形成机理及培养路径［J］.中国成人教育，2016（4）：17-19.

［3］王小玲.农林类院校毕业生基层就业问题思考［J］.河北农业大学学报（农林教育版），2017，19（1）：1-4.

［4］李斌，翟雪峰.高等农林院校人才培养模式改革的策略研究［J］.中国林业教育，2017，3（35）：28-31.

［5］安勇，雷鸣.农林院校"五位一体"专业认证模式的构建与实践［J］.黑龙江畜牧兽医，2017（23）：224-225.

"双一流"背景下实用技能型卓越兽医人才培养的探索与实践 *

李国江

摘要： 吉林农业科技学院在"双一流"建设的大背景下，以卓越人才培养计划为切入点，积极探索"双一流"背景下实用技能型卓越兽医人才培养与实践，通过明确"卓越兽医"人才培养目标、创新"卓越兽医"人才培养模式、优化"卓越兽医"人才培养过程，奠定了实用技能型卓越兽医人才培养的思想基础，实现了实用技能型卓越兽医人才培养的产业对接，提供了实用技能型卓越兽医人才培养的师资保障，积累了实用技能型卓越人才培养的可推广模式。

关键词： 双一流，卓越人才培养，农业现代化，兽医

一、前　　言

统筹推进一流大学和一流学科建设是建设高等教育强国的重要标志。吉林农业科技学院在"双一流"建设的大背景下，以卓越人才培养计划为切入点，积极探索"双一流"背景下实用技能型卓越兽医人才培养，为"卓越农林人才教育培养计划"2.0、服务幸福中国、为生态文明、农业现代化和社会主义新农村建设培养兽医人才、提供智力支持。

二、与时俱进，"双一流"背景下实用技能型卓越兽医人才培养的探索

2014 年为深入贯彻党的十八大、十八届三中全会精神，落实《国家中长期教育改革和发展规划纲要（2010—2020 年）》，根据教育部、农业部、国家林业

---

* 作者简介：李国江，吉林农业科技学院副院长。

局《关于推进高等农林教育综合改革的若干意见》要求，推进高等农林教育综合改革，经研究，教育部、农业部、国家林业局共同组织实施"卓越农林人才教育培养计划"。我校动物医学专业被确定为首届国家卓越农林人才教育培养计划项目，是吉林省仅有的 5 个国家卓越农林人才教育培养计划项目中唯一的一个实用技能型专业（教高函〔2014〕7 号）。学校围绕办学理念、培养模式、实践教学等开展了实用技能型卓越兽医人才培养的研究与实践。

2015 年 11 月教育部、国家发展改革委、财政部《关于引导部分地方普通本科高校向应用型转变的指导意见》（教发〔2015〕7 号），引导地方本科院校向应用型转型发展。吉林农业科技学院是吉林省首批四所公办转型试点院校之一，动物医学作为校内试点专业积极探索转型发展过程中实用技能型卓越兽医人才培养模式，率先开展校企合作、产教学融合。

2016 年习近平总书记在全国高校思想政治工作会议上指出："办好我国高校，办出世界一流大学，必须牢牢抓住全面提高人才培养能力这个核心点。"动物医学专业进一步优化人才培养模式、提高人才培养能力，树立"以能力为宗旨，以就业为导向，为社会主义现代化建设培养卓越人才"的专业理念。

2017 年《吉林省统筹推进高水平大学和高水平学科专业建设实施方案的通知》（吉政发〔2017〕25 号），动物医学专业进一步创新人才培养模式，培养一流人才，实施特色高水平专业建设。

2018 年依据教育部"六卓越一拔尖计划"2.0 版，围绕"一流专业、一流人才培养"，动物医学专业进一步明确了"双一流"背景下实用技能型卓越兽医人才的培养思路与路径，在培养模式、校企合作、内涵建设等方面进行了卓有成效的实践。

三、改革创新，"双一流"背景下实用技能型卓越兽医人才培养的实践

（一）统一思想，明确"卓越兽医"人才培养目标

认真学习贯彻《中共中央国务院关于深化教育改革全面推进素质教育的决定》、《国家中长期教育改革发展纲要 2010—2020》、国务院三部委《关于引导部分地方普通本科高校向应用型转变的意见》等文件精神，动物医学专业根据农业基层及相关领域对实用技能人才的需求，建立健全与现代畜牧兽医行业、产业发展相适应的现代化实践技能培训体系，明确"以能力为宗旨，以就业为导向，为社会主义现代化建设培养卓越人才"的人才培养目标。

（二）融入行业，创新"卓越兽医"人才培养模式

动物医学专业紧紧围绕应用型人才培养目标，坚持把融入所在区域经济社会发展作为卓越人才培养的重要突破口，不断提升人才培养规格与社会需求的契合度，大胆探索校企合作育人的新模式新路径，合作规模不断扩大，合作层次稳步提升，在优势互补、携手发展、人才培养、技术创新、队伍提升、基地建设等方面实现了紧密合作、互利共赢的目标。

（三）内涵建设，优化"卓越兽医"人才培养过程

根据高水平专业和卓越兽医人才培养要求，通过挖掘潜力、优化结构、开发利用潜在优势等，实施了"3+1 的人才培养方案"；构建了："一合作、一主线、双循环"的人才培养模式及"一导、一模、三保障"的创业教育模式，进一步加强内涵建设，全面提升人才培养质量和水平。

四、总结提高，"双一流"背景下实用 技能型卓越兽医人才培养的成效

（一）提高了思想认识，奠定了实用技能型卓越兽医人才培养的思想基础

围绕卓越兽医人才培养、"双一流"建设，开展教育思想大讨论，积极探索新形势下教学改革和人才培养创新。我校有 4 项教研课题 2015 年被确立为吉林省教育科学"十三五"规划课题；有 3 项教研课题成为学院 2014、2015、2016 年重点教研课题，"实用技能型卓越兽医人才培养模式的研究与实践"获2018 年吉林省人民政府教学成果一等奖，并被推荐到国家教学成果奖评选。

（二）深化了校企合作，实现了实用技能型卓越兽医人才培养的产业对接

充分发挥企业资源优势，提高人才培养质量，使培养的学生能尽早适应岗位需要，更快深入企业、融入社会，定向为企业服务。2014 年起动物医学专业与大北农集团、生泰尔集团合作建立"大北农班""生泰尔班"；2017 年 4 月又与禾丰集团旗下的辽宁派美特生物技术有限公司共建"宠物医师订单班"。企业出资 90 万元与学校共建动物医院和校内实验室，按照企业管理模式对宠物医院订单班的学生进行管理，制订相应的绩效考核，学生在取得毕业证、学位证后定向到乙方企业工作。

围绕动物医学专业人才培养，学校与北京旺康连锁宠物医院、深圳瑞鹏连锁宠物医院、长春周萍宠物医院、长春博仁宠物医院等 80 余家企业建立"产学研"合作关系，成立专业指导委员会，校企共同参与人才培养方案的制定，

创建"产学研"合作教育基地。按照"毕业生零距离就业"的培养目标,学生直接在企业现场进行实训,掌握了专业技能,适应了岗位,为毕业生上岗即能马上进入角色打下坚实基础。同时也为企业选拔优秀人才创造了条件。据统计,动物医学专业近三届新生报到率分别为98%、96%、97%,平均达97%;近三届毕业生一次就业率分别为97.3%、98.4%、100%,平均达98.6%,并且有供不应求的趋势。绝大多数毕业生在生产实习期间就已经提前就业,真正实现了"零距离"就业;毕业生自主创业的比例逐年提高,并且已经形成了一种趋势和潮流。经过调查或反馈,本专业许多毕业生已在各自的岗位上大显身手。用人单位对动物医学专业毕业生的思想表现、职业道德、动手能力、踏实肯干的工作作风、再学习能力均表示了充分肯定,对毕业生的综合素质给予了很高的评价,近两年用人单位对毕业生综合评价的优良率达90%以上。

(三)强化了双师培养,提供了实用技能型卓越兽医人才培养的师资保障

学校制定了《人才引进规定》《在职师资培训工作管理条例》《教师实践能力培养管理办法》等鼓励措施,有效地促进了教师队伍建设。动物医学专业制定了《2015—2020年教师队伍建设五年规划》,并按照规划认真落实教师队伍建设和培养。采取了"以老带新""下实习基地锻炼""博士化工程""参加学术活动""培训学习""引进高学历高职称教师"等多种方式提高教师业务水平。

经过几年建设,动物医学专业已建成一支学历高、年龄及职称结构合理、业务精良的双师型教师队伍,师资队伍建设取得了显著成效。试点前后副教授、双师型教师、博士分别增加了67%、133%、144%。此外,我们还聘请了来自企事业单位的兼职教师9人。

动物医学专业有80%的教师定期或不定期深入动物医院及畜牧兽医相关企业进行生产实践、指导生产,参与企业技术研究、开发、推广、服务和培训工作。共主持省级科研课题和教研课题8项,市级科研课题8项,校级科研课题10项,校级教研课题4项,教师参与科研和教研总计87人次,每人平均3.2次;获奖成果总计29次,人均1.1次;教师主持或参与省、院级科研或教研项目的比例达100%。参加过实践锻炼或参与企业管理的专业课教师达100%。近四年为企业及养殖户进行专场技术培训30余次,并通过与企业合作搞科研,为大润德肉牛养殖公司、普康有机农业公司等创造了数百万元的经济效益。

(四)创新了培养模式,积累了实用技能型卓越人才培养的可推广模式

1. 构建了"一合作、一主线、双循环"的人才培养模式

建立了校企合作。以能力培养为主线,实施理论→实践→再理论→再实践

的人才培养模式。组织学生利用寒暑假深入兽医相关企业顶岗实习，参加生产实践，了解兽医行业需要的知识和技能，开学后带着实习过程中遇到的实际问题，回到课堂有目的的学习，实现理论和实践紧密结合。

2. 形成了"一导、一模、三保障"的创业教育模式

实施创业导师制。利用在企业顶岗实习，参与企业的生产经营管理，进行模拟创业；企业为学生提供项目、资金及场地保障。为兽医行业培养实践能力强，创新创业能力强的卓越人才。

3. 完善了"3+1"人才培养体系

在对动物医学专业人才需求的广泛调研、及时了解行业人才需求状况，并成立有企业人员参加的专业指导委员会的基础上，与企业共同研究制订"3+1"（前3年在校内学习，后1年进企业实践）的人才培养方案。

（1）重构实用技能型人才培养课程体系

根据兽医行业所需的能力，倒推动物医学专业能力，再倒推支撑专业能力的课程，构建了新的模块化的课程体系，删除了与行业不相关的课程，增设了"宠物训导与美容""兽医流行病学""动物福利与动物保护""动物医院管理技术""宠物营养与食品"等与行业企业能力需求相关课程、前沿课程；对6门课程进行了整合，课程门数由原来的55门降到现在的42门。形成了课程支撑专业能力，专业能力支撑行业能力的以需求为导向的应用型课程体系。

（2）构建实用技能型人才实践创新能力培训体系

加大实践教学比例，理论与实践的比例由原来的1.3∶1降到1∶1.16；落实"3+1"中"1"的内容与管理，实施双导师制；增加技能训练、顶岗实习、专业综合训练、专业协会活动等实践教学形式；构建了由实验课、技能训练、教学实习、专业综合训练、师生包教组、寒暑假顶岗实习、师生联合搞科研、职业技能培训与鉴定、大学生创新项目等13个途径构成的"由课上到课下""由校内到校外""由单向到综合"的多层次多渠道的实践创新能力培训体系。

（3）改革实用技能型人才培养考核方式

强化过程考核，突出鉴定性考核，增加"口试""现场操作""实习记录""总结报告""答辩""实习鉴定"等考核，并与职业技能鉴定接轨，达到考核方式的多样性，考核内容的全面性、综合性，实现对学生综合能力的考核。动物医学专业学生职业技能鉴定考核合格率达100%。学生在完成学业获得学业证书的同时，必须获得"动物疫病防治员""动物检疫检验员"等1个以上职业技能证书。

（4）更新实用技能型人才培养教学方法

针对不同课程特点，采用个性化教学、讨论式教学、互动式教学、启发式教学、演练式教学、案例式教学、现场教学、线上线下相结合等。强调以学生

为中心，改变以往的灌输式的教学方式，激发学生主动学习的热情，实现学生自主学习；充分利用学校先进的网络设施，建立了课程在线学习平台，开发了在线开放课程，学生可以利用碎片化的时间在网上学习、练习及在线自测考试。

4. 明确了实训基地建设目标

实训基地是培养应用型人才不可缺少的教学条件，动物医学专业按照"依托专业建基地、建好基地促专业，依托基地搞科研，搞好科研促专业"的思路，使校内实训基地由试点前的 5 个增加到现在的 7 个，增长了 40%；教学科研仪器设备总值由原来 800 万元增加到现在的 2 300 万元，增长了 187%；校外实训基地由原来的 56 个增加到现在的 85 个，增长了 52%。真正实现了"产教融合""产学互动""产学互促"的目标。

5. 建立了质量管理保障体系

成立学院教学质量保障领导小组，负责院系教学管理与质量监控。建立了内部教学质量保障体系，由教学质量生成系统、教学质量保障系统、教学质量管理系统、教学质量监督系统、教学质量评估系统、教学质量反馈与改进六大系统构成，实现对本科教学全过程、全方位的质量监控，促进教学活动的持续改进和教学质量的持续提高。根据教学质量监督和评估体系对教学质量监测结果，特别是对照本科教学状态数据统计结果，认真分析存在问题，提出改进建议，不断完善内部教学质量保障体系，确保教学质量得到持续改进和不断提高。

五、结　　论

总之，"双一流"背景下实用技能型卓越兽医人才培养以贯彻落实乡村振兴战略、践行幸福中国理念为核心，以开展特色高水平学科建设为依托，以培养高水平农业科技人才，服务社会、服务区域经济发展为目标，深化校企合作，培养双师教师、加强内涵建设，推动"双一流"建设，努力实现特色高水平应用型大学的奋斗目标。

农林高校教师教学能力提升问题研究——学生发展视角*

赵　丹　吉　辉　陈遇春

摘要：教育教学的本质是促进学生认知、技能和情感等方面的综合发展。在这一过程中，教师教学能力水平直接影响到学生发展的目标能否实现。研究从"基于学生发展的教师教学能力框架"出发，对西部某高校教师教学能力进行实证调查，发现教师的教学认知能力、教学设计和实施能力以及教学评价能力等方面均存在偏离学生发展的问题。因此，未来高校应注重教师教学能力提升与学生发展之间的匹配，进一步完善教师考核制度和培训体系，进而提高教学质量，促进学生发展。

关键词：学生发展；教师；教学能力提升

党的十九大报告提出："加快一流大学和一流学科建设，实现高等教育内涵式发展。"一流大学和一流学科建设中，教师素质特别是教学能力是促进学生发展、高校内涵式发展的根本保证[1]。《教师教育振兴行动计划（2018—2022 年）》也特别提出："加强教师队伍建设，着力培养造就党和人民满意的师德高尚、业务精湛、结构合理、充满活力的教师队伍。[2]"特别是在信息化时代，大学生对知识和信息的获取更加快速和便捷，学习方式也发生了很大变化。这要求教师要更加关注学生的发展，注重发挥学生的主观能动性，让学生真正成为教育教学活动的主动参与者。但当前高校教师在教学认知、设计、实施、评价和反思等方面仍然存在诸多问题，偏离学生发展的目标。基于此，本

---

* 基金项目：陕西省高等教育教学改革研究重大攻关项目（17BG005）；西北农林科技大学教育教学改革研究培育项目（JY1703141）；中国工程院咨询研究重点项目子项目"新常态下国家重点农林院校农业科技人才培养问题研究"（2017-XZ-17-03-01）。

作者简介：赵丹，西北农林科技大学人文社会发展学院副院长、副教授、硕士生导师；陈遇春，西北农林科技大学教务处处长，教授。

研究以西部某高校为例，采用分层抽样和整群抽样方法，选取人文社会发展学院、生命科学学院、水利与建筑工程学院和植物保护学院的 426 名本科生进行问卷调查，并辅以结构式和半结构式访谈，从学生发展视角深入探究教师教学能力的现存问题，并提出对策建议。

一、基于学生发展的教师教学能力分析框架

以学生发展为目标，肖丹结合澳大利亚教师专业标准，总结提出学生发展具体划分为七个要素，并以此提出与学生发展相契合的教师教学能力要求（图 1）。具体包括：①学生的个性、心理发展，需要教师具有对学生的认知能力；②学生多元知识和技能水平的提升，需要教师具备系统的教学设计能力，将专业基础知识、案例知识、实践类知识融合进教学设计；③学生学习动机提升，需要教师具备较强的教学实施能力，即通过构建灵活适切的教学组织形式，采用多元教学方法提升学生兴趣；④学生自我认知能力提升，需要教师在教学过程中科学、合理、智慧地评价学生学习情况，提高自身的教学评价能力；⑤学生自我反思能力发展，需要教师具备教学反思能力，即在教学过程中以及教学结束后反思自己的教和学生的学，引导学生通过主动学习、思考提升学习效果[3]。总的来说，基于学生发展的教师教学能力框架突出体现了两者之间各要素的匹配，从学生角度出发，界定教师教学能力的具体要求，更符合教师与学生两大主体的主导和主体作用，有利于实现学生发展、教育教学质

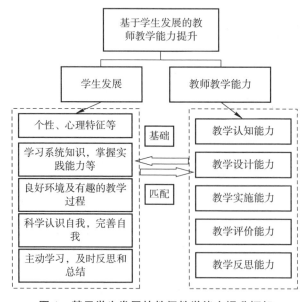

图 1　基于学生发展的教师教学能力提升框架

量提升的双重目标。

二、教师教学能力偏离学生发展的问题表征

（一）教师教学认知能力不足，缺乏对个体发展特征的关注和了解

学生作为教育教学活动的主体，其发展水平、能力高低、个性特征和学习方式等方面都属于教师教学认知的范畴，教师只有了解学生才能为学生提供符合其需求的教学活动。但是，调查发现，教师教学认知能力仍然不足。如学生群体中对"教师了解学生学习特点和兴趣"表示不赞同的占50.5%，远高于赞同的23.7%；对"教师根据学生发展特点及时调整教学方式"表示不赞同的占45.5%，远高于赞同的34.2%（表1）。访谈中，一位学生说道："任课教师表现出对学生发展的漠不关心，上课就是照读PPT，应该根据专业课程及学生的基础，合理讲授知识点。"还有学生说道："教师不太注重学生的意见，帮助学生解答问题、与学生讨论、交流的机会较少。"还有学生指出："大班教学，教师难以顾及个体，教师与学生之间接触少，只是简单的知识传授。老师上完一学期的课，可能都不认识部分学生。"上述结果均说明，当前高校教师对学生的关注程度和认知水平仍然较低。

表 1　教师对学生个体认知情况

题目	非常不好 /%	不太好 /%	一般 /%	较好 /%	非常好 /%
对学生学习特点和兴趣等方面的了解	15.2	35.3	25.9	22.4	1.2
根据学生学习情况及时调整教学	12.7	32.9	20.2	32.6	1.6

（二）教师教学设计和实施能力有待提高，教学效果不理想

现实中，很多教师对教学内容的系统把握仍然不够，虽然在备课时能够确定教学重难点，但在实际授课过程中，很多教师缺少对教学内容的递进式讲授。而且，很多教师并没有结合学生特点和教学内容特征选择匹配的教学方法，而多采用传统讲授式教学方法。调查发现，除"把握教学重难点""学科知识储备""注重课程基础性""注重课程系统性"项目外，学生对"教师能够充分熟悉和理解教学内容""清楚表达教学目标""注重多种教学方法综合运用""注重结合教学内容选择合理的教学方式""注重课程的实用性""注重学科之间的交叉性"等项目的态度持"不赞同"的比例均远高于"赞同"的比例

（表2），这说明教师在教学设计和实施能力方面还存在较大不足。

表2 学生对教师教学能力的态度情况 /%

题　目	非常赞同	比较赞同	一般	不太赞同	非常不赞同
充分熟悉和理解教学内容	8.5	14.0	32.8	29.2	15.5
清楚表达教学目标	7.5	18.5	23.4	29.2	21.4
合理设计教学内容	8.5	21.6	28.6	30.1	11.2
把握教学重难点	11.7	21.2	26.8	29.4	10.9
学科知识的储备	10.8	32.3	29.5	16.6	10.8
注重多种教学方法综合运用	4.7	25.3	23.1	34.6	12.3
注重结合教学内容选择合理的教学方式	3.5	26.5	29.3	29.5	11.2
注重课程的基础性	5.6	32.9	29.1	21.5	10.9
注重课程的实用性	5.2	18.3	26.2	28.7	21.6
注重课程内容的系统性	9.9	47.8	36.2	5.6	0.5
注重学科之间的交叉性	8.0	15.1	22.0	34.7	20.2

（三）教师教学评价能力有待提高，难以达到评价促进发展的目的

　　科学合理的教学评价不仅能对学生发展给予准确的评定，也可以通过评价促进学生自我认知能力的提升、激发学生的学习热情。但当前教师教学评价能力还存在不足，很多教师重视知识性学习，忽略学生技能、情感发展，因而在教学评价中评价方式比较单一，忽略诊断性和过程性评价。调查结果显示，学生群体中对"教师在授课中能够及时评价学生课堂学习之前及过程中的表现"表示不赞同的为52.5%，远高于赞同的学生（27.2%）；学生群体中对"老师能够合理评价学生动作技能、情感、价值观等综合素质发展"表示不赞同的为46.3%，远高于赞同的学生（18.9%）（表3）。此外，访谈中学生也提出"老师对学生的评价不够客观，缺乏完善的评价体系，在教学中多采用结果评价，以期末考试成绩为主要依据，而缺乏对学生学习基础的初始评价以及课堂参与中的过程评价。"还有学生提出："老师在平时几乎没有测试或者考核，只是在考书本知识"。可见，从学生的反馈来看，教师单一的以考试结果作为评价方式，这并不能完全代表学生的综合素质，也不利于学生的全面发展。

表3 学生对教师教学评价能力的态度 /%

题 目	非常赞同	比较赞同	一般	不太赞同	非常不赞同
教师在授课中能够及时评价学生课堂学习之前及过程中的表现	8.2	19.0	20.3	29.2	23.3
老师能够合理评价学生动作技能、情感、价值观等综合素质	7.6	11.3	34.8	23.9	22.4

（四）教师教学反思能力有待提高，自我提升意识不强

教学反思是指教师以探究为基础，不断研究自己的思想和行为，包括教师对教学理念、教学过程以及教学实践等方面进行反思的过程[4]。现实中，教师对自身专业知识、教学状态和水平等缺乏日常总结和反思。调查发现，学生群体中对"教师能够及时反思教学"表示不赞同的为62.1%，远高于赞同的学生（23.2%）；学生对"教师能够通过反思提升教学能力"表示不赞同的为55.7%，远高于赞同的学生（25.8%）。访谈中有学生也表示："教师本身对自己授课的状态并不是很在意，每次学生提不起兴趣并没有引起老师对自己授课方式的反思，几乎一学期课程的授课方式都没什么变化"。那么，教师教学反思能力不足，自我提升不够，直接导致学生的学业发展受到影响。调查显示，学生群体中对教师授课缺乏兴趣的为53.2%，远高于有兴趣的学生（28.6%）；对教师授课及反思能力感到不满意的学生为53.7%，高于感到满意的学生（29.2%）；上课时喜欢坐在中间或后面的学生为63.9%，远高于喜欢坐在前面的学生（21.3%）（表4）。

表4 学生对教师反思能力的态度 /%

题 目	非常赞同	比较赞同	一般	不太赞同	非常不赞同
教师能够及时反思教学过程及成效	9.7	13.5	23.0	39.2	22.9
老师能够关注学生动作技能、情感、价值观等综合素质发展	11.4	14.4	18.5	32.5	23.2
对老师授课感兴趣	9.7	18.9	18.2	27.9	25.3
对老师授课及反思能力感到满意	12.5	16.7	17.1	28.6	25.1
上课时喜欢坐在前面	8.7	12.6	14.8	37.5	26.4

三、基于学生发展的教师教学能力提升策略

（一）注重教师教学能力提升与学生发展之间的匹配

　　教师只有以学生发展的需求为基础，才能真正通过提升教学能力实现促进学生发展的目标。因此，教师应注重教学能力与学生发展之间的匹配，进一步提高教学认知能力，充分关注学生的学业背景和个体差异；在教学过程中合理安排教学内容，"由简到难"注意知识的系统性，以及理论与实际结合的重要性；关注学生学习过程，及时调整教学方式并合理运用教学方法；注重提升教学评价能力，运用合理的评价方式，实现评价促进学生发展的目的；提高教学反思能力，促进"教学相长"。当然，基于学生发展来提升教师教学能力，同样需要学校管理层面的支持，高校首先应树立以生为本的理念，为教师提升教学能力创造机会和平台，促进教师、学生共同发展。

（二）注重教师教学能力提升与不同发展阶段教师需求之间的匹配

　　教师教学能力提升应贯穿于教师的整个职业生涯中，针对不同发展阶段的教师实际，为其提供系统的教师专业发展内容：①职前阶段，应提前组织教师学习教育学知识并进行教学实习；②任职初期阶段，学校应组织新教师向老教师学习，观摩示范教学活动，形成老带新的指导模式；③教学研讨阶段，组织长期的、有规律的教学研讨会，促使教师"一对一"的交流和指导；④差异化发展阶段，学校或学院应促进教师形成学习共同体，加强交流合作，共同进步、共同发展；⑤升华阶段，促使教师重视或巩固"以学生为中心"的教学观念。并加强与其他机构或学校交流学习；⑥稳定阶段，注重更新教师的教学观念和教学方法，促进其教学能力符合当代学生发展特点和需求（表5）。总之，注重教师教学能力提升与不同发展阶段教师需求相匹配，有利于改善传统教师教学能力提升"一刀切"的缺陷，也有助于激发教师个体参与的积极性和主动性。

表 5　不同发展阶段教师教学能力提升策略

阶段划分	职前阶段	任职初期	研讨阶段	差异阶段	升华阶段	稳定阶段
教师需求（问题）	缺乏教育学理论知识和教学实践经验	存在较大的教学疑惑和问题	在教学过程中发现问题或劣势	职业上升期，教师形成自己的教学观念和风格	教师突破自我，对教学提出更高的追求	教师职业生涯处于平稳发展阶段

续表

阶段划分	职前阶段	任职初期	研讨阶段	差异阶段	升华阶段	稳定阶段
教学能力提升	系统教育学理论知识的学习和教学实习	学习、观摩教师上课，组织"传、帮、带"等引导模式	组织教学问题"一对一"等相关形式的研讨会	教师之间加强合作，形成学习共同体	加强"以学生为本"的观念，提供更多学术交流的机会和平台	更新教学理念和教学方法，注重与时俱进

注：教师教学能力阶段划分借鉴 Huberman（1989）教师职业发展阶段划分[5]

（三）完善学生评教制度，合理利用评教结果，发挥评价促进发展的作用

学生评教是学生按照一定的评价标准，对教师在日常教学活动中的表现进行评价，对于提升教师教学能力具有重要作用。因此，高校应该进一步完善学生评教制度，促进其积极作用的发挥（图2）。首先，学校层面应合理安排评教时间，改变当前期末评教一次的现状。设置科学的评教内容，充分考虑专业之间差异，增加评教标准的灵活性，给予教师及时且详细的反馈，并组织教师交流讨论，力求在今后的工作中扬长避短；其次，教师层面，应加强对学生的引导，避免评教的随意性和盲目性。同时，教师要客观对待评教结果，不能因为评教结果而影响其工作热情或积极性。根据评教结果，及时调整教学策略，认

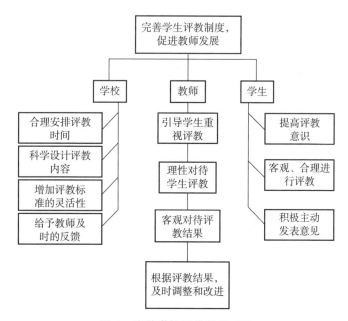

图2　完善学校评价制度图示

真对待学生所指出的问题，积极反思和改正，促进教学能力的提升；再次，学生层面，应提高评教意识，明确评教的最终目的是促进教师发展，提高教学质量。同时，应该保证评教的客观性和合理性，避免掺杂个人主观情感。此外，在评教过程中有疑惑及时向老师或者管理者询问。总之，学校、教师和学生三方面共同努力完善学生评教制度，才能提供真实可靠的评教信息，进而促进教师反思教学、改进教学、提升教学能力。

（四）完善教师考核制度，提高教师教学能力的考核比例

高校在教师考核过程中普遍存在"重科研，轻教学"的倾向，使得教师不重视教学工作和自身教学能力的提升。教师最根本的任务是"教书育人"，为社会发展培养高质量人才。《教育部关于深化高校教师考核评价制度改革的指导意见》中明确提出："教学为要，科研为基"[6]。因此，学校管理层应致力于改革教师考核制度，提高对教师教学能力的考核比重。一方面，重视对教学活动的考核，包括对教师教学工作量和教学质量的考核，即使是教授也要承担一定量的本科教学工作，将教师的教学业绩与科研成果的考核相平衡，突出教师教学成果的重要性[7]；另一方面，对于在教学方面有突出成果特别是积极从事教学改革的教师给予特殊奖励，比如积极参加讲课比赛、微课大赛、创新教学模式等相关活动的教师给予精神和物质多方面的鼓励，并将其成绩纳入到教师考核中去。此外，在教师职称评定、考察职位晋升时将教师的教学能力联系起来，对于表现优秀的教师给予更多的机会，以此激发教师重视教学活动，提升教学能力的积极性。

（五）建立健全教师培训体系，为教师教学能力提升提供激励机制

教师教学能力的提升是一个长期的过程，学校应建立健全教师培训体系，将教师培训规范化、制度化。首先，丰富培训内容，设置多种类的培训课程供教师选择，注重对教师实践能力的培养；其次，保证培训方式的灵活性和多样性，将讲座、研讨会、案例研究、技能发展和网络培训等多种方式相结合。同时，注重校际之间的合作，积极将优秀教师或学者"引进来"，也鼓励教师"走出去"；再次，在培训时间上充分考虑教师实际，可分为每周1～3次或每月1～3次（或更多）开展培训，有时间的教师可以经常参加，反之则可选择参加时间较短的培训，既能消除教师时间不足的顾虑，也能保证培训的完整性；最后，应鼓励教师进行培训反思和总结，并加强培训考核，将考核结果纳入教师年终教学质量考核指标体系，对于考核合格的教师予以奖励，反之则继续参加培训直到合格。此外，还可以对积极参加培训的教师提供一定的培训经费和进修假期，激发其参与培训的积极性。

参考文献

［1］国家中长期教育改革和发展规划纲要（2010—2020年）［EB/OL］.（2010-03-01）http：//www.china.com.cn/policy/txt/2010-03/01/content_19492625_3.htm.

［2］国家教育事业发展"十三五"规划［EB/OL］.（2017-01-19）http：//www.gov.cn/zhengce/content/ 2017-01/19/content_516 1341.htm

［3］肖丹，陈时见.促进学生发展为导向的教师专业发展：澳大利亚教师专业发展及教师专业标准的启示［J］.教师教育研究，2012，24（6）：88.

［4］刘晓颖.高校教师教学能力的培养和提升［J］.中国成人教育，2014（1）：95-96.

［5］Huberman. The professional life cycle of teachers［J］. Teachers College Record, 1989, 91（1）: 31-57.

［6］教育部关于深化高校教师考核评价制度改革的指导意见［EB/OL］.（2016-09-21）http：//www.gov.cn/xinwen/2016-09/21/content_5110529.htm.

［7］徐微，闫亦农.终身教育视野下的高校教师教学能力培养［J］.教育与职业，2016（05）：51.

西部农业院校培养应用型农业人才的探索与实践*

马国军　王卫红　陈映江

摘　要： 甘肃农业大学秉承国立兽医学院首任院长盛彤笙先生提出的"臻进人类健康，裨益国民生计"的办学宗旨，扎根陇原、面向西部、改革创新、兴学育人，主动适应西部欠发达地区农业产业结构调整和脱贫攻坚战略对农业人才的需求，突出草食畜牧业与旱作农业特色，建立起了与区域经济发展相适应、人才需求相衔接的人才培养体系，为西部欠发达地区培养了一大批"下得去、留得住、用得上、能创业"的高素质应用型农业人才。

关键词： 西部；农业人才；探索

作为西部欠发达地区的高等农业院校，甘肃农业大学秉承"臻进人类健康，裨益国民生计"的办学宗旨，肩负"解民生之多艰，育天下之英才"的重任，70年扎根陇原、情系乡土、普惠民生、改革创新、兴学育人，不仅为西部欠发达地区培养了约11万"下得去、留得住、用得上、能创业"的服务西部地方经济发展的主力军，同时，西部欠发达地区地方农业院校立足艰苦办学环境，艰苦创业，玉汝于成，培养了首位华人英国皇家科学院院士杨子恒，中国科学院院士尚永丰、陈化兰，中国工程院院士南志标，中国农业大学校长孙其信等一大批拔尖人才，在陇原大地唱响了平凡而伟大的奉献之歌。

一、立足特殊省情，坚守办学传统

甘肃农业大学作为省内唯一的综合性高等农业院校，面对严酷的自然条件和欠发达省情的现实，70年扎根陇原大地，肩负"解民生之多艰，育天下之英

---

* 作者简介：马国军，甘肃农业大学教务处处长；王卫红，甘肃农业大学学校办公室主任；陈映江，甘肃农业大学教学质量监控处副处长。

才"的重任，情系乡土，忧患苍生，铸就了"自强不息，奋发有为"的甘农精神，树立了"严谨治学，理论结合实践"的办学传统，胸怀强国富民梦想，仰望星空，脚踏实地，广施仁术，造福苍生。时代赋予的光荣使命，不断砥砺着甘农人为济民生不倦探索、不懈奋斗的意志，肩负起培养"下得去、留得住、用得上、能创业"的应用型农业人才的历史使命，为西部地区脱贫攻坚、全面建成小康社会提供人才保障和智力支持。

甘肃农业大学针对地方院校的发展特点，结合自身办学历史和办学特色，适时调整人才培养目标。在国立兽医学院时期，按照国民政府《大学组织法》，培养奉行"三民主义"的专门人才。新中国成立初期，根据西北畜牧业的发展需要，培养"实业型的农学家"。20世纪80年代以来，主动适应经济社会的快速发展，培养具备独立工作能力、能解决生产实际问题的"高级专门人才"。进入21世纪，为适应大众化教育和现代农业对人才知识、能力和素质的要求，在2002年和2006年的人才培养方案修订中，明确了培养"具有创新精神和实践能力的应用型人才"的目标。2010年和2015年的人才培养方案修订中，主动适应大众创业、万众创新经济社会发展新要求和高等教育发展的新形势、新任务，精心凝练、悉心探索，更新教育思想观念，体现国家社会需求，体现时代精神，体现发展特点，主动契合发展特色优势农业支柱产业，助力脱贫攻坚、全面建成小康社会根本任务，按照注重基础理论、强化实践环节、提高实践能力和综合素质的思路，构建了具有农科特点、融科学素养和人文教育为一体的人才培养模式，突出了社会责任、实践能力和创新精神培养，构建了应用型、复合型、学术型三类人才培养目标，分类培养，个性化发展，增强了人才培养的社会适应性、针对性和实效性。

二、契合西部需求，调整专业结构

主动适应地方经济社会发展和产业结构调整对人才培养的要求，培育和重点发展支撑贫困地区特色优势产业的学科专业，为贫困地区培养高素质专门人才。积极服务国家级循环经济示范区、关中—天水经济区、兰白都市经济圈、河西新能源基地、陇东能源化工基地等区域经济建设规划，紧紧围绕甘肃省"农民增收六大行动"和四个"千万亩工程"，旱区农业技术（全膜双垄沟播、节水等）和马铃薯、小麦、油菜、果蔬、中药材、玉米制种、畜草等优势支柱产业，增设种子科学与工程、葡萄与葡萄酒工程、中草药栽培与鉴定、动物医学（兽医公共卫生）、动物科学（畜牧兽医）、生物技术（生物制品）、草业科学（草坪管理）等地方对人才能需求量较大的专业。主动服务甘肃省国家西部生态安全屏障建设需求，增设了水文与水资源工程、生态学等本科专业。进一步凝练学科专业方向，形成了动物科学、作物科学、林业与资源环境、食品与农业工程、经管与人文科学、理学与信息科学六大学科群，建立起了与区域经济发展相适应、与人才市场需求相衔接的专业结构体系。按照"合理布局、整体优化，面向需求、强化特色"的指导思想，加强专业内涵建设，强化特色品牌，整体优化专业结构布局，逐步形成了一批以特色专业为龙头、应用型专业为支撑的专业群，建立起了与地方经济发展相适应、与人才市场需求相衔接的专业结构体系。依托国家级、省级重点学科，博士、硕士学位授权点，优化改造，重点扶持建设了一批以草业科学为引领，由动物医学、动物科学、农学、园艺、植物保护、水土保持与荒漠化防治、林学、农林经济管理、农业机械化与自动化、农业水利工程、食品科学与工程为主体的"人无我有，人有我强"的优势特色突出的品牌专业。草业科学堪称是我国草业人才培养的"黄埔军校"，动物医学、动物科学和农学等学科专业在国内外享有盛誉。

三、精准培养目标，创新培养模式

主动适应西部脱贫攻坚战略需求，着眼人才培养目标的达成度，不同专业精准确定人才培养目标，按新的人才培养目标修订人才培养方案，创新人才培养模式，落实立德树人根本任务，培养具有社会责任感，勇于实践和创新，德智体美全面发展的学术型、复合型、应用型高素质人才。依托教育部拔尖创新型卓越农林人才教育培养计划改革试点项目和复合应用型卓越农林人才教育培养计划改革试点项目，示范推广，科学地设置课程体系，构建"通识教育、专业教育和素质能力拓展教育"三大课程平台；完善学分制教学管理模式，建立健全符合校情的选课制，最大限度地赋予学生学习自主权；实施双专业／双学位和主辅修制，实行英语分级教学（图1）。

根据西部现代农业发展和高等教育综合改革对创新人才的具体要求，在厚基础、宽口径基础上，建立了由课程体系、培养途径、管理运行机制、教学组

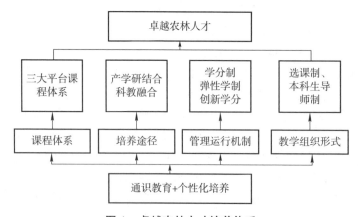

图1 卓越农林人才培养体系

织形式等 4 个子系统构成的卓越农林创新人才培养体系。

围绕人才培养目标，设计了学术型、应用型、复合型人才培养的路径。按照"低年级实行通识教育和学科基础教育提升学生素养，高年级实行有特色的专业教育提升学生的实践动手能力、创新创业能力"的课程设置思路，将所有课程归并为通识教育、专业教育和素质与能力拓展教育三大平台，实现差异化分类培养。一年级学生进入通识教育平台，二、三年级进入专业教育平台，三、四年级进入个性化发展的素质与能力拓展教育平台（图 2）。

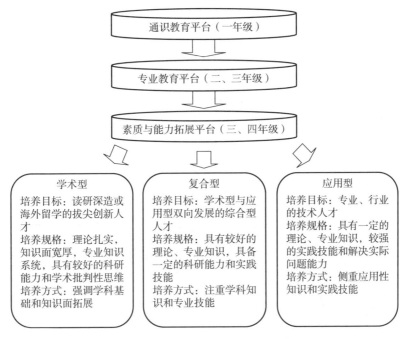

图2 学术型、应用型、复合型人才培养路径

四、聚焦脱贫攻坚，校地协同育人

聚焦西部地区特别是甘肃省脱贫攻坚对应用型农业人才的需求，学校积极与地方政府、科研院所、行业企业建立协同育人机制，构建产学研协同创新平台，把更多的优质社会资源聚集、转化为教学资源，同时把实践教学基地建立在产业一线、扶贫攻坚一线。学校在省内不同生态区和优势特色农业产业区，建立了 80 多个"专家大院"和"农家小院"，针对地方的优势支柱产业建设一批具有一定产权的政、产、学、研结合的综合性实习、实验和示范推广基地。大学生积极投身"百村科技示范工程""陇原百千万农民培训工程""优势特色产业集成示范工程""企业＋项目＋农户合作社示范推广"等项目，使学生在

就读期间积极参与科技服务社会工作，打造实战本领。2010 年以来，完成了农村计生贫困家庭帮扶、甘肃省农村劳动力实用技术培训工程等 5 个大型社会实践项目。有 2 000 余名本科生利用实习实践先后在省内 14 个县开展帮扶活动，走访贫困计生户 4 000 多家；有 2 150 名本科生参加了"甘肃省农村劳动力实用技术培训工程"35 万人的培训任务。

建立了校际、校企、校地资源共享、教师（人员）互聘、学分互认的有效途径和管理体系。与 72 个县区和几十家企业开展了校地校企合作，创办了"奥凯班""莫高班""大禹班"和动物医学专业的"生泰尔班"等校企联合创新实验班，创新产学研合作办学模式，构建学校和企业、科研院所人才互聘、资源共享、协同创新的合作交流机制，打通人才培养与服务社会的渠道。建立了实践教学、就业创业基地，实现生产实习、技能实训和就业实习的一体贯通，为全面提升学生创新能力、实践能力和就业竞争力打造了良好的平台。充分发挥专业特色，建立创业就业孵化园，食品科学与工程学院与兰州肯德基餐厅合作，建立首家外资餐饮企业"就业创业实践基地"；生命科学技术学院与相关公司合作建立了生物质能专业学生实践教学基地。根据不同专业和学科性质特点，建立了 120 个校外实践教学基地，其中包括教育部、农业部首批农科教合作人才培养基地——甘肃农业大学定西马铃薯基地、兰州大宗蔬菜基地、永昌肉羊农基地、定西燕麦荞麦基地等平台，开展各专业的毕业实习、教学实习等任务，并为地方特色优势产业发展提供示范和人才支撑。定西"三结合"基地，汇聚了全校农、林、草、牧等多学科力量，以科研项目为依托，坚持科研与生产互动教学，互动促教学。先后推广成熟技术 50 多项，新增效益约 17 亿元，为旱地农业的可持续发展提供了重要的技术支持；每年有 500 余名本科生在此进行教学、生产实习。

五、强化创新教育，融入培养方案

积极响应国家"大众创业，万众创新"的号召，把创新创业教育贯穿到人才培养全过程，着力开展"3+2"五大体系建设，暨创新创业教育教学体系、创新创业教育实践体系、创新创业教育保障体系、创新创业服务体系、创新创业校园生态体系建设，整合、协调、拓展、管理全校创新创业资源，组织开展大学生创新创业教育实践活动。获批中国大学生 iCAN 创新创业实践基地，新建就业创业见习基地 3 个；获批国家级大学生创新创业训练项目 30 项，省级大学生创新创业训练计划项目 26 项，与船说创业咖啡等省级众创空间建立合作关系，对接社会专业化、服务化的创业一站式服务平台资源，开展专业孵化服务；与网络课程公司建立合作关系，对接企业线上课程资源，联合开展创新创业课程服务；与兰州经济开发区签署战略合作协议，每年支持大学生创新创业大赛经费 20 万元，给予创客空间和创业苗圃建设经费支持。依托创客空间、各类科研创新平台和优势专业，开展学生创新创业项目指导与技术服务。

六、强化质量监控，构建保障体系

秉持"以学生为中心"的理念，构建了由专业质量保障体系、课堂教学评价体系、学生学情动态监测体系、毕业生质量跟踪反馈体系、教学质量常态监测体系构成的"五位一体"教学质量监控体系。以校内本科专业评估为突破口，科学地评价专业水平，构建具有农业院校特色的专业质量保障体系，建设优势明显、特色鲜明的本科专业体系。以学生网上评教为核心，"评、奖、促、管"结合，构建"三位一体"教师课堂教学质量评价体系，打造一流本科课堂。建立本科教育学情调研机制，构建学生学情动态监测体系，及时掌握学情动态，及时发现教学中存在的问题，动态监控、灵活整改，培育一流教风、学风。建立毕业生质量跟踪调查机制，构建"学校－社会－毕业生"三位一体的质量闭环反馈与改进系统，提升人才培养的社会契合度。建立教学基本状态数据监测与日常教学监控机制，常态检测与专项监控有机结合，构建全程式立体化教学质量常态监测体系。通过构建"五位一体"教学质量监控体系，建立了学校教学质量自我评估机制和质量文化体系，建立了学生、教师、管理者和社会用人单位等多角度评价教学质量的制度，建立了通过自我评估不断发现问题、解决问题并不断优化教学过程、提高教学质量的机制，建立了学生、教师、管理者促进质量提升作为共同价值追求和行动自觉的质量文化体系。

七、自强不息、奋发有为，十余万扎根陇原的应用人才服务脱贫攻坚一线，一大批拔尖人才成为祖国栋梁

近 70 年来，甘肃农业大学为国家和社会共培养了约 11 万余名毕业生。他们中既有像英国皇家科学院首位华人院士杨子恒、中国科学院院士尚永丰、陈化兰，中国工程院院士南志标，中国农业大学校长孙其信等居于世界科技前沿的拔尖创新人才，同时，也涌现出了"全国优秀科技工作者"王素香、"全国五一劳动奖章"获得者彭治云、国家突出贡献中青年专家车克钧、感动甘肃·2009'十大陇人骄子党占海、全国农业科技推广标兵韩贵清等一大批扎根基层、为甘肃省乃至全国经济社会发展做出突出贡献的杰出校友。2010 年以来，更有很多不断开拓农业新领域的优秀企业家和初露"尖角"的创业者，展现了甘农学子勇立潮头、敢为人先的时代风采。

甘肃农业大学培养的一批又一批毕业生奔赴基层和边疆，不图名利、默默

奉献。每年有 70% 以上的毕业生到我省 80 多个县（区）和外省基层单位工作，很多毕业生踏实肯干、奋发有为，成为所在单位的中坚力量。目前，在党政机关和事业单位担任副厅级以上干部 200 余人、县处级干部 3 500 多人。全国约 60% 的省级草原站（处）站（处）长及技术和管理骨干，70% 的国内著名草坪企业的高级管理人员和技术骨干均毕业于草业学院，该学院被业界称为"中国草业黄埔军校"。特别是近 10 年来，毕业生源源不断奔赴新疆、西藏等地支援边疆建设，仅 2010—2015 年，就为新疆生产建设兵团输送了 2 000 多名毕业生。

产教融合篇

高等教育结构与产业结构匹配吗？*
——以高等农业教育为例

刘志民　胡顺顺　张　松　黄维海

摘要：使用 Web 文本挖掘技术，结合核密度估计法、词频统计法、关键词权重分析等方法，对 8 290 条招聘信息进行提炼分析，从涉及高等教育结构与产业结构的月薪、学科专业、地区分布、学历层次以及综合能力五个方面，以高等农业教育为例对我国高等教育结构与产业结构之间的关系进行了实证研究。结果显示，高等农业教育与涉农产业在月薪结构、专业结构、学历层次结构和能力结构上存在不协调现象，在地区结构上大体协调。具体来看：第一，农学类应届毕业生的月薪期望略高于涉农产业愿意提供的月薪水平；第二，专业不匹配现象仍然存在；第三，存在过度教育现象；第四，经济发展水平依然是影响高校毕业生择业的重要因素；第五，市场对毕业生的能力要求与高校的培养目标不协调。

关键词：高等教育结构　产业结构　就业　Web 文本挖掘

一、研究背景与问题

近年来，我国高等教育在规模和内涵发展上都取得了显著的成就，高等教育毛入学率持续快速增长，最新的统计数据显示，2016 年我国高等教育毛入学率已经达到 42.7%，官方表示 2020 年将进入高等教育普及化阶段。但是，现实是，我国高等教育存在"大而不强"的问题，高等教育的质量与规模发展不协

　＊　基金项目：中国工程院咨询研究重点项目子项目"新常态下中国高等农业教育的供需差距研究"（2017–XZ–17–02）。

　　作者简介：刘志民，南京农业大学国际教育学院院长，公共管理学院教授，博士生导师；胡顺顺，南京农业大学公共管理学院硕士研究生；张松，南京农业大学国际教育学院副研究员；黄维海，南京农业大学公共管理学院副教授，硕士生导师。

调[1]，高等教育规模和结构与经济发展阶段和产业结构不协调等现象较为突出[2]。随着我国"双一流"建设的深入以及高等教育内涵式发展的需要，高等教育的结构、质量、效率等内涵因素被重视起来。就高等教育结构来说，高校毕业生就业是高等教育与劳动力市场的纽带，毕业生的就业结构与质量反映了高等教育结构与产业结构是否匹配与协调[2]。因此，充分对毕业生就业数据进行挖掘，有助于厘清高等教育结构与产业结构的匹配关系。

随着我国经济步入新常态，经济发展结构逐渐转变，涉农企业在参与市场化竞争中发展迅速，劳动力市场对农业行业人才的需求从数量、质量及结构等诸多方面都发生了深刻变化[3]。根据对涉农企业的调查发现，涉农企业的类型多集中在农产品加工企业和为农产品生产提供生产资料和服务的农资企业。现代农业的发展使得农业与服务业进一步交叉融合，这就对高等农业教育结构提出了新的挑战。

我国涉农产业类型多样，一二三产业均有涉及，企业众多，地域分布广泛。受限于调研成本、方法和时间空间的局限，直接调查产业需求存在不便。但是，随着网络招聘的逐渐兴起，传统的招聘渠道正发生巨大变化，9成以上中国境内的世界500强在华公司都选择网络招聘这一方式，且近80%的求职者认同网络招聘方式[4]。湖南农业大学2016届毕业生就业质量报告中明确指出，该校近三年毕业生从网络获取工作岗位的途径占比提高了10.39%。报告指出，互联网招聘已经在改变传统的就业招聘模式，越来越多的就业通过网络来实现。因此，本文主要以网络招聘数据为基础，对现阶段我国涉农产业结构与高等农业教育结构的关系进行梳理。

二、研究方法

文本挖掘（Text Mining，TM），是以文本作为挖掘对象，从中寻找信息的结构、模型、模式等隐含的具有潜在价值的知识的过程[5]。文本挖掘的流程有文本预处理、特征提取、文本分类、文本聚类等，其中文本预处理是文本挖掘中最核心的内容，主要操作有文本分词、词频分析、文本摘要等[6]。Web文本挖掘（Web Text Mining）是使用文本挖掘技术自动从Web文档和服务中发现和提取信息和知识的技术[7]。本文在对Web信息提取进行提取之后，主要使用文本摘要和可视化分析等文本预处理方法，对招聘信息进行分析。

（一）Web信息提取

信息提取是文本挖掘流程的第一步。Web信息的提取已有成熟的技术，网页爬虫是一种专门抓取网页信息的工具，它可以精准地抓取网页中不同模块的文本，并且检验所抓取信息是否重复，最后自动生成文本格式文件。由于网页信息的非结构化特征，从网页中抓取的信息需要进行人为的分类，以便高效地处理信息。

（二）文本摘要

文本摘要是指从文档中抽取关键信息，用简洁的形式对文档内容进行解释和概括[8]。招聘网站中有对应聘者的任职要求，这些要求往往是文字形式，且与岗位需求等信息重合，信息量较大时，难以人工提取关键词。而文本摘要技术可以通过编程算法，自动提取文本中的关键词，且具有较高的精准度。通过此方法，可以自动提取所有任职要求中出现频次高的关键要求，从而找出企业对人才任职的主要要求。

（三）可视化分析

数据可视化（Data Visualization）是指运用计算机图形学和图像处理技术，将数据转换为图形或图像在屏幕上显示出来，并进行交互处理的理论、方法和技术[8]。通过可视化分析，可以更清楚地看出招聘信息的地理分布特征。

三、数据来源与说明

高等教育结构相关数据来源于《中国统计年鉴》和教育部提供给本课题组的涉农专业学生数数据（不含涉密数据），涉农产业结构数据来源于 Web 信息提取。招聘网站的种类多样，综合招聘网站主要有前程无忧和智联招聘，垂直招聘网站主要有猎聘网和拉勾网，还有专注蓝领人才招聘的 58 同城、赶集网等。由于不同网站可采集的有效信息不尽相同，且存在重复信息，为保证采集信息的完整性和对称性，本文使用市场占有率较大且农林牧渔职位较多的智联招聘网的数据。此次监控抓取的数据时间段为 2017 年 5 月 1 日至 7 月 20 日，累计挖取原始样本量为 18 915 条，其中去除重复数据 8 986 条，去除分类错误所致的非涉农岗位信息 1 639 条，剩余 8 290 条有效样本。该数据的时间段是传统的毕业季，尤其是 6 月份的新增职位数量最大（图 1）、层次多样，一定程度上反映了产业需求结构情况。而且，在对数据进行收集时，笔者发现 7 月中旬之后的职位信息，多为前段时间的重复信息。因此，为了提高数据质量，数据截止到 7 月 20 日。

本文从招聘网站上共挖取了职位名称、职位月薪、工作地点、工作经验要求、学历要求、招聘人数、职位类型及职位描述 8 类信息，其中职位描述一类中，包含了任职要求（表 1）。

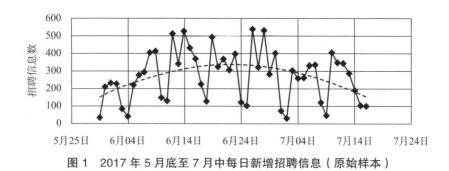

图1 2017年5月底至7月中每日新增招聘信息（原始样本）

表1 常见招聘网站的职位信息

职位名称	工作地点	工作经验	学历要求	招聘人数	职位描述
蔬菜生产技术员	北京	1-3年	大专	1人	职位类型：农艺工
					岗位职责：①监督合作社生产茬口的落实；②监督生产投入品的使用；③协调公司、合作社、农户之间的沟通事项；④配合和协助公司或其他部门落实相关工作；⑤在基地负责给农户做生产栽培技术、植物防护技术等培训
					任职要求：大专及以上学历；园艺、植物保护相关专业，1年以上工作经验。
					职位月薪：4001—6000元／月
农艺师	哈尔滨	3-5年	本科	1人	职位类型：农艺工
					岗位职责：①制定公司农资产品的试验、示范的方案；②负责收集农资产品推广及农资市场行情的相关信息；③提供公司农资产品的技术指导服务，协助解决农资产品的售前及售后的技术问题；④负责农作物的病虫害预防和防治工作；⑤协助部门经理及时总结、反馈公司农资产品在推广、销售及使用过程中存在的技术问题；⑥根据公司发展战略，负责和各大专院校联合研究开发课题，完成申报工作
					任职要求：①本科及以上学历，第一学历应为农学、园艺、植保等涉农专业；②熟悉国家农业行业政策，行业技术规范、标准及新技术执行标准，申报过土肥登记及国家注册认证者优先；③在国家级报刊上发表过论文或参与国家重点课题研究者优先；④具备大田作物耕作栽培、土壤改良、种子培育、水肥管理等3年以上工作经历；⑤沟通能力强，责任心强，能吃苦，可下乡，善于和农民打交道；⑥具有良好的团队协作能力和分析解决问题的能力；⑦能够适应短期出差，能够熟练使用办公软件
					职位月薪：6001—8000元／月

续表

职位名称	工作地点	工作经验	学历要求	招聘人数	职位描述
分子实验人员	沈阳	不限	硕士	2人	职位类型：动物营养/饲料研发
					岗位要求：硕士及以上学历，男女不限，分子相关专业
					工作内容：分子实验常规操作，数据分析，文献阅读分析
					职位月薪：4001—6000元/月
技术服务顾问	上海	不限	博士	1人	职位类型：动物营养/饲料研发
					任职要求：①了解反刍动物营养的最新研究成果；②利用社会资源，共同开发当地饲料资源；③熟练运用 CPM 软件；④能根据市场行情鉴别产品性价比；⑤掌握奶牛消化特点和反刍机理；⑥博士以上学历，动物营养专业
					职位月薪：10001–15000元/月
林业技术设计助理	天津	不限	中专	2人	职位类型：林业技术人员
					岗位职责：完成领导安排的工作
					任职资格：①年龄18—29岁，中专以上学历，善于与人交流，表达清晰、亲和力；②有优秀的学习能力，维护部门队伍；③有较强的组织、协调、执行、沟通能力及人际交往能力；④工作踏实稳重，有管理能力，可承担一定压力；⑤有无经验者均可（应届生优先，退伍军人优先）
					职位月薪：3000—5000元/月
农技培训讲师	宝鸡	不限	不限	2人	职位类型：其他
					任职要求：大专以上学历，农学专业优先，具有较强的沟通能力与语言表达能力，能承受较强工作压力，具有一定市场分析判定能力有销售经验者优先。
					职位月薪：2001—4000元/月

由于各分类信息中有无效信息，需要进一步筛选。每类信息中的有效信息数量及筛选条件如表2所示。

表 2　各分类信息的有效数量

类别	有效信息数	有效信息占比	筛选条件
职位名称	8290	100%	明确的职位名称
职位月薪	8156	98.4%	剔除空白信息及"10万以上"等不合理信息
工作地点	8287	99.9%	剔除空白信息
工作经验	8290	100%	剔除空白信息
最低学历	5695	68.7%	剔除"不限"和空白的两类不明信息
招聘人数	8281	99.9%	剔除"若干"和"999"等不合理信息
职位类型	5544	66.9%	剔除"其他"等未分类信息
职位描述	8154	98.4%	剔除无职位描述的信息

四、五大匹配关系分析

（一）月薪结构

高等教育结构与产业结构是否匹配、协调，关键看毕业生的就业结构和质量[2]。月薪收入是体现就业形势和就业质量的重要指标。以南京农业大学2016年毕业生质量报告为例，其本科生整体期望月薪均值为 6 217 元，期望在 5 000 元以上的占48%；研究生为 7 278 元，期望在 6 000 元以上的占51%。但是，市场愿意提供的起薪水平与其并不匹配，甚至差距较大。

在 Web 文本挖掘的信息中，有效的月薪数据有 8 156 条，这些数据对月薪的表达均为范围表达，且范围差距较大。为更好地描述月薪特征，本文通过技术手段，将月薪范围进行分割，从而提取最低月薪和最高月薪两个值。笔者将最低月薪，即起薪以千元为一个区间单独汇总。如图 2 所示，农科人才工资水平差距明显。

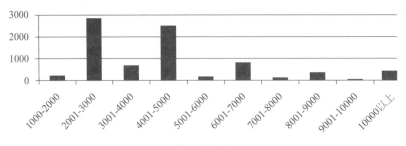

图 2　起薪分布柱状图（元）

在 8 156 条月薪信息中，起薪主要分布在 2 001–3 000（元）及 4 001–5 000（元）的区间内，二者总占比为 65.3%。由此看出，涉农学科毕业生的月薪期望与企业愿意提供的月薪水平有较大差距，二者存在结构失衡。但是，工作经验的增加对农科生的月薪影响很大，要求 5 年及以上工作经验的职位占 1 万元起薪职位的 32.2%，要求 3 年及以上工作经验的职位约占 57%。无独有偶，根据上海市 2016 届高校毕业生初次就业平均月薪和毕业一年后平均月薪的增幅比较来看，涉农岗位的增幅较大，位列第三位，排在教育、卫生和社会工作之后，增幅 42.2%[9]。

（二）专业结构

不同的职位类型需要不同专业的毕业生。职位类型的分布结构大体就是市场对各专业毕业生的需求结构，可以反映出高等农业教育的专业结构与涉农产业的专业需求结构是否协调。

涉农产业需求结构方面，在总体样本中，职位名称复杂多样，用人单位在发布需求信息时，并没有统一的职位名称描述。因此，对职位名称进行归类，分成相应的职位类型，可以准确地分析出市场对不同类别的农科人才的需求。根据实际的职位名称，参考招聘网分类方法，把职位类型分为 8 种。在对 5 544 个职位类型有效样本进行统计发现，农艺工需求量最大，其次是动物育种与养殖相关人才，详见表 3。

表 3　各职位类型统计

顺序	职位类型	出现次数	对应农学大类	占比 /%
1	农艺工	1 344	植物生产类 / 草学类	24.2
2	动物育种 / 养殖	1 017	动物生产类 / 动物医学类 / 水产类	18.3
3	林业技术人员	912	林学类 / 自然保护与环境生态类	16.5
4	园艺工	791	植物生产类 / 草学类	14.3
5	动物营养 / 饲料研发	575	动物生产类 / 动物医学类 / 水产类	10.4
6	畜牧工	481	动物生产类 / 动物医学类 / 水产类	8.7
7	插花设计师	239	植物生产类 / 草学类	4.3
8	饲料销售	185	动物生产类 / 动物医学类 / 水产类	3.3

继续结合 3 个学历层次，分析不同职位类型在相应学历层次的需求分布，如图 4 所示。大专及以下在插花设计师、饲料销售等岗位占比高，本科人才主要集中在农艺工、林业技术人员等，研究生（硕士和博士）大量集中在研发岗位上。

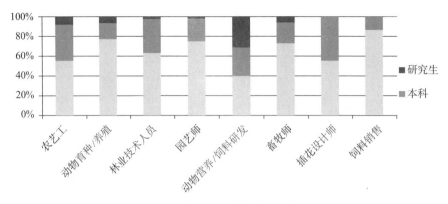

图3　分学历各职位类型占比

高等农业教育结构方面，2017年的农学大类毕业生还没有正式数据，因此我们使用2013年的农学大类本科招生数代替它。由于该数据有保密性，本文不便透露具体数字，仅阐述统计分析结果。分析结果如表3所示，我们将职位类型按照对应的专业分类进行配对，然后计算分专业类涉农产业需求的比例。表4中所示，高等农业本科教育的专业结构与涉农产业结构仍有差距，但差距较小。可适当增加植物生产类/草学类专业学生数，适当减少林学类/自然保护与环境生态类学生数。

表4　2017农学大类本科毕业生与涉农产业需求

	农学分类	毕业生占比	涉农产业需求占比	供需差额
1	植物生产类/草学类	39.1%	46.5%	−7.4%
2	动物生产类/动物医学类/水产类	31.7%	32.9%	−1.2%
3	林学类/自然保护与环境生态类	29.2%	20.6%	8.6%

（三）地区结构

涉农产业需求结构的空间分布显现："两核多点一轴一面"的总体空间特征。通过核密度分析发现，省会城市需求密度大，大城市对高层次人才的需求高，呈现"两核多点一轴一面"的总体人才需求空间分布，两核指的是北京和上海两个核心需求地，多点是指以各省会为中心的，需求在全国范围点状分布。"一轴"是指沿着北京和上海之间形成的需求分布轴心区；"一面"是指华东区域面。本文使用基于核密度估计的分析方法，使用GIS制图中的核密度估计对其进行详细分析（如需人才需求地图，请联系本文作者）。由于每个职位工作地点都是点数据，我们可以通过计算点密集度的方法来衡量就业需求的强弱。核密度估计是一种非参数估计方法，主要用于对随机变量密度函数进行估计[13]。

从核密度地图来看，在总体需求上，华东和华中的农科人才需求最密集，核密度系数最高。其次是东北、华中和华南地区，但是需求地点较为分散，密度最高的区域主要集中在省会。第一产业产值高的地区农科人才需求也较高，如山东、河南、江苏和四川。其次，不同学历人才的需求空间差异较大，高学历人才需求集中在北京、上海等城市。

（四）层次结构

由于毕业生就业渠道较广泛，本文假设各层次毕业生均进入劳动力市场就业。在此情况下，从样本中的学历结构来看，去除大专学历以下的职位信息，在剩余的 5 073 条信息中，大专学历的需求量最大，占比 58%。其次是本科、硕士和博士，分别占比 32.9%、8.1% 和 0.9%，专、本、硕、博的需求比例为 5.80：3.29：0.81：0.09。

但是，此结构与高等农业教育结构在专科和本科上有较大差距。表 5 为我国 2006—2015 年 10 年间的农学大类毕业生学历结构（专科为农林牧渔大类），从数据来看，专科占当年农学大类毕业生的比例最大仅为 48%，且在 2012 年后普通专科毕业生数持续低于普通本科毕业生数。为了能够更好地比较 2017

表 5　2006—2017 年农学大类高校毕业生数量及比例

年份	普通专科毕业生数	普通本科毕业生数	硕士毕业生数	博士毕业生数	总人数	当年比例
2006	40 437	36 740	7 309	1 544	86 030	4.70：4.27：0.85：0.18
2007	45 060	43 270	9 394	1 903	99 627	4.52：4.34：0.94：0.19
2008	52 091	45 649	10 943	1 936	110 619	4.71：4.13：0.99：0.18
2009	50 545	46 847	11 419	2 006	110 817	4.56：4.23：1.03：0.18
2010	54 035	48 442	12 106	1 973	116 556	4.64：4.16：1.04：0.17
2011	59 580	51 148	10 604	2 241	123 573	4.82：4.14：0.86：0.18
2012	58 308	53 789	13 948	2 365	128 410	4.54：4.19：1.09：0.18
2013	56 295	58 752	15 029	2 435	132 511	4.25：4.43：1.13：0.18
2014	55 541	59 796	17 061	2 382	134 780	4.12：4.44：1.27：0.18
2015	56 327	60 908	17 739	2 549	137 523	4.10：4.43：1.29：0.19
2016	53 833	64 844	20 091	2 584	141 352	3.81：4.59：1.42：0.18
2017	51 760	68 236	21 829	2 647	144 472	3.58：4.72：1.51：0.18

注：1.2006–2015 年数据来源于《中国统计年鉴》；2. 基于曲线拟合优度的考量，本专科 2016 年和 2017 年的数据为前 10 年数据三次函数预测得出，硕博为普通线性函数得出。

年高等农业教育结构与涉农产业结构的关系，我们使用历年毕业生数据推算出2017年各层次的毕业生数据。结果显示，2017年农学大类各学历毕业生数占比为3.58∶4.72∶1.51∶0.18。

从供需比例的差距不难看出，农学大类各学历层次的供需结构差距明显。对于涉农产业市场来说，专科供小于需，本硕博均供大于需。且从历年各学历毕业生数比例变化来看，专科毕业生数自2011年后持续减少，本硕博毕业生数持续增加，其中硕士占比增长近2成，博士占比一直很稳定。由于博士毕业生主要工作渠道仍为科研院所，故本文主要探讨其他学历层次的结构。除博士以外，在涉农产业中的劳动者受教育水平可能超过了其所从事的工作所要求的水平，面临过度教育现象。

（五）能力结构

用人单位对求职者的筛选，除了学历、工作经验等硬性指标，还有其他能力指标。这类信息的表述多为，"具备某某能力者优先"或"某某专业优先"等，它能体现用人单位对人才的具体要求，也是高校在培养应用型人才时应充分考虑的产业需求。但由于这类信息难以量化，很难进行大规模的总结归纳。在以往的研究中，学者们多是研究用人单位对在职农科人才的评价，再通过评分较低的因素推断用人单位对人才的具体需求。本研究希望使用文本挖掘的方法，直接对8 154条用人单位的任职要求等文本信息进行处理，以提炼出最核心的要求。

由于数据量较大，在对总体进行文本摘要时，会出现大量与能力要求无关的关键词，如"相关""产品""农业"等。因此，为了提高文本摘要的精准度，本研究把任职要求按大专及以下、本科、研究生（硕士和博士）3个学历层次使用NLPIR汉语分词系统（又名ICTCLAS2015）进行分类提取关键词。

表6展示了分析后权重在前十位的有效关键词。农科人才大专及以下学历中，用人单位更注重"实际操作"等动手能力，随着学历要求走高，对本科的要求中"创新能力"和"专业"能力逐渐占据主导，研究生阶段更是以"技术""研究"等科研性要求为主。在所有关键词中，"技术"和"专业"在三个层次中都有提及，且随着学历要求的提高，排名不断靠前。从高校培养角度来看，涉农产业对高等农业教育毕业生的要求与高校的培养目标有协调的部分，但是仅为专业技术技能方面。在非专业能力方面，企业的要求是更多更全面的，而相应的学校的培养是落后的。无独有偶，也有调查统计发现，学生在校期间的个人能力增值评价表现最低的五项分别是外语能力、对复杂系统的了解、计算机能力、国际视野和创新能力，而劳动力市场对这些能力的要求却越来越高，出现了"能力结构错位"[2]。近两年，我国高度重视的"双创"教育的目的之一就是培养学生的创新能力。

表6 任职要求中前十的关键词

排名	大专及以下关键词 （权重/频数）	本科关键词 （权重/频数）	研究生关键词 （权重/频数）
1	实际操作（10.56/44）	创新能力（8.76/10）	技术（7.53/159）
2	操控（9.31/15）	技术（8.22/499）	研究（6.97/98）
3	生产（8.83/717）	敬业精神（8.08/46）	专业（6.96/185）
4	应变能力（8.66/25）	应变能力（7.75/8）	研发（6.57/71）
5	技术（8.61/1093）	专业（7.55/512）	实验（6.23/54）
6	销售（8.25/368）	进取精神（7.49/6）	知识（5.89/85）
7	敬业精神（7.98/67）	阅读能力（7.45/9）	操作（5.77/41）
8	专业（7.71/974）	应届毕业生（6.80/74）	敬业精神（5.68/9）
9	农技服务（7.49/6）	承受压力（6.73/6）	科研（5.46/46）
10	驾驶执照（7.47/10）	研究（6.72/75）	应届毕业生（5.11/19）

五、主 要 结 论

虽然我国经济进入新常态，经济增速逐渐放缓，但是就业形势总体保持基本稳定[10]。涉农产业在国家大力发展农业产业的背景下，实力显著增强[11]。涉农产业对高等农业教育人才的需求依然旺盛，传统的农业大省在农科人才的需求上层次清晰，对人才的学历与能力认识较准确。除了传统的北上广等经济发达城市对高层次人才需求旺盛以外，一些中小城市也加入到了高学历研发人才的需求行列中，涉农产业对研发创新的需求力度加大。因此，农学类研究生有更多的机会在企业等非高校和科研院所就业，并且所得工资更高。本文使用了招聘网发布的涉农岗位数据，对我国新常态下的高等农业教育结构与涉农产业结构的关系进行了梳理。从分析结果看，高等农业教育与涉农产业在月薪结构、专业结构、能力结构和层次结构上存在不协调现象，在地区结构上基本协调。具体实证分析结论如下：

第一，农学类应届毕业生的月薪期望略高于涉农产业愿意提供的月薪水平。月薪期望与实际月薪差距越大，毕业生的就业满意度就会越差。从数据来看，无论是本科生还是研究生，其月薪期望普遍高于市场提供月薪。但是随着工作经验的增加，涉农岗位的月薪增长潜力较大。

第二，专业不匹配现象仍然存在。数据表明，在高等农业教育中，毕业生专业结构与市场需求结构存在不匹配现象，但是差距较小。这说明，我国政府在宏观上对高等农业教育结构的调整是有一定成效和作用的，一定程度上适应了涉农产业发展的需要。但是，在微观层面，高等教育的供需很难完全匹配。

第三，在高等农业教育中存在过度教育现象。数据显示，涉农产业对人才的需求结构与高等农业教育的产出结构并不匹配，专科人才缺口大，本硕博人才供给旺。我国社会的一个普遍现象就是追求更高的学历教育，而这种追求并非以喜好或职业偏好为导向，而是更多以就业为目的，这无疑是对高等教育资源的浪费。

第四，经济发展水平依然是影响高校毕业生择业的重要因素。从市场需求的空间分别来看，经济水平越高的地区需求越旺盛，同时，这些地区也是高校最集中的地方。经济发展水平高的地方需要更多人才，而高校学生希望去经济发展水平高的地方赚取更多薪水，二者相辅相成。

第五，市场对毕业生的能力需求与高校的培养目标不协调。在市场对毕业生的需求中，对不同学历层次人才的专业能力需求描述较为合理，专科即重视实践操作能力，随着学历的提升，专业知识、研究能力被逐步提出。但是，在非专业能力上，出现了明显的能力结构错位。

参考文献

［1］王战军.推进内涵式发展提高高等教育质量［J］.北京联合大学学报，2013（2）：1-5.

［2］岳昌君.高等教育结构与产业结构的关系研究［J］.中国高教研究，2017（7）：31-36.

［3］刘志民，高耀，张振华.中国农科人才结构与区域预测即需求因素分析［J］.现代教育管理，2010（12）：21-24.

［4］赵清斌，纪汉霖，刘东波.我国网络招聘产业：发展现状、趋势与策略［J］.商业研究，2012（9）：43-49.

［5］代劲，宋娟，胡峰等.云模型与文本挖掘［M］.北京：人民邮电出版社，2013：17.

［6］张雯雯，许鑫.文本挖掘工具评述［J］.图书情报工作，2014（8）：26-31，55.

［7］许鑫，郭金龙，姚占雷.基于 Web 文本挖掘的行业态势分析——以 2011上海车展为例［J］.图书情报工作，2012（16）：25-31.

［8］袁军鹏，朱东华，李毅等.文本挖掘技术研究进展［J］.计算机应用研究，2006（2）：1-4.

［9］搜狐网.上海市 2016 届高校毕业生就业状况报告［EB/OL］.（2017-07-22）.http://www.sohu.com/a/159154256_498197.

［10］李长安.经济新常态下我国的就业形势与政策选择［J］.北京工商大学学

报（社会科学版），2016（06）：1-9.

[11] 谢玲红，毛世平. 中国涉农企业科技创新现状、影响因素与对策 [J]. 农业经济问题，2016（5）：87-95.

（本文已被《高等工程教育研究》录用，拟发表于 2019 年第 1 期）

地方农林院校促进农业现代化的举措与成效研究 *

陆自强　胡先奇　邱　靖　刘亚娟　吴伯志

摘要： 通过开展地方农林院校促进农业现代化的举措与成效调研，分析新时期中国地方农林院校促进农业现代化的现状及存在的问题，提出促进农业现代化建设的建议。

关键词： 地方农林院校；农业现代化；举措；成效；建议

2004 年以来，中央一号文件连续 15 年聚焦"三农问题"。2014— 2016 年，连续 3 年将"农业现代化"作为标题写入中央一号文件，强调要加快发展现代农业、推进农业现代化[1]。2018 年提出实施乡村振兴战略，确定了目标任务，到 2035 年乡村振兴取得决定性进展，农业农村现代化基本实现[2]。现代农业可概括为三点：一是现代农业的方向是"十字农业"，即高产、优质、高效、生态、安全；二是推进现代农业建设的基本途径是"六用"，即用现代物质条件装备农业，用现代科学技术改造农业，用现代产业体系提升农业，用现代经营形式推进农业，用现代发展理念引领农业，用培养新型农民发展农业；三是现代农业的目标任务是"三化、三率、三力"，这主要表现在"三个提高"，即提高农业机械化、水利化和信息化水平，提高土地产出率、资源利用率和农业劳动生产率，提高农业抗风险能力、市场竞争能力和可持续发展能力[3]。

地方农林院校作为我国高等教育体系中的一个重要组成部分，通过人才培养、科学研究、社会服务和文化传承（四大功能）等方面，在促进农业农村发展、解决"三农问题"、实现农业现代化进程中具有不可替代的作用[4, 5]。各

* 基金项目：中国工程院咨询研究重点项目子项目"中外高等农业教育促进农业现代化的经验研究"（2017-XZ-17-04）。

作者简介：陆自强，云南农业大学教师教学发展中心主任，副教授；胡先奇，云南农业大学教务处处长，教授；吴伯志，通讯作者，云南农业大学教授。

学校始终坚持特色发展，紧密围绕"三农"，努力实现"四大功能"，主动面向经济建设主战场，培养领军人才，以搭大平台、组大团队、争大项目、出大成果、创大样板为重点，大力提升学校的人才培养质量、科技创新实力和水平，在自身发展的同时，为区域经济社会发展、服务农业现代化做出了应有贡献。

一、地方农林院校促进农业现代化调研的方法

为了充分了解新时期中国地方农林院校促进农业现代化的现状及发展动态，掌握相关高校的具体举措及典型经验和案例，以网络问卷调查为主要方式，在20个省、市、自治区中选择49所学校开展调研，其中本科院校24所、高等职业院校25所，并选取部分不同层次典型高校进行了实地调研和访谈。

（一）调研的基本情况

1. 网络问卷调查

调研问卷设计：除个人基本信息外，针对学校促进农业现代化设计了13个问题，其中涉及总体情况的单选题4个、涉及共性具体内容的多选题7个、涉及各校特色经验、典型案例的简要填写题2个。

2. 实地调研和访谈

先后对河北农业大学、河南农业大学、西南林业大学、云南农业大学进行了实地调研和访谈。围绕调研主题：①促进农业现代化的概况、做法、成效；②高等农业教育促进农业现代化的经验与启示。

（二）调研结果分析方法

整理实地调研材料、问卷收集数据；然后研究基本文献，分析典型案例，比较研究、归纳演绎出经验及启示。

多选题采用二分变量及相关分析法进行数据分析。单选题采用国际通用标准设置加权系数并计算分值，满值100。90-100为"优"，表现卓越；80-89为"良"，表现良好；70-79为"中"，需要进一步提升；60-69为"合格"，需要引起重视；59以下为"不合格"，需要引起高度重视。

二、地方农林院校促进农业现代化调研结果分析

（一）问卷调查回收情况

在调查期内，共收回有效问卷650份，来自非选定学校（49所之外）的有54份。所选49所学校中11所未参与调查（高职10所），少于10份的34所

（高职 22 所）。少于 10 份的省（市、自治区）8 个：北京市、天津市、内蒙古自治区、辽宁省、上海市、安徽省、江西省、四川省，其中天津市、四川省没有学校参与调查。

（二）参与者情况

参与者中，男性占 47.38%，女性占 52.62%；教师占 69.23%，普通管理人员占（科级及以下）16.77%，中级管理人员（院处级，学校中层管理者）占 13.08%，高级管理人员（校级管理者）占 0.92%；35 岁以下（不含 35）占 28.00%，35-45 岁（不含 45）占 40.00%，45-55 岁（不含 55）占 28.15%，55 岁以上占 3.85%。

（三）问卷调查数据分析

1. 学校促进农业现代化的总体情况

调查数据表明，各地方农林院校重视促进农业现代化、服务乡村振兴工作，在农业、农村发展方面发挥了较大的作用，也取得了一定的成效，但在促进农业现代化、服务乡村振兴的具体措施方面还有较大的提升空间（表 1）。

表 1　学校促进农业现代化总体情况数据分析表

调查指标	选项及所占比例					分值
学校促进农业现代化、服务乡村振兴的作用	非常大	较大	一般	较小	没作用	85.49
	49.54%	32.77%	15.08%	2.31%	0.31%	
学校对促进农业现代化的重视程度	非常重视	重视	一般	—	不重视	80.61
	35.08%	40.31%	22.15%		2.46%	
学校促进农业现代化的成效	显著	好	一般	—	差	75.53
	21.85%	43.23%	31.85%		3.08%	
对学校促进农业现代化的做法是否满意	非常满意	满意	基本满意	—	不满意	68.89
	13.69%	42%	36%		8.31%	

65.08% 的参与者认同地方农林院校促进农业现代化的成效，仅有 55.69% 的参与者对学校促进农业现代化的做法表示满意，认同度（75.53）及满意度（68.89）均偏低，这是各学校值得深思的问题。

2. 学校促进农业现代化的具体情况分析

（1）地方农林院校促进农业现代化的举措

调查表明，地方农林院校通过"持续提升人才培养质量"和"大力推进科技成果转化"促进农业现代化的举措能得到超过 80% 的参与者认可（表 2）。

有 2.92% 的参与者认为具体举措还应该包括：依据地方农业现代化发展需求开展相关工作；避免专业重复设置造成的资源浪费；引导学生学农干农，培养符合地方发展需求的学生；加强咨询策划，切实解决农民农村的现实问题；进一步提升科研水平。

表 2 地方农林院校促进农业现代化举措的认可情况

选项	比例
A 持续提升人才培养质量，促进农业现代化	86.46%
B 大力推进科技成果转化，促进农业现代化	82.00%
C 精准开展社会服务工作，促进农业现代化	76.31%
D 利用专家教授核心影响，促进农业现代化	55.54%
E 发挥平台机构服务功能，促进农业现代化	62.62%
F 其他	2.92%

（2）地方农林院校促进农业现代化出智出力的主要体现

结果显示，地方农林院校"让人才培养和农业发展紧密结合起来，促进农业发展"是促进农业现代化出智出力的主要体现，参与者的认可率达到85.08%（表3）。有2.31%的参与者认为还应该包括：加强与政府的联系与合作；进一步发挥农业高等学校在科学技术与人才培养中的引领作用；与学科发展相结合；运用现代科技支持传统农业；扶贫。

表 3 地方农林院校促进农业现代化出智出力的主要体现的认可情况

选项	比例
A 主动融入区域经济社会发展需求办学，促进农业发展	76.15%
B 让人才培养和农业发展紧密结合起来，促进农业发展	85.08%
C 让科学技术和产业技术直接支撑农业，促进农业发展	78.15%
D 主动融入现代农业产业技术体系建设，促进农业发展	69.38%
E 其他	2.31%

（3）学校在促进农业现代化工作中是否有顶层设计

参与者中有48.62%认为有近期规划（3–5年），33.54%认为有中期规划（5–10年），18.77%认为有远期规划（10年以上），39.08%认为有具体的实施方案，40.77%认为有具体的工作计划；14.62%认为不了解、不清楚，或无。可见，地方农林院校促进农业现代化工作的顶层设计、方案、计划，尚缺乏宣传，知情面比较窄。部分地方农林院校没有关于促进农业现代化的专门的总体规划或工作方案。

（4）学校促进农业现代化的管理举措

参与者中有 54.62% 认为有专门的机构组织实施，51.85% 认为有专门的管理和工作团队，44.77% 认为有相关的规章制度和评价机制，62.00% 认为有具体实施（实践）对象（比如县、市、区或企业）；有 12.31% 的参与者认为不了解、不清楚，或无。结果表明，地方农林院校对促进农业现代化工作的管理举措宣传不够，广大教师、干部不够了解。

（5）学校建设的促进农业现代化、服务乡村振兴战略的相关机构

调查显示，部分学校成立了促进农业现代化、服务乡村振兴战略相关机构，但总体比例偏低，高层次平台较少，尤其是服务乡村振兴战略的研究机构建设相对滞后。有 9.08% 的参与者认为学校没有成立相关机构，或不清楚、不了解（表 4）。

表 4　地方农林院校促进农业现代化、服务乡村振兴战略相关机构建设情况

选项	比例
A 新农村发展研究院（教育部、科技部）	25.23%
B 新农村发展研究院（省级）	26.62%
C 新农村发展研究院（学校）	49.38%
D "2011" 中心 – 协同创新中心（国家级）	22.77%
E 协同创新中心（省级）	27.23%
F 乡村振兴战略研究院（中心）/ 乡村振兴发展研究院（中心）	19.69%
G 其他	9.08%

（6）地方农林院校促进农业现代化存在的问题

参与者中有 39.08% 认为"缺乏顶层设计，工作开展无序"，29.85% 认为"没有专门机构，工作难以组织"，54.92% 认为"机制不够健全，工作难以落实"，45.23% 认为"队伍组成单一，工作水平不高"，40.15% 认为"实施对象不定，工作持续性差"；有 13.23% 的参与者认为还存在以下问题：评价机制不健全、不完善，缺乏评价依据；推动政府扶持学校发展的效果不明显，懂农业的毕业生下不去；经费不足；搞好本科教学都困难，更谈不上实践中有所作为；真正关心乡村振兴的意识不强，措施不得力；地方主动配合动力不足；缺少驱动力，待遇需要提升；不重视，缺乏有意识培养。

这显示，地方农林院校促进农业现代化工作，还面临诸多的具体问题：如何健全机制，进行有效的评价，调动参加者的积极性；组成多学科融合的团队；争取政府支持，激发地方主动配合等（图 1）。

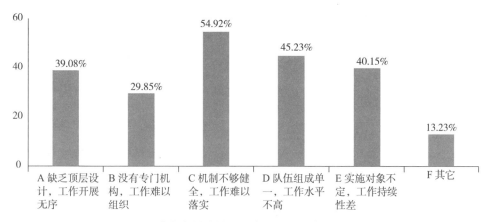

图 1　地方农林院校促进农业现代化存在的问题

（7）地方农林院校进一步促进农业现代化、服务乡村振兴的主要举措

参与者中有 66.46% 认为"加强顶层设计"，73.85% 认为"健全管理机制"，76.31% 认为"组建高水平团队"，57.85% 认为"确定实施对象"；有 6.15% 参与者认为还应该采取以下措施：进一步拓展服务范围；争取政府的政策支持，为引导"一懂两爱"的人才下乡创建政策保障机制；实施一定的奖惩机制；将科技服务纳入年终考核指标；增加经费；建立示范基地；科研的转化率非常低，科研成果只停留在文字层面；设立国家财政支持资金；培养和支持相关科研兴趣；转变单一的评价体制，建立健全认同机制、奖励机制（图 2）。

可见，地方农林院校在进一步促进农业现代化、服务乡村振兴战略的举措中，主要被关注的有：健全管理、评价、考核机制，组建多学科的高水平团队，增加经费投入，加强示范基地建设，提升科研转化率，设立国家财政支持资金等。

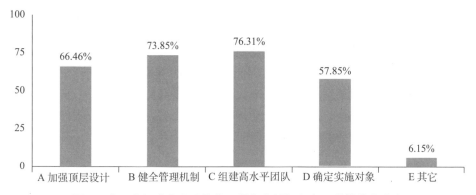

图 2　进一步促进农业现代化、服务乡村振兴主要举措的关注度

（四）各校特色经验、典型案例以及实地调研的结果分析

1. 地方农林院校促进农业现代化的经验与启示

在问卷中，82.46% 的参与者都至少给出了一条经验与启示，出现频率排前 20 的见图 3。排前五位的依次是科技（67）、服务（64）、农业（56）、合作（52）、结合（46）。

调查显示，目前各个学校促进农业现代化的特色经验主要产生在科技与服务方面，一是根据区域特色农业产业发展需求，设置相关科研领域，项目申报紧密结合产业需求，助推产业发展；二是主动融入地方农业产业发展，将科技成果转化为生产力，提高社会效益和经济效益，使农民受益；三是高校与农业科技企业的合作，主动对接产业需求，加强科技成果转化；四是校地、校企开展全面的战略合作，立足"三农"，建立产学研联盟，建立成果孵化基地，科研成果直接服务农业生产，促进农业发展。

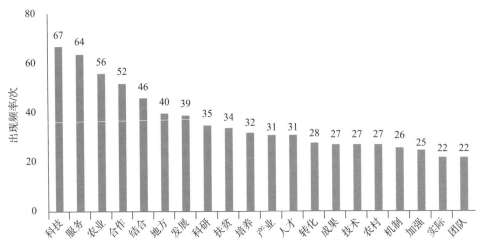

图 3　阐述地方农林院校促进农业现代化的经验与启示的关键词出现频率

2. 地方农林院校促进农业现代化的典型案例

在问卷中，77.69% 的参与者都至少给出了一个典型案例，出现频率高的前 20 个词见图 4。排前五位的关键词依次是扶贫（56）、农业（53）、科技（48）、服务（37）、技术（33），显示出地方农林院校在扶贫攻坚、科技服务、示范园区（基地）建设、技术推广、科技培训等领域具有学科专业优势，并发挥了重要的作用，在服务"三农"、促进农业现代化建设方面涌现出大量的先进事迹和典型案例。

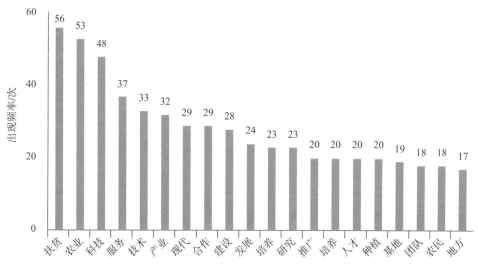

图4　阐述地方农林院校促进农业现代化的典型案例的关键词出现频率

三、问题与建议

（一）存在的问题分析

通过系统分析问卷调查、实地调研和访谈数据、材料，地方农林院校促进农业现代化中存在的主要问题归纳如下：

第一，地方农林院校对促进农业现代化的总体情况、顶层设计方案、工作计划以及管理机构、管理举措等缺乏宣传，知情面比较窄；部分学校缺少促进农业现代化的总体规划，措施满意度、效果认同度不高。

第二，地方农林院校科研偏离"三农"需求，科学研究与生产实际脱节，评价机制不健全，突出论文导向的科研评价机制导致成果不接地气，难以转化应用；科教人员的农业科技服务常被忽略，服务经济社会发展的潜力尚未充分发掘。

第三，大部分地方农林院校，尤其是立足西部办学的高校经费极其紧张，办学条件严重滞后，高层次人才缺乏，实习、实践等条件不尽完善，严重影响着人才培养质量。

第四，地方农林院校促进农业现代化工作，还面临诸多的具体问题：如何健全机制，进行有效的评价，调动参加者的积极性；组成多学科融合的团队；争取各级政府支持，激发地方主动配合的动力等。

（二）建议与启示

针对地方农林院校促进农业现代化中存在的主要问题，围绕完善促进农业现代化措施，提升促进农业现代化成效，归纳六条建议与启示：

第一，人才培养是根本，学校要始终贯彻党的教育方针，落实立德树人根本任务，扎根中国大地办人民满意的大学。加强学生思想教育，把人才培养主动融入经济社会发展、促进农业现代化、服务乡村振兴战略的需求，持续提升人才培养质量，培养"一懂两爱"，具有"科学情操、大地情怀、农民情结"的可靠接班人和建设者。

第二，科学研究是学校的看家本领，必须健全评价机制，建立合理的评价导向，与经济社会发展、促进农业现代化紧密结合。项目源于生产实践，科研解决生产问题、促进经济社会发展，要既顶天又立地，把论文写在大地上，把成果留在新农村，促进科技成果在服务农业现代化、乡村振兴的进程中得以不断转化和应用。

第三，在社会服务中，要充分发挥新农村发展研究院、乡村振兴战略研究院以及"2011"协同创新中心等的智库作用，为各级党委、政府和学校出谋划策；要汇聚多学科优质资源，跨学科、跨部门、跨行业组建科技创新联盟或专家团队，选好一个点，久久为功、锲而不舍，构建促进农业现代化的模式，形成范例，主动为促进农业现代化、实施乡村振兴战略而奋斗。

第四，要加强学校促进农业现代化的专门管理机构建设，建立和完善管理机制，制定工作规划和实施方案，转变单一的评价体制，建立健全认同机制、奖励机制，加强考评与奖惩，采取有效措施，调动广大教职工积极投身到促进农业现代化、服务乡村振兴的工作中。

第五，学校要采取有力的措施，争取各级政府政策、资金以及人力、物力的支持，要倡议设立"国家财政支持地方农林院校促进农业现代化专项资金"；要争取各级政府出台相关政策，建立健全保障机制和奖惩机制，提高大学毕业生到基层一线工作的优惠条件和待遇，引导和鼓励高校毕业生到农村工作。

第六，要加强宣传工作。学校要采取有效措施，充分利用各种媒体，加大促进农业现代化工作的对内对外宣传，宣传典型人物、团队，宣传典型案例，宣传学校的工作规划、方案以及取得的成果等，扩大知情面，扩大社会影响面，提升公众的认知度和认可度。

参考文献

［1］王红茹.中央一号文件为何连续 12 年聚焦三农？对话中央一号文件起草组成员宋洪远：2015 年中国农业要变"强富美"［J］.中国经济周刊，2015（z1）：46-48.

［2］高云才，朱隽，王浩.现代农业装备［J］.2018（1）：5-7.

［3］宋洪远.转变农业发展方式加快推进农业现代化［J］.中国发展观察，2015（2）：7-10.

［4］教育部　农业部　国家林业局.关于推进高等农林教育综合改革的若干意见［EB/OL］.（2013-12-11）http：//www.moe.gov.cn/srcsite/A08/moe_740/s3863/201312/ t20131211_166947.html.

［5］夏业鲍，祁克宗，房文娟.高等农林院校特色发展研究与探索［J］.黑龙江教育（高教研究与评估），2013（1）：66-67.

地方高等农业院校在乡村振兴战略中的使命和担当 *

——以内蒙古农业大学为例

高聚林

实施乡村振兴战略，是决胜全面建成小康社会奋斗目标的必然要求，是加快社会主义现代化建设进程的重大任务。下面，我从以下三个方面谈一点思考：一是乡村振兴战略的内涵及其任务理解；二是地方高等农业院校在乡村振兴战略中的职责和使命；三是地方高等农业院校的服务发展瓶颈和努力方向。

一、乡村振兴战略的内涵及任务理解

（一）乡村振兴战略的背景及内涵

2017 年 10 月 18 日，习近平总书记在党的十九大报告第五部分"贯彻新发展理念，建设现代化经济体系"中，明确提出"实施乡村振兴战略"。实施乡村振兴战略，就是要坚持农业农村优先发展，按照产业兴旺、生态宜居、乡风文明、治理有效、生活富裕的总要求，全面推进乡村振兴。

2017 年 10 月 24 日，在党章的总纲中，明确写入乡村振兴战略。

2017 年 12 月 28 日—29 日，中央农村经济工作会议首次提出走特色社会主义乡村振兴道路，并提纲挈领地提出了乡村振兴"七条路径"（走城乡融合发展之路、共同富裕之路、质量兴农之路、乡村绿色发展之路、乡村文化兴盛之路、乡村善治之路和中国特色减贫之路），制定了乡村振兴"总路线图"，以及"三步走"时间表。

2018 年 1 月 2 日，中央一号文件《中共中央国务院关于实施乡村振兴战略的意见》发布。聚焦于乡村振兴战略，明确了乡村振兴战略的总要求、原则、

＊ 作者简介：高聚林，内蒙古农业大学校长，教授，博士生导师。

目标、主要任务和规划保障等，为各地编制和实施乡村振兴提供了良好的政策依据和实施路径。这是改革开放以来第 20 个、新世纪以来第 15 个指导"三农"工作的中央一号文件。

一份报告、一次会议、一个文件，为新时代"三农三牧"工作定了调，明确了乡村振兴的总体要求、实施举措和主要内容。

目标任务：按照十九大提出的决胜全面建成小康社会、分两个阶段实现第二个百年奋斗目标的战略安排，实施乡村振兴的目标任务：到 2020 年，乡村振兴取得重要进展，制度框架和政策体系基本形成；到 2035 年，乡村振兴取得决定性进展，农业农村现代化基本实现；到 2050 年，乡村全面振兴，农业强、农村美、农民富全面实现。

主要内容：聚焦"五个振兴"：

产业振兴：要紧紧围绕发展现代农业，围绕农村一二三产业融合发展，构建乡村产业体系，实现产业兴旺。

人才振兴：要让愿意留在乡村、建设家乡的人留得安心，让愿意上山下乡、回报乡村的人更有信心。

文化振兴：要培养挖掘乡土文化人才，弘扬主旋律和社会正气，培育文明乡风、良好家风、淳朴民风。

生态振兴：绿水青山就是金山银山。实现乡村振兴，让乡村富起来、强起来、更美起来。

组织振兴：要打造千千万万个坚强的农村基层党组织，培养千千万万名优秀的农村基层党组织书记。

内涵理解：为什么是"乡村振兴"？

原来提的是"新农村建设"。"农村"到"乡村"，实际是把"三农"全部涵盖进来了。

"乡村振兴"相对于快速工业化、城市化进程中出现的一定程度上的"乡村衰落"而言的，尤其是乡村的"老龄化""空心化"趋势越来越明显的现状而言的。乡村振兴是全面建成小康社会的必然要求。与"新农村建设"相比，有相同也有区别：

新农村建设，5 个方面 20 个字：生产发展、生活宽裕、乡风文明、村容整洁、管理民主。

乡村振兴，也是 5 个方面 20 个字：产业兴旺、生态宜居、乡风文明、治理有效、生活富裕。

可以看到，乡村振兴战略是社会主义新农村建设的升华版，主要从总体要求来看，有四个方面进行了变动：

用"产业兴旺"替代"生产发展"，就是要求在发展生产的基础上培育新产业、新业态和完善产业体系，使农村经济更加繁荣。

用"生态宜居"替代"村容整洁",就是要求在治理村庄脏乱差的基础上发展绿色经济、治理环境污染并进行少量搬迁,使农村人居环境更加舒适。

用"治理有效"替代"管理民主",就是要求加强和创新农村社会治理,使农村社会治理更加科学高效,更能满足农村居民需要。

用"生活富裕"替代"生活宽裕",就是要求按照全面建成小康社会奋斗目标和分两步走全面建设社会主义现代化强国的新目标,使农民生活更加富裕、更加美满。

同社会主义新农村建设相比,乡村振兴战略的内容更加充实,逻辑递进关系更加清晰,为在新时代实现农业全面升级、农村全面进步、农民全面发展指明了方向和重点。

(二)实施乡村振兴战略的发展基础和现状

第一,近年来我国农业发展成就。

(1)实现粮食等农产品生产连年增长。2015年,全国粮食总产量62 143.5万吨(6 214.35亿公斤),比2014年增产1 440.8万吨(144.1亿公斤),增长2.4%。连续6年主粮超过5亿吨。我国已有棉花、油料、肉类、禽蛋等主要农产品产量居世界第一。

(2)农民人均纯收入持续较快增长。2014年,农村居民人均纯收入为9 892元。2015年为11 422元,增幅达到7.5%,实现了连续六年高于GDP和城镇居民收入增幅。城乡居民收入比下降到至2.73:1。

(3)扶贫开发大步推进。实施新的十年农村扶贫开发纲要,将扶贫标准提高到2 300元(2010年标准),每年将根据物价指数、生活指数等动态调整。去年扶贫标准上升至2 800元,2020年将为4 000元。

(4)城镇化率不断提高。由45.9%(2008)提高到54.77%(2014),城乡结构发生了历史性变化。

第二,"十二五"内蒙古自治区农牧业发展成就。

(1)农林牧渔业稳步增长。"十二五"期间,自治区党委、政府出台了一系列强农惠农政策,内蒙古自治区农牧业经济呈现稳步发展态势,规模持续扩大。农林牧渔总产值由2010年1 843.6亿元增加到2015年的2 751.6亿元,增长约1.5倍,年均增长4.3%。

(2)农业生产能力不断提高。2015年内蒙古自治区粮食播种面积和经济作物播种面积分别达到572.7万公顷和184.1万公顷,比2010年分别增加22.8万公顷和75.3万公顷,农作物播种面积的增加使农作物生产能力得到了提高。

2016年,全区粮食生产实现"十三连丰",总产量达278.02亿公斤,连续4年稳定在275亿公斤以上。内蒙古自治区粮食总产量在全国各省区中排第十位,在西部地区居第二位。

2017 年蔬菜、水果、油料作物产量分别达到 1 445.3 万吨、296.7 万吨、193.6 万吨，比 2010 年分别增长了 7.0%、6.6%、51.1%。其中油料作物产量的大幅度增长，是靠种植面积增加和单位产量提高来完成的。

（3）畜牧业生产保持稳定。截至 2016 年末，内蒙古自治区牲畜存栏连续 12 年超过 1 亿头只，达到 1.36 亿头只，与"十一五"末相比，存栏增加 2787 万头只，增长 25.8%。其中，肉羊存栏 1.07 亿只，连续两年超过 1 亿只，居全国首位，肉牛存栏 895 万头，同比增长 7.9%。

2015 年肉类总产量达到 245.7 万吨，比 2010 年增加 6.97 万吨，增长 2.9%，年均增长 0.06%；羊肉、牛肉和禽肉产量分别达到 92.6 万吨、52.9 万吨和 20.5 万吨，比 2010 年分别增长 3.8%、6.4% 和 3.5%；猪肉产量 70.8 万吨，比 2010 年下降 1.5%；牛奶产量 803.2 万吨，比 2010 年下降 11.3%；禽蛋产量 56.4 万吨，比 2010 年增长 11.9%，年均增长 2.3%。

（4）农牧民收入较快增长。2015 年内蒙古自治区农牧民人均可支配收入突破万元大关，达到 10 776 元，比 2010 年实际增长 63.9%，年均增长 10.4%，增速高于同期城镇居民。

第三，农牧业发展存在的主要问题。

（1）农业劳动力资源短缺。2012 年，中国劳动年龄人口第一次出现了绝对下降，15～59 岁劳动年龄人口比上年减少 345 万人。

目前中国劳动力供求格局发生了质的变化。现在不仅农民工短缺，农业劳动力短缺现象也普遍存在。面对眼前的形势，"十年后谁来种地""怎样种地"的问题越来越引人关注和忧虑，成为一道亟待破解的难题。目前中国农村剩余劳动力占农村劳动力总数的 2.1%，也就是说，现在中国农村已基本无剩余劳动力。

从剩余人员结构分析，全国农业从业人员中 50 岁以上的占 32.5%。中西部一些地区 80% 的农民都是 50～70 岁的老人。

（2）农牧业发展的创新驱动力不足。创新驱动主要是科技驱动，衡量创新驱动程度的主要指标，是科技进步贡献率和农牧业科技成果转化率不高。

近几年，农业科技进步贡献率，内蒙古自治区是 48.5%，而同期全国是 54.5%，江苏省农业科技进步贡献率 2011 年达到 61.2%，特别是发达国家的农业科技进步贡献率已经升到了 70%—80%；内蒙古自治区农牧业科技进步贡献率比全国平均水平低六个百分点，比国内先进省市低十几个百分点，比国外发达国家低二十多个百分点。内蒙古自治区的农牧业科技成果转化率较低，比全国平均水平低大约十个百分点。

（3）农牧业的产业体系不健全。产品链条短，尽管我区粮食产量、肉类和奶类等产量均位居全国前列，但土地产出率较低，农畜产品加工转化率仅为 52.3%，精深加工率不足 20%，与发达国家 90% 以上的加工率相比差距较大。

内蒙古自治区农牧业产业化经营规模较小，农畜产品加工不够精深，品牌较少且知名程度较低，市场拓展有待大大加强。除了乳产业已经形成了大品牌外，羊绒产业虽有几个品牌，但是散、乱、杂的问题依然突出；羊肉加工也存在优势企业不突出等问题，品牌杂乱严重影响了羊肉的价格等。

二、地方高等农业院校在乡村振兴战略中的职责和使命

新中国成立以来，我国改造和创办了 70 余所高等农林院校，高等农业教育培养了数以百万计的农业科技人才，为我国农业发展、农村进步和农民富裕做出了巨大贡献。在高等农业教育和农业科技人才的促动下，我国粮食生产实现了"12 连增"，农业科技进步贡献率超过 56%，确保用占世界 7% 的耕地养活世界 22% 的人口。因此，发展高等农业教育是保障和促进我国粮食安全、社会稳定、科技进步与经济发达的重大发展战略，蕴含着高等农业教育的贡献和智慧。

乡村振兴战略涉及乡村经济、产业、人才、文化、组织、管理、制度等方面。作为地方农业院校，在实施乡村振兴战略中，主要承担着人才培养、科技支撑和社会服务的重要使命。近年来，内蒙古农业大学紧紧围绕"三农三牧"服务，着力加强人才培养，提高农业科技创新能力，加大科技推广和社会服务，为推进自治区农牧业现代化进程，提供了科技支撑和人才保证。

第一，为乡村振兴战略培养"适销对路"的人才。

人才缺乏是乡村振兴战略实施的根本性障碍。现在的农村和农业产业中，科技人员严重不足，且农科类专业人才较少、学历层次较低，严重制约着地方乡村振兴战略的实施。比如，内蒙古自治区在全区乡村振兴战略部署会上，明确提出，要把人才振兴作为乡村振兴的重要支撑。目前，内蒙古自治区农村牧区人才状况堪忧，乡村人才"出走"和"淘汰"并存，留在农村的大都是"386199"部队，农村牧区空心化、空巢化问题严重。乡村人才振兴问题，主要由于是本地企业、产业和区域经济没有吸附能力，无能力就地消化本地人才、培养本土人才、解决当地劳动力转移问题，根本原因是农业收入远低于二、三产业，乡村的工作条件、生活条件与城市有很大差别。跳出来看，乡村人才振兴，还要靠除农业发展本身之外的整个产业链、农业之外的人才梯队结构、国家农牧业政策和人才政策。

推动乡村人才振兴，首要任务就是培养和造就一支"懂农业、爱农业、爱农村"的"三农三牧"工作队伍。地方农业院校，既是现代农业人才的培养基地，也是实施乡村振兴战略的重要力量。以内蒙古农业大学为例，学校成立 66年来，形成了博士、硕士、学士、高职高专完整的人才培养体系，培养了以 1名院士为代表的 15 万余名毕业生。据不完全统计，在内蒙古自治区 103 个旗

县区中，有 30% 左右的基层农业技术骨干是我校毕业生。比如，包头市农牧业 610 个专业技术人员中，有我校毕业生 360 人，占 59%。赤峰市松山区农、牧、林、水系统 313 个专业技术人员中，有我校毕业生 83 人，占 27% 等，为自治区农牧业经济社会发展、边疆稳固和生态文明建设做出了重要贡献。

第二，为乡村振兴战略创新"接地气"的科研成果。

农牧业产品质量提升、品牌创建、精深加工等都离不开科技创新。以内蒙古自治区为例，近年来农牧业科技贡献率不断提高，科技支撑作用更加突出。"十二五"期间，全区农牧业科技贡献率达到 51.8%，主要农作物良种覆盖率、家畜改良率分别达到 95% 和 96%。技术支撑创新能力明显增强，比如种植业，开展"高产创建活动"，对高效绿色栽培技术组装配套和引领示范作用明显，全区累计建设高产示范片 1 906 片，落实创建面积约 257 万公顷，总增产粮食 46.25 亿公斤，带动五大作物五项核心技术推广约 1 800 万公顷。

现代科学技术是乡村振兴的"引擎"，助力乡村振兴战略，就必须发挥高等农业院校对乡村振兴的科技支撑作用。以内蒙古农业大学为例：

1. 从基础研究入手，深入开展原创性研究

学校坚持面向自治区重大战略需求和区域优势特色，深化科技创新管理改革，稳步加强基础研究与应用研究，取得了一定成果。比如，建立了国内第一个具有自主知识产权的乳酸菌菌种资源库，首次发现了蒙古羊多脊椎 *Hombox* 基因并完成了克隆与定位研究，完成了世界首例双峰驼全基因组序列图谱绘制和破译工作，学校在特色动物基因组及乳酸菌等研究领域的 3 项成果发表在影响因子超 10.00 的国际知名期刊 Nature Communications 上。英国著名杂志 Nature（《自然》）评选出 2012 年度自然出版指数中国前 100 强单位，我校列全国高校第 52 位、农林高校第 5 位。据检索显示，内蒙古农业大学的农业科学，2017 年、2018 年跻身 ESI 全球前 1%，实现了自治区"0"的突破。乳酸菌与发酵乳制品应用研究理论、蒙古肉羊多脊椎理论等创新理论均转化为了现实生产力。

2. 以高新技术研究与开发为突破口，不断推进科学研究的集成创新

近年来，学校围绕国家和自治区确定的高新技术产业化领域，组织精干力量，依托重点学科、重点实验室，密切与区内外高等院校、科研院所和企业合作，积极开展农牧业高新技术的研究与开发，在有关学科领域的研究取得了突破性进展。

以新品种培育和选育为例，学校已培育和选育出牧草新品种 21 个，占自治区育成品种的 1/3。据不完全统计，仅近五年来选育出的 3 个牧草新品种，在内蒙古、黑龙江、吉林、新疆等 10 多个省区累计推广的良种面积就达 1.8 万公顷，为生产草籽的企业所创造的纯经济效益达 2 亿多元。

以我们团队研究的课题为例："十二五"以来，我校作为课题主持单位，

通过实施"东北平原西部（内蒙古）春玉米小麦持续丰产高效技术集成创新与示范""内蒙古春玉米大面积均衡增产技术集成研究与示范"和"东北平原西部（内蒙古）玉米丰产节水节肥技术集成与示范"等连续三期的国家科技支撑课题，使内蒙古玉米生产的整体科技水平和技术储备能力显著提升。

课题研发了耕层土壤改良、玉米品种优化、安全群体构建、节水调亏灌溉、减氮稳产增效、覆膜保水抗逆、机械化高效管理7项共性关键技术，集成了玉米丰产增效关键技术模式12项，构建了"两改一增二保"玉米丰产增效技术体系。研发制定了玉米生产地方标准19项，获批技术专利4项，审定玉米新品种11个，制定并出版区域性玉米高产高效相关技术挂图21幅，获得国家和省部级技术成果奖励6项，发表论文55篇，主参编著作7部。进入"十三五"我校又主持承担了国家重点研发项目"东北西部春玉米抗逆培肥丰产增效关键技术研究与模式构建"和"内蒙古雨养灌溉混合区春玉米规模化种植丰产增效技术集成与示范"。

3. 积极争取国际科技合作项目，促进引进技术消化、吸收和再创新

近年来，学校先后承担国际科技合作项目20余项，围绕乳酸菌、蒙古马、蒙古牛、蒙古羊、野骆驼、牧草等特色资源开发与利用等方面的成果达到了国际水平。目前，学校与美国、加拿大、澳大利亚等国的草业研究机构正在开展草地方面的合作研究，与日本岗山大学合作开展水资源方面的研究。

在"十三五"国家重点研发计划中，内蒙古农业大学作为牵头单位获批4项，获拨经费1.14亿元。2017年，内蒙古农业大学新上各级各类科研项目244项，立项经费1.66亿元。根据2017年国家自科基金、重点研发计划和重大专项经费统计，全国共266所高校获批经费超过1 000万。我校居全国高校第89位，居全国农林院校第12位，居自治区首位。

这些成果的取得很大程度上得益于学校一直把"顶天立地"作为办学理念，构建了完善的科研体制机制，引导专家学者紧紧围绕国家和自治区重大战略，开展前瞻性、基础性科学研究。无论是项目数量和项目品质，都在内蒙古省属高校中出类拔萃，为下一步解决提高转化率的问题打下了坚实基础。

第三，为乡村振兴战略提供"服水土"的社会服务。

地方农业院校人才智力优势、科学技术优势、理论研究优势的发挥和应用，最终要通过社会服务这个"桥梁"走进乡村振兴的实践。

把论文写在内蒙古大地上，一直是内蒙古农业大学的追求。学校始终坚持立足内蒙古，紧紧围绕自治区经济社会发展，重点针对自治区农、牧、林、水、草、乳、沙等行业发展中遇到的难点和热点问题，组织多学科的联合攻关，取得了一系列高水平的创新成果，其成果得到了较大范围的推广应用，产生了显著的经济、社会和生态效益。

4. 依托学校人才与技术优势，积极推进科技成果的推广转化

比如在农作物栽培研究领域，"春玉米超高产科技示范项目"，2006年创造了内蒙古玉米单产17 297公斤/公顷（含水率14.0%）的历史高产纪录。该成果经中央和自治区各大新闻媒体报道后，得到了社会各界的广泛认可和重视，被评为内蒙古自治区十大科技新闻。进一步在内蒙古3大平原灌区百余个点次，实现了玉米16 417~17 910公斤/公顷的高产突破，最高实测每公顷产达到20 041.8公斤（含水率14%，下同），集中连片770公顷玉米高产示范田，实测平均产量为14 956.7公斤/公顷，创东北－内蒙古春玉米区历史高产纪录等。

比如在畜牧兽医研究领域，2016年，学校依托韩润林教授团队的猪瘟病毒（CSFV）及其基因工程亚单位等七种疫苗抗原定量检测技术等，与内蒙古相关生物制品有限公司、动物疫苗有限公司签订了总额2 000万元技术合作协议，其中技术转让费为600万元。

2017年，学校依托郝永清教授团队的山羊传染性胸膜肺炎灭活疫苗、绵羊传染性胸膜肺炎灭活疫苗、牛支原体肺炎灭活疫苗、奶牛乳房炎疫苗等牛羊疫苗技术，与内蒙古相关生物制品有限公司签订了1 200万元的技术合作协议。

比如在乳业研究领域，张和平教授主持的"乳酸菌与发酵乳制品应用研究项目"自主研发的益生菌，已推广应用于儿童益生菌发酵乳饮料生产，打破了国外益生菌的长期垄断局面。

2015年，学校依托张和平教授团队的干酪乳杆菌Zhang和乳双歧杆菌V9系列益生菌菌种的功能评价、菌粉生产等相关专利和技术，与北京相关生物技术有限公司签订技术许可协议，获得技术许可费1 000万元。

学校的创新成果被众多优秀企业产业化应用或在广大农村牧区得到了大面积推广应用。在推进自治区绿色畜牧业健康养殖、粮食丰产、生态文明建设以及乡村振兴等方面发挥了重要作用。

比如在牧草种子工程方面，学校育成了"蒙农杂种冰草""蒙古冰草"，引种试验成功了"诺丹冰草"等冰草新品种先后在8个盟市的30多个旗县推广，种植原种田1 046.7公顷，人工草地8 606.7公顷，改良草地6 266.7公顷，生产种子4 083吨，干草636 275吨，增加产值8 315万元，在自治区生态建设中发挥了重大作用。

5. 在区域乡村振兴战略中，积极发挥思想库和智囊团作用

66年来，内蒙古农业大学始终注重发挥思想库和智囊团作用，积极为自治区和地方党委、政府科学决策提供理论依据和智力支持，在农牧业政策出台、规划制定方面做出了诸多贡献。

比如，学校受自治区及地方政府委托（鄂尔多斯、锡林郭勒盟等），完成了涉及生态建设、产业结构调整、新农村新牧区建设、农牧业经济发展战略规

划等方面的可行性研究报告和规划论证报告 400 余份。比如，由我校提出的家庭牧场划区轮牧和草地休牧设计方案得到自治区认可，在自治区 10 个盟（市）36 个旗（县）示范推广划区轮牧 3 382.2 万公顷，草地休牧 118.8 万公顷。

比如，由我校专家学者制订的《天然草地划区轮牧设计》自治区地方标准，完成的国家农业行业标准《草原划区轮牧技术规程》，在国家实施的京津风沙源治理、退耕还草工程中发挥了重要作用，创造了近亿元的经济效益。学校研究提出的"休牧、禁牧和划区轮牧"等草地生态保护与恢复措施，被写入新修订的《中华人民共和国草原法》；主持完成了我国第一部省级草原志——《内蒙古草原志》的编撰出版工作等。

在其他研究领域，也取得了一定成就。比如农牧业经济研究方面，学校主持完成的"中国草原畜牧业发展模式研究"，获得自治区第八届哲学社会科学成果一等奖。《草原生态经济系统可持续发展研究》《文明消失的现代启悟》也具有一定的社会影响。学校"内蒙古农村牧区发展研究所"被列为自治区人文社科基地。

6. 在区域乡村振兴战略中，发挥继续教育培训功能

多年来，学校通过各级农牧业领导干部培训、农牧业技术（推广）人员培训、职教师资培训、干部自主选学等各类培训，共为自治区培训学员 1.5 万余人，其中，县（处）级以上农牧业领导干部 2 300 余人，中高级农牧业科技人员 540 人，甘南州乡村干部 673 人，职教师资 1 525 人，基层农技推广人员 4 800 人，职业技能培训 496 人。此外还为自治人社厅、科技厅、鄂尔多斯市、扎赉特旗等 40 余个委办厅局、旗县区，培训相应干部和技术人员 3 000 余人。

"十三五"以来，内蒙古农业大学以新农村发展研究院为平台，与地方政府签署共建战略合作协议 5 项。注重解决重大现实问题的实际效果与贡献，学校按照 50% 的比例，将成果转让费分配给个人或课题组。3 年来，学校与相关公司签订技术转让协议经费 5 000 多万元。鉴于学校在科技创新和社会服务方面的突出贡献，学校被自治区人民政府授予"全区科教兴区突出贡献先进集体"荣誉称号。目前，学校是自治区首家获准建设的国家新农村发展研究院的高校。

在长期的办学实践中，学校形成了"教学、科研、生产实践"相结合的办学模式。1991 年 2 月 25 日年，国家教育委员会第 25 期简报上，专门刊发了我校"教学、科研、生产实践"三结合办学模式，进一步提高了人才培养质量、科学研究水平和社会服务能力。学校涌现出了许多"头"，比如"牛头"，三河牛、草原红牛；"羊头"，内蒙古细毛羊、苏尼特肉羊、乌珠穆沁羊、内蒙古白绒山羊；"猪头"，内蒙古黑猪等家畜新品种，涌现出了草原 1、2、3 号苜蓿、老芒麦、红豆草、蒙古内冰草等牧草新品种、甜菜协作 2 号、胡麻 H624 等农作物新品种以及林木、果树和花卉等新品种。

三、地方高等农业院校的服务发展瓶颈和努力方向

（一）当前农林教育改革与发展需要解决的重点问题

第一，紧密结合区域经济发展和产业结构调整的需求，根据乡村振兴战略的建设需要，进一步调整优化学科专业，发展贴近"三农三牧"、急需专业，加快发展新兴、交叉、急需学科专业。

第二，以市场需求和就业为导向，调整人才培养模式和办学思路。努力发展职业技术教育，充分利用社会资源，调整培养模式，多渠道发展继续教育，急需培养造就高素质的新型专业农牧民。

第三，大力开展高新技术研究，积极促进科技成果推广转化，围绕区域农业和农村经济、产业结构调整和生态治理中的重大技术难题组织联合攻关，有针对性地开展基础研究工作。

（二）地方农业院校在乡村振兴战略中的新使命

只有农村成为引人入胜的天地，农业成为令人向往的产业，农民成为令人羡慕的职业，乡村振兴战略才能真正实现。学校助力推进乡村振兴战略，我认为，要根据国家对乡村振兴战略的总要求以及高等教育改革发展面临的新形势，在以下几方面做好工作：

1. 加强宏观政策调整，提高生源质量。

从生源质量来看，地方农业院校仍然处于弱势地位。当前，由于大众偏见和一些现实因素，农业院校在招生中面临着许多困难。比如内蒙古农业大学，培养了这么多人才，拥有博士点数量有13个，办学实力在内蒙古自治区院校中也属一流，但是在高考报志愿时，却往往不是学生和家长的首选。

为了让农业院校更有吸引力，让农村和农业留得住人才，我们已建议内蒙古实施农科生政府补贴学费计划，吸引更多的学生加入到"三农三牧"队伍中来。结合国家精准扶贫政策，对选择农科类专业就读的农村生源给予适当资助。面向基层的"三支一扶"、村官、选调生等选拔，要向农科类毕业生给予一定程度的政策倾斜。

2. 调整人才培养结构，创新人才培养模式。

从人才培养的供给侧结构性上来看，培养人才的专业和知识结构还不够合理，与现代农牧业发展的要求相比，仍然存在加大差距。

一是深化教育教学改革。要以乡村振兴战略有效需求和就业为导向，必须对学科专业设置、人才培养方案、课程建设及实践基地等进行调整和改造，加强学科专业交叉融合，增设地方急需的应用型专业。农牧业现代化、乡村振兴

需要什么样的知识，我们就会努力开出什么样的课程。特别对学生实践技能和动手能力的培养，尤其是对新型农业技术的熟悉和掌握。

目前，我校正在向自治区申请成立乡村振兴战略研究院。要以此为契机，将对学校的学科专业、类型、层次和区域布局结构进行调整，完善"拔尖创新型、复合应用型和应用技能型"人才培养模式，实现学生知识、能力、素质的协调发展，为乡村振兴战略培养"适销对路"的合格创新人才。

二是要加强继续教育。要以继续教育学院为平台，通过"请进来、走下去"，深入开展各种形式的实用技术培训、职业培训和劳动力转移培训，培养和造就一大批有一技之长的科技致富带头人。

三是加强专业思想教育。地方农业院校作为地方专业人才培养的主体，主要任务是能够培养"下得去、留得住、干得好"的专业人才。众所周知，从事"三农"工作"待遇低、环境差、困难多"，难以吸引在校大学生，据统计，农科大学生基层就业者不到20%。作为地方农业院校，与地方农牧业发展服务最直接、联系最紧密，要特别注重加强学农爱农专业教育，关键是为乡村振兴战略培养"下得去"的人才。所以，首先要解决好他们献身农牧业的思想观念问题，培养他们的专业兴趣，解决他们的专业思想问题。比如，我们可以邀请一些校内外知名的专家、在基层艰苦奋斗取得突出成就的校友、来自基层的劳动模范等为学生做报告，现身说法，教育引导广大青年学生；比如加强政策引导，大力表彰和宣传在基层建功立业的毕业生先进典型等，鼓励学生到基层和艰苦的地方去工作、去创业等。

以内蒙古农业大学为例，我校学生有70%以上均来自农村牧区，他们对"三农三牧"有着与生俱来的特殊感情。要对他们加强形势政策和乡村振兴战略教育，引导学生认识到农村牧区机遇多、前景广、可以大有作为，引导他们积极投身到自治区农牧业改革发展的大潮中，扎根农村牧区，为乡村振兴建功立业。

3. 加大科学研究与技术创新，发挥好"引擎"作用。

围绕"三农三牧"问题中带有全局性、方向性、关键性的重大技术难题组织联合攻关，特别是围绕产业结构调整和生态治理这两条主线，认真研究并提出一批以带动农牧业产业化经营和推动区域生态建设发展为目标的科技攻关项目。重点组织推荐可形成自主知识产权的新技术、新产品及新品种的研制与开发；在集中精力组织争取国家有关部门和省（自治区、直辖市）各类科技计划项目的同时，加强与企业和地方的密切合作，加大横向课题的争取力度。

4. 以服务需求为导向，促进科技成果的推广转化与产业化。

据统计，我国农业科研成果科技转化率低于30%，对我国农业发展没有形成强力支撑和推进。目前，我国农业现代化水平仅仅相当于发达国家的1/3，农业劳动生产率仅为国内工业劳动生产率的1/10，农产品国际竞争力弱，农业现代化成为国家现代化的一块短板。

一是推进科技成果推广转化。建立有效机制，打通基础研究、应用开发、成果转化和产业化链条。比如，内蒙古农业大学紧紧围绕乳品、绒山羊、蒙古马、牧草、燕麦、玉米、马铃薯、兽用疫苗等优势特色领域，加快成果推广转化和产业化。通过加大科研人员股权激励力度和提高职务发明成果转让收益比例等措施，促进科技成果推广转化，在为企业和地方经济发展提供智力支持和科技支撑的同时，努力为学校的人才培养、学科建设、科技创新、社会服务与基地建设提供条件保障。

二是走产学研三结合道路。坚持面向乡村振兴战略，必须把办学思路真正转到服务地方经济社会发展上来，转到产教融合、校企合作上来，走"农科教""产学研"相结合的道路。通过校企合作、校地合作，以产教融合、一二三产融合推动乡村振兴战略为突破口，与当地产业发展战略对接，与地方经济社会发展对接，与地方政府人才需求和技术需求对接，积极推动学科专业与地方产业相衔接，与地方政府共建研究院、研究中心等成果转化平台，将科学技术成果转化为生产力，全面提高学校服务区域经济社会发展的能力。

比如，以内蒙古农业大学为例，以学校现已建成的科技园区、校内外"三结合"基地、中试基地等为基础，整合现有科技资源与力量，创建科技成果孵化基地，实施科技成果转化工程，构建了学校的科技成果转化体系。目前，已与包头市土默特右旗合作共建中国敕勒川现代农业博览园，初见成效，正在谋划筹建敕勒川大学；以呼和浩特打造土左旗约 6 667 公顷的国际科技博览园为契机，学校正积极与呼和浩特政府对接，全面整合我校土左旗海流科技园区等校内外资源，谋划筹建中国乳业大学。在全区 12 个盟市建立各具特色的试验示范园区（基地）。

三是要加大校地和校企实践育人基地建设。开发基于"互联网＋"、大数据、云畜牧平台等现代技术资源的共享共用平台，增强服务地方资源的现代化能力。

四是提升服务乡村振兴战略的决策咨询能力。依托新农村发展研究院或其他机构，围绕国家和地方农牧业经济社会发展的重大问题、区域经济社会发展规划，深入开展"三农（牧）"问题、农牧业政策和战略研究，发挥好思想库和智囊团作用，提供高质量、高水平的决策咨询和服务，为积极推进乡村振兴战略献计献策，做出贡献。

我国高等农业院校社会声誉及其影响因素初探 *

陈　然　贺子珊　钟嘉欣

摘　要：高等农业院校是我国高等学校的重要组成部分，但相比于其他类型高校一直以来社会声誉处于较低水平。本文针对国内5所具有代表性的农业院校和其他20所不同类型高校的社会声誉进行了问卷调查，在调查结果基础上运用定性比较分析方法（fsQCA）对影响高校社会声誉的主要因素进行了组合分析，寻找导致高等农业院校社会声誉较低的核心问题，并据此提出改善我国高等农业院校社会声誉的相应策略，从而促进农业院校办学质量的整体提升。

关键词：农业院校、社会声誉、影响因素、定性比较分析

一、研究背景

高校品牌是事关高校长足发展的一种软实力，是在长期的办学过程中积累起来的优质教育资源的凝聚，包含了高校的名称、标志和为教育消费者提供教育服务、培养教育消费者的各要素（师资、校园文化、教学设施等）的总和。品牌代表着高校良好的办学质量，是高校获得社会声誉的标志，是大学内在品质与外在表现的统一。高校品牌一旦形成，将使政府、社会、家长和学生对学校产生一种亲和力和认同感，提升高校的办学竞争力。

高等学校的办学质量在社会中广受关注和热议，也受到学者们的持续关注。然而，关于学校办学质量的定义却始终未有较为权威的解释。有学者认

---

* 基金项目：中国工程院咨询研究重点项目"新常态下中国高等农业教育发展战略研究"（2017-XZ-17）；广东省教育科学研究重大项目"探索高校管理现代化背景下的人才培养机制创新研究"（2014JKZ007）。

作者简介：陈然，华南农业大学公共管理学院副教授。

为[1],"办学质量是在遵循教育客观规律与科学发展的自身逻辑基础上,在既定的社会条件下,表明培养的学生、创造的知识以及提供的服务满足社会现实和长远需要的充分程度和学生个性发展的充分程度。"简单来说,办学质量可以理解为社会需求的满足和教育目标的实现,这充分体现了学校的办学综合实力与发展内涵,而这种综合实力强弱外化的最直接表现为学校在社会中的声誉好坏,因此,本文办学质量主要指向为农业院校的社会声誉方面内容。

近年来,随着高等教育改革的不断深入,全国各地高校的办学质量逐步提升,然而,农业院校的办学质量也在提高,但在改革发展的过程中显得较为弱势,其中最明显的表现为农业院校的社会声誉普遍不高。有学者表示[2],"由于信息成本以及认知理性局限,使得人们难以对大学办学质量做出准确的直接判断,不得不借助于一些信号(包括声誉)进行间接估计,于是就造成大学办学质量本身与人们感知其质量之间的差别。"由此推导,农业院校在质量提升方面存在的较大问题为综合实力与社会声誉的不匹配,这直接影响了农业院校的品牌建设、生源、资源获取、合作渠道建设等各个方面,因此不利于农业院校的质量提升发展。

本文根据《校友会 2017 中国大学评价研究报告》的调查结果,选取了在我国高等农业院校中排名相对靠前,其综合实力较高、学科发展较好、师资水平良好、人才培养质量较好的 5 所学校,分别为中国农业大学(第 33 名)、南京农业大学(第 39 名)、华中农业大学(第 45 名)、西北农林科技大学(第 60 名)、华南农业大学(第 83 名)。再根据各农业院校排名,分别选取与其排名相近的综合性院校、理工院校、财经 / 政法院校和师范院校形成五组高校,共计 25 所高校。设计了包括排序题、单选题和多选题在内的大学社会声誉调查问卷,借助网络平台,通过各中学高中班主任将高校社会声誉调查问卷发给高中生,以了解农业院校在同等实力的院校当中的社会声誉情况,并对大学校名与类型对学生选择高校的影响程度进行了调查。为了分析影响社会声誉的因素,问卷对学校的宣传渠道及外界对高校的关注要素也进行了调查。

二、我国高等农业院校的社会声誉基本情况

本次调查历时 3 个月,共收集问卷 7 024 份,数据来源广泛,包含全国 29 个省、自治区和直辖市,(不包括青海、西藏、香港、澳门、台湾)。其中,答题量超过 500 份的地区有山西省(870 份)、广东省(853 份)、河北省(762 份)和山东省(754 份),答题量不足 100 份的地区有安徽省(98 份)、天津市(85 份)、陕西省(81 份)、重庆市(54 份)、甘肃省(50 份)、新疆(32 份)、贵州省(30 份)、云南省(29 份)、宁夏回族自治区(29 份)和海南省(15 份)。在答题过程中连续选择同一个选项以及排序时直接按先后顺序排列

等情况均视为无效答卷，筛选后的有效问卷为 4 265 份，占总体收集问卷数量的 60.72%。调查问卷的结果反映出我国高等农业院校的社会声誉低于其办学实力，学校名称对学校声誉存在较大影响，相比之下农业院校对学生的吸引力不够，学生了解高校相关信息的渠道主要依靠学校宣传和媒体宣传及老师和学长推荐，社会对于大学相关新闻的关注度较高，且新闻报道对高校社会声誉有较大影响，学生在选择大学时主要关注的是国家财政支持、教师教学与科研能力、国外交流机会、就业发展前景及课程与实践内容等方面。

（一）农业院校在同层高校中的声誉排名不高

课题组一共调查了 5 组共 25 所高校，要求调查者对每组内 5 个实力排名在同一水平的院校进行排名，计算和比较每所院校的得分均值。以长安大学、东北师范大学、武汉理工大学、西南交通大学及中国农业大学这一组高校为例，5 所学校均为实力排名在同一水平范围的高校，调查结果显示，武汉理工大学声誉得分均值最高为 3.4232，第 2 位为东北师范大学得分均值为 3.4098，第 3 位为西南交通大学声誉得分均值为 2.9081，第 4 位为长安大学声誉得分均值 2.8982，第 5 位为中国农业大学声誉得分均值为 2.3606。但依据校友会网公布的 2017 年大学综合实力排行榜，中国农业大学排名第 33 位，东北师范大学排名第 38 位，西南交通大学排名第 41 位，长安大学排名第 42 位，武汉理工大学排名第 43 位。按大学综合实力排名来看，在 5 所高校里中国农业大学排名第 1 位；而在社会声誉调查里中国农业大学声誉排名却为最后，反映出农业院校存在着综合实力与声誉不匹配的问题。作为国内农业院校的龙头老大，中国农业大学尚存在这样的问题，则其他农业院校的情况可想而知。

（二）校名对学校声誉的影响较大而农业院校的吸引程度较低

问及学校名称对学校形象的影响程度时，将影响程度"很大""较大""一般""不大""没影响"分别赋值为 5、4、3、2、1 分。结果显示，均值为 4.1393，说明民众认为大学校名对学校声誉的影响程度非常大。

将高校按国家教育统计年鉴中的性质类型进行分类，让被调查者根据意愿强烈程度选择自己喜欢就读的大学类型，将排名第 1 至第 11 名分别赋值为 11 分至 1 分。依据得分均值，学生倾向就读的院校类型依次为财经/外贸大学、综合（地域）大学、军事院校、理工/科技院校、民族院校、农业院校、师范院校、体育院校、语言院校、医药院校、体育/艺术院校、政法院校。财经/外贸院校近年来一直是每年高考的热门院校，综合大学、理工院校排名靠前，也与每年高考报名较热的情况相符。政法院校排名最后，其可能原因是该类院校的招生人数相对较少且以文科学生为主，报考难度较大，故选择人数较少。另外，语言院校、医药院校同样招生量较少，而医患矛盾突出等问题可能也是就读医药院校意愿较低的原因。从排名情况来看，农业院校的吸引力确实不大，这从另一方面也验证了大学校名对学校声誉的影响程度。

（三）社会了解高校信息的渠道有限

对社会群众了解高校的信息渠道调查，采用了多选题形式，选择频次最高的选项被视为最受用的渠道。结果显示，学校自我宣传（如到高中开设报考讲座、校园开放宣传日等）为民众直接了解高校信息的最常用手段，占比高达79.11%。其次为普通媒体宣传，包括电视、网络、报纸等媒体上的新闻报道或专题采访等，占比为55.08%。另外，高中老师和学长推荐则是学生了解高校信息的第三种主要途径，占比为52.49%。这说明，多数民众不会主动利用其它方法了解高校信息，而是被动接受学校和媒体的宣传及老师和学长的推荐，如欲改善大学的社会声誉，高校应更为主动采用更为灵活多样的手段向社会外界进行广泛宣传。

（四）民众对高校新闻的关注度较高且新闻对高校声誉有显著影响

将对大学新闻的关注程度按"非常关注""较为关注""一般""偶尔关注""不关注"分别赋值为5、4、3、2、1，计算其均值得分。结果显示，民众对高校新闻关注度的得分均值为4.2502，说明民众对高校相关新闻的关注度非常高，高校可抓住该特征，有效通过新闻媒体向民众宣传其院校特色。

将民众认为高校声誉受气新闻好坏的影响程度分为"很大""较大""一般""不大""没影响"五个级别，分别赋值为5、4、3、2、1分，计算均值。结果显示，相关新闻对高校声誉的影响程度均值为4.2401，说明新闻对高校声誉的影响程度非常大，正面新闻会对高校起到很好的宣传效果，而相关的负面新闻就会给学校声誉造成极大损害。高校宣传部门需要掌握科学合理的舆情处理技能，正确运用新闻媒体，对学校进行有效宣传以提升学校声誉。

（五）社会对高校发展的关注要素较为直观

在调查社会民众关注大学的主要因素方面，列出了高校内部的11种资源类型，让其按关注程度高低排序进行选择，分别将排名第1至11位赋值为11至1分，计算各得分均值后排序。结果显示，社会对高校发展的关注要素从高到低依次为国家财政支持、教师教学与科研能力、国外交流机会、就业发展前景、课程与实践内容、科学研究成果、学校名称与类型、学校资源与平台、校园环境与文化、重点优势学科。这一结果说明，社会对高校发展的关注要素较为直观，主要放在显示度高且容易理解和比较的方面，如高校可以得到国家多少财政支持、学生参与国外交流的机会是否充足、就业发展前景是否良好等，重点优势学科、学校资源和平台等虽然是高校内部极为重视的建设内容，但对普通社会大众而言并不容易理解，因此排序落在后面。

三、影响我国高等农业院校社会声誉的因素分析

为了进一步验证问卷调查结果的合理性，找出切实影响高校社会声誉的主要因素，本研究对问卷涉及的 25 所高校相关数据进行搜集，基于模糊定性比较分析方法对其进行解释，利用 fsQCA（3.0）技术对问卷涉及的 25 所高校具体数据进行分析。

（一）研究方法

定性比较分析方法作为一种以分析案例为导向的研究方法，该方法最早起源于 20 世纪 90 年代初[3]。而美国社会学家查尔斯·拉金开始真正让定性比较分析变得易于操作。拉金在 1987 年出版的专注中详细讨论了定性比较分析方法，并将布尔代数运用到比较政治学的研究中[4]。随后，拉金将定性比较分析的重点从布尔代数方法转向模糊集和方法，QCA 的分析技术也逐渐趋于精细化[5]。

通常情况下，QCA 是针对中小样本案例数据的分析方法，适用于十几至几十个数量的样本。在中小规模的样本中，QCA 具体比较突出的优势。QCA 关注某一社会现象的多种条件并发原因或者因素组合，进而可以厘清导致这一结果的多种方式和渠道[6]。由于本研究关注的大学声誉是受多种因素共同影响的结果，定性比较分析将有助于我们认识影响不同声誉状况的各种要素及其要素组合之间的异同。本文选择的案例为问卷中所包含的 25 所高校，符合定性比较分析方法对样本量的要求。

（二）变量赋值

与回归分析不同，使用定性比较分析对变量的操作化或赋值，实际上可以被视为判断某个案例是否属于或多大程度上属于某个集合的过程。在模糊集分析中，变量被赋予 1 到 0 之间的任一值，赋值的目的在于判断某个案例多大程度上属于某个集合（江育恒，2018）。本文在基本定性标准划分值设定上，参照唐睿等的做法，以原始变量的平均值作为分界点，把它们置换成二分变量[7-9]。

问卷设计中的国家财政支持、教师教学与科研能力、国外交流机会、就业发展前景、课程与实践内容、科学研究成果（并入教师教学与科研能力）、学校名称与类型、学校资源与平台（用生均教学科研仪器设备值替代）、校园环境与文化（用校园地理位置替代）、重点优势学科 10 个指标作为影响学校声誉

的具体因素，学校社会声誉作为结果变量。采用问卷调查结果中 25 所院校各自的声誉得分均值为结果，比较各因素对结果的影响作用。具体赋值标准参见表 1。

表 1　结果变量和条件变量的设定

变量类型	变量名称	变量赋值
结果变量	大学声誉	声誉得分均值在 2.5 以上为 1；否则为 0
	国家财政支持	财政支持生均大于 3.13 万元为 1；否则为 0
	国外交流机会	本科毕业生出国读研比例高于 11.71% 为 1；否则为 0
	教师教学与科研能力	国家自科和社科基金项目数人均高于 0.07 项为 1；否则为 0
	就业发展前景	毕业生薪资高于 5 079.12 元为 1；否则为 0
	课程与实践内容	生均课程大于 0.12 门为 1；否则为 0
条件变量	研究生与本科生比例	研究生与本科生在校生人数之比高于 0.5 为 1；否则为 0
	学校名称与类型	问卷调查中报读意愿位列前 5 类的学校为 1；否则为 0
	生均教学科研仪器设备总值	3.18 万元以上为 1；否则为 0
	地理位置	位于一线城市（北京、上海、广州、深圳）为 1；否则为 0
	重点优势学科	最新学科评估结果中有 3 个 A 级以上优势学科为 1；否则为 0

（三）研究结果

本研究首先对条件变量进行了一致率分析。一致率指的是该条件变量与结果之间的一致性程度，类似于回归分析中系数显著性程度。如果某个条件变量一致率达到 0.9，那也就是说结果变量 90% 以上可以被某个变量解释，这个条件变量可以被认为是结果变量的必要条件。但在目前得到的结果中，并无某一单独条件变量的一致率达到 0.9，即尚未达到必要条件阈值标准。由此，本研究继续进行了条件组合分析，即在单个条件变量未达到必要条件标准之下，测量条件变量的不同组合对结果的影响，得到 15 种条件组合，总体覆盖值为 0.9，反映了这 15 种条件组合原因覆盖了 90% 的结果变量。具体结果见表 2。

表2　条件组合分析

条件组合	1	2	3	4	5	6	7	8
A 国家财政支持	○		×	×	×	×	×	○
B 国外交流机会	×	×	○	○	×	×	×	×
C 教师教学与科研能力	○	×	○	×	×	×	×	○
D 就业发展前景	×	×	×	○	×	○	○	×
E 课程与实践内容	×	○	×	○	×	×	○	×
F 研究生与本科生比例	×	○	×	×	×	×	×	×
G 学校名称和类型排名	×	×	○	○	×	○	×	×
H 生均教学科研仪器设备总值	×	×	×	×	×	×	×	×
I 地理位置		×	○	○	○	×	○	×
J 重点优势学科	×	○	×	○	×	×	×	○
原始覆盖率	0.0952	0.0952	0.0952	0.0952	0.0476	0.0476	0.0476	0.0476
唯一覆盖率	0.0952	0.0952	0.0952	0.0952	0.0476	0.0476	0.0476	0.0476
一致率	1	1	1	1	1	1	1	1

条件组合	9	10	11	12	13	14	15
A 国家财政支持	○	×	×	×	×	×	×
B 国外交流机会	×	×	×	×	○	○	○
C 教师教学与科研能力	○	×	○	×	×	○	○
D 就业发展前景	×	○	○	○	×	×	×
E 课程与实践内容	×	○	×	○	○	○	×
F 研究生与本科生比例	×	×	○	○	○	○	○
G 学校名称和类型排名	×	×	○	○	○	○	○
H 生均教学科研仪器设备总值	○	×	×	×	○	○	○
I 地理位置	×	○	×	×	○	×	×
J 重点优势学科	○	○	○	○	×	○	○
原始覆盖率	0.0476	0.0476	0.0476	0.0476	0.0476	0.0476	0.0476
唯一覆盖率	0.0476	0.0476	0.0476	0.0476	0.0476	0.0476	0.0476
一致率	1	1	1	1	1	1	1

注：本文参考 Ragin（2008）的做法，使用"○"表示原因条件出现，使用"×"表示原因条件不出现，空白表示原因条件对结果特征无关紧要。

对组合分析结果进行稳健性检验，适当提高大学声誉划分标准，将原本以声誉得分均值 2.5 为划分值调整为以声誉得分均值为 3 为划分标准，将声誉得分均值 3 以上定为"高声誉大学"。利用 fsQCA（3.0）软件分析得出的组合情况与此前结果基本一致，并且总体覆盖率为 0.88，基本可以判断表 2 中的条件组合对大学声誉的影响是稳健的。

条件组合分析结果共给出了 4 个最优的条件组合形式（"*"表示"和"，"~"表示"非"）：

组合 1：国家财政支持 * ~ 国外交流机会 * 教师教学与科研能力 * ~ 就业发展前景 * ~ 课程与实践内容 * ~ 研究生与本科生比例 * ~ 学校名称和类型 * ~ 生均教学科研仪器设备值 * ~ 重点优势学科。该组合反映了以国家财政支持为主导的、教师教学和科研能力较强的院校拥有较高的社会声誉，满足此项组合条件的案例为西北农林科技大学。虽然西北农林科技的大学满足此项组合条件，但在声誉对比的分组里，即暨南大学、上海财经大学、陕西师范大学、西北农林科技大学及中国政法大学为一组，西北农林科技大学的声誉均值仅为 2.66，组内排名第 4。然而，依据校友会网公布的 2017 年大学综合实力排行榜，这 5 所高校的排名分别为：西北农林科技大学排名第 60 位、上海财经大学排名第 66 位、陕西师范大学排名第 67 位、中国政法大学排名第 68 位、暨南大学排名第 69 位，西北农林科技大学的综合实力组内排名第一位，然而声誉却排第四位，仍然说明农业院校声誉状况与综合实力不匹配。

组合 2：~ 国外交流机会 * ~ 教师教学与科研能力 * ~ 就业发展前景 * 课程与实践内容 * 研究生与本科生比例 * ~ 学校名称和类型排名 * ~ 生均教学科研仪器设备总值 * ~ 地理位置 * 重点优势学科。该组合反映了关注于本科生课程与实践教学，研究生教育较强及重点优势学科较多的院校拥有较高的社会声誉，满足此项组合条件的案例为南京师范大学。

组合 3：~ 国家财政支持 * 国外交流机会 * 教师教学与科研能力 * ~ 就业发展前景 * ~ 研究生与本科生比例 * 学校名称和类型排名 * ~ 生均教学科研仪器设备总值 * 地理位置 * ~ 重点优势学科。该组合反映了地理位置具有优势、学生参与国外交流机会较多、教师教学与科研能力较强、学校名称和类型较吸引民众的院校拥有较高的社会声誉，满足此项组合条件的案例为深圳大学。

组合 4：~ 国家财政支持 * 国外交流机会 * ~ 教师教学与科研能力 * 就业发展前景 * 课程与实践内容 * 学校名称与类型排名 * ~ 生均教学科研仪器设备总值 * 地理位置 * 重点优势学科。该组合说明，国外交流机会较多、学生就业发展前景较好、课程与实践内容较为丰富、学校名称和类型较吸引民众、地理位置较好且重点优势学科较突出的院校拥有较高的社会声誉，满足此项组合条件的案例为对外经济贸易大学。

结合表 2 的组合分析结果，进一步分析发现，"重点优势学科""课程与实践内容""学校名称和类型"这 3 个条件变量在条件组合分析中显示出具有最为重要的地位，其中"重点优势学科"在 15 个组合中出现次数最多（9 次），"课程与实践内容"和"学校名称和类型排名"均出现了 8 次，教师教学与科研能力出现了 7 次，而出现次数最少的是"国家财政支持"（3 次）、"生均教学科研仪器设备总值"（4 次）和"国外交流机会"（5 次）。

"重点优势学科"代表着在某些科学研究技术领域有着明显的优势，而学科建设作为高校的基础建设，是高校赖以生存和发展的基础，"重点优势学科"的打造是学科建设的龙头和关键，体现着一所高校的办学水平和办学标志，是高校综合实力和办学特色的集中体现。"重点优势学科"在条件组合分析中显示出的重要地位也正好证实了这一点，高校"重点优势学科"建设对高校的社会声誉具有非常突出的影响。

"课程与实践内容"某种程度上体现出来的是高校本科教学质量，本科教学质量作为高校核心，同时也是高校整体建设的重点，本科教学质量也被作为高校办学是否成功的标志。"课程与实践内容"在条件组合分析中显示出的重要地位，也呼应了近年来国家对高校本科教学质量的重视。

"学校名称和类型"在条件组合分析中显示出来的重要地位体现出来的是民众对某种学校名称和类型的偏好。在每年高考志愿填报中，以"财经类/外贸类""理工类/科技类"等命名的院校通常是作为报考热门院校，而"农林类""师范类"等院校则作为相对冷门的备选院校。这也就不难解释在此前的问卷调查中，农林类院校声誉不佳的原因了。农业院校中普遍存在着的综合实力与声誉不匹配问题，某种程度上与民众对学校名称和类型的偏好存在着或多或少的联系。

"教师教学与科研能力"作为高校发展的活力，在全面提升教学质量中起着重要作用。教师的教学与科研能力直接关系着教学水平，紧密关联着高校人才培养质量。同时，在推动高等教育内涵式发展中，更离不开身处教学与科研一线的教师。

将调查所涉及的 5 所农业院校（中国农业大学、南京农业大学、华中农业大学、西北农林科技大学及华南农业大学）数据进行分析。首先分析农业院校重点优势学科数据状况，发现 4 所重点农业院校中有 3 所院校的水平较高，而西北农林科技大学和作为地方农业院校代表的华南农业大学相对低一些，可见农业院校特别是地方农业院校在此后的发展中，对于重点学科的优势打造还有很大的提升空间。课程与实践内容对于高校声誉提升同样显示了重要地位，在本研究中主要是由生均课程数体现，只有中国农业大学和南京农业大学超过了平均水平，因此高等农业院校应该注重其课程建设与本科生教学质量来提升其声誉。5 所院校均为以"农林"命名的院校，所以在民众愿意选择就读的学校名称和类型中排名不占优势，但在调查结果中显示了学校名称和类型对学校声誉还是有着一定的影响的，民众普遍对现代农业院校认知不足，存在着某种偏见。这就要求农业院校要注重学校自身的宣传，去引导民众认知，逐步消减这种刻板印象。在教师教学与科研能力方面，四所重点农业院校均超过了平均值，而作为地方农业院校代表的华南农业大学则相对较弱一点，由此在以后的发展中地方农业院校要更注重提高教师教学与科研能力。

四、改善我国高等农业院校社会声誉的对策

简单来说，品牌是一个企业或一种产品高度概括的形象，它是其文化价值的载体，是相关服务或商品质量的保证。同样，高校特别是农业院校也需要打造其独有的品牌特色，不仅是学校外在形象即声誉的一种提高，也是农业院校自身提高综合实力、国际竞争力的需要。除此以外，我们还需要通过学科发展、课程改革等路径，促使其走内涵式发展的道路，从而形成声誉与实力相匹配并互相促进的"品牌效应"。

（一）拓宽农业院校宣传内容与渠道，加强品牌建设

优良的学校品牌向社会传达这高校的发展内涵、培养理念、教育价值等方面信息，使其在海内外更具知名度。农业院校办学质量的外在表现为学校声誉，即农业院校实力与公众评价的综合表现。从品牌建设这一角度来看，建议分为高等农业院校整体品牌和独立品牌两个层面加以实施。

在农业院校整体品牌建设方面，需要国家教育和农业主管部门的积极参与。由于农林类院校与农、林等传统农业经济相关，公众对于农业院校形成了一定的刻板印象，认为农业院校相比其他类型院校较为落后，而且前景有限，因此农业院校的吸引力和声誉一直不高。事实上，我国的农业伴随新技术的发展与应用，早已步入现代化阶段，产业链从过去的产中领域（包括种植业含种子产业、林业、畜牧业含饲料生产、水产业等）前推至产前领域（包括农业机械、化肥、水利、农药、地膜等），后延至产后领域（包括农产品产后加工、储藏、运输、营销及进出口贸易技术等），不再局限于传统的种植业、养殖业等农业部门，而是包括了生产资料工业、食品加工业等第二产业和交通运输、技术和信息服务等第三产业的内容，成为与发展农业相关、为发展农业服务的产业群体，这其中农业院校发挥了巨大的作用，做出了突出贡献。从加强农业院校整体品牌这一角度，可以拍摄系列宣传片，在中央电视台和各省卫星电视台集中播放，重点宣传我国农业的发展变化和农业院校的积极影响，引导社会民众深入了解我国农业和农业院校，扭转其对农业和农业院校的认知。同时，成立我国高等农业院校联盟，有步骤有计划地推进国内农业院校的整体宣传工作，充分利用网络时代的各种新型平台，发挥文化引领作用，为农业院校的发

展创造更为良好的社会氛围。

在农业院校独立品牌建设方面，各农业院校已着力根据时代发展的需求，积极推进学科专业、培养计划、课程结构与内容的调整与改革，不少学校发展出若干重点优势学科、新兴交叉学科，在农业现代化领域做出了重要的贡献。各校在提高自身办学质量时，应着力打造本校的独特品牌特色。比如，可以通过多种渠道进行农业院校的办学实力、科研成果、师资力量等方面的宣传，多方主动出击，不仅通过学校宣传、新闻媒体、师长亲朋推荐等传统形式，还要进一步拓宽农业院校品牌特色宣传渠道，与各级各类教育咨询与和服务机构加强合作，建立并完善农业院校官方网络平台（如校园官方网站、微信公众号等）等，全面建立学校形象宣传网络；另外，农业院校品牌打造的最终落脚点应回归自身的办学质量上。农业院校应着力培养人才、努力培育科研成果、促进科研成果转化并服务社会，并与新闻媒体建立良好的相互交流关系，通过新闻媒体的强大社会影响力，把人才培养与科研的成果进行合理的宣传（如拍摄学校宣传片等），逐步改变社会大众对农业院校的刻板印象；同时，农业院校应加强自身的管理，避免学校发生负面事件影响声誉与品牌形象的维持，妥善做好学校声誉的公关工作，及时减少负面新闻对社会产生的不良影响及学校声誉损害。

（二）大力促进农业院校重点优势学科发展

农业院校品牌的内涵式发展，是学校提高声誉的重要保证，影响高校声誉的因素就是内涵发展中几个重要的方面。本研究通过模糊集定向比较分析法进行建模，运用 fsQCA（3.0）软件进行模型运算，在问卷调查中公众对高校声誉评价均值取值为 2.5 时，得到了 15 个农业院校声誉的条件组合分析结果。研究发现，在 15 个组合结果中，"重点优势学科""课程与实践内容""学校名称与类型""教师教学与科研能力"这几个因素在对学校声誉的影响中依次显示出较高的解释力，而"重点优势学科"在影响学校声誉的各因素中解释力最高。

从第四次全国学科评估结果来看，本研究中的五所农业院校一级学科评估结果为 A 级（含 A+、A 和 A-）的学科仍集中在作物学、植物保护、畜牧学、兽医学等传统农林学科和农业工程、农林经济管理等涉农学科，并以此为基础，逐步扩展到生物学、食品科学与工程、公共管理等与传统农林学科和涉农学科有所重叠和交叉的理学或工学以及管理学学科，但后者的数量仍较为稀少。因此，为提高农业院校的声誉，需要在重点优势学科建设方面有所倾斜，一方面保持传统农林学科和涉农学科的优势；另一方面需大力拓展相关综合与交叉学科，通过校内各种资源的适当倾斜扶持和鼓励这些综合与交叉学科的发展，利用原有的学科优势带动和培育新兴的优势学科。

（三）更加重视农业院校课程建设，加大教学改革力度

在高校社会声誉模型分析结果中发现，除了"重点优势学科"因素以外，"课程与实践内容"因素对高校社会声誉的影响有着较高的解释力，也就是说，高校的课程能对农业院校的社会声誉产生一定的影响。根据各校的本科教学质量年报中，五所农业院校的本科生均课程数分别为中国农业大学 0.19 门，南京农业大学 0.13 门，华中农业大学 0.11 门，西北农林科技大学和华南农业大学均为 0.09 门，处于较低水平，远低于国外高校 0.3—0.5 门的均值。

本科人才培养作为高校办学的根本目标，是高校发展不容忽视的使命与责任。随着社会经济的高速发展和互联网技术的逐渐成熟，农业院校的本科课程建设必须适应时代发展的改革，这是人才培养模式改革中的重要举措，也是改善农业院校声誉的重要内容，是奠定农业院校办学实力与办学质量的基础。因此，在清晰认识农业院校办学目标与宗旨的前提下，农业院校应首先通过各种渠道进行宣传与教育，引导学校管理者、教师、学生等校内各类主体提高对课程改革与发展的关注与重视程度，以此提高对农业院校课程改革的理解度与支持度；其次，应充分利用网络平台，结合线下实体课程与线上虚拟课程，切实增加课程数量，提高课程教学质量，不断更新课程内容与教学方法，满足学生自我发展与专业发展的需要；再次，由于院系一线的管理者和教师比较了解学科与课程发展现状，学校教务部门的管理者比较了解高等教育教学改革的现状与趋势，教学改革的建议或方案可采取"自下而上"和"自上而下"相结合的方式实施推进，给予教师的教学改革更大的关注与支持。另外，调查结果显示，学生普遍关注课程的理论与实践相结合，期望能在课程中得到实际的操作体验和理论应用，因此，农业院校的课程建设与教学改革需要更加注重实践教学环节，一方面突出农业院校的课程特色，更好地培养学生的理论与实践水平；另一方面建设一批农业院校特色课程，包括网络课程与短期集中实体课程，面向社会开放教学，扩大农业院校影响力，提升农业院校的声誉。

（四）不断提升农业院校教师教学与科研能力

本次调研针对被调查者报考院校的重点关注要素进行调查时发现，"教师教学与科研能力"这个要素受到较多的关注。与模型中影响院校声誉的要素对比来看，"重点优势学科"和"课程与实践内容"二者都与"教师教学与科研能力"这个要素密不可分，所以教师教学与科研能力的提升，也是农业院校提升办学质量不可或缺的因素之一。根据统计，五所农业院校的国家自然科学和社会科学基金项目数按在编教师人数平均计算，华中农业大学最高为 0.12 项／人，其次是南京农业大学为 0.10 项／人，中国农业大学和西北农林科技大学分别为 0.08 项／人和 0.07 项／人，华南农业大学为 0.06 项／人，除华南农业大

学外其余四所均达到或超过调研学校的均值，显示教师的科研能力在国内高校中处于较高水平，如何将较高的科研水平转化为同等程度的教学水平，成为农业院校在办学过程中必须加以考虑和解决的现实问题。

农业院校办学质量的提高，离不开教师主体的推动作用，而在教育部"十二五"期间批准建设的30个国家级教师教学发展中心中，综合性院校、理工院校、财经院校和师范院校均有参与其中，而农林院校未能列入，这从一个侧面反映了农业高校在教师教学能力提升方面的工作还有极大空间。因此，农业院校应在校内更加注重教师教学发展中心的建设，通过教师培训、教学咨询、教学比赛、教学资源建设、教学改革研究与咨询、教学质量评估与服务等多种形式，整合教师教学资源，形成合力，帮助与促进教师教学能力的发展。同时通过各种激励制度引导资源配置向教学倾斜，提高教师投入教学的积极性；并通过改革目前的绩效考核机制，设计科学而灵活的绩效评价体系，让真心投入教学和教学改革的教师得到更高的回报，为教师教学发展提供良好的环境与氛围。

（五）实施更有针对性的农业院校发展战略

农业院校品牌的内涵发展除了要突出综合实力外，更要彰显特色，这有助于其办学质量的提升。办出农业院校自身的特色，就要结合学校实际情况来进行发展战略的制定。由上文模型分析得出了4个较优的影响声誉的因素组合，因此不同农业院校可以根据外部和内部条件，在保证高校培养人才的基本职能基础上，综合考虑自身的发展路径，下面是4种较好的发展模式：第一，国家财政支持较为丰富的农业院校，有着充分的外部物质资源支持，可以注重发展培养教师的教学与科研能力，也就是要强化兼顾人才培养与科学研究的教师能力提升，形成"教学与科研兼备型"战略；第二，着力推动课程教学内容与实践的改革，注重本科生与研究生教育质量，打造农业院校特色优势学科，形成"教学与学科兼顾型"战略；第三，除去农业院校的学校类型影响外，当农业院校处于相对较好的地理位置时（如一线城市），拥有着丰富的对外交流机会和获取资源的途径，办学质量的提升可借助师生国外交流、提高教师教学与科研能力等方式，促进师生共同成长，形成"对外交流—师生成长型"战略；第四，在地理位置占优的农业院校除了可以加强对外交流，还可以通过丰富课程内容与实践，加强就业规划指导、培养学生职业能力，发展重点优势学科、交叉学科等要素提升农业院校的办学质量与声誉，从而树立拥有较强综合实力的农业院校品牌。

必须注意的是，目前非农业高校尤其是综合性高水平大学日益关注农学领域，2018年内已有六所高校独自或联合成立了农学院或农业研究院，加上之前在高校管理体制改革中合并了农业大学的其他综合性大学，依然保持独立建制发展的高等农林院校面临更深层的竞争压力，同时也存在更广泛的合作空间。

从竞争与合作两种角度出发，农业院校一方面需要进一步彰显特色实现集中化和差异化发展以取得竞争优势；另一方面也需要在同类高校与其他高校中实行求同存异与取长补短的合作以取得全面发展。

综上所述，从目前的调查情况来看，相比于其他类型的高校，我国农业院校的社会声誉相对偏低，而对此影响较大的因素是重点优势学科、课程与实践内容、学校名称和类型以及教师教学与科研能力等方面。值得注意的是，本研究目前仅对国内 25 所高等院校（含 5 所代表性农业院校）的社会声誉进行了问卷调查，然后通过定性比较分析影响高校社会声誉的主要因素及其组合。虽然问卷调查数量较为充足，来源较为广泛，但相比国内超过 1 000 所本科院校和 41 所农业院校的数量而言，样本量仍然偏小，可能需要对更多高校进行规模更大的调查、研究与分析，以验证本研究的结论，并比较不同层次（如 985 院校、教育部直属院校、211 院校、地方普通院校、新建本科院校等）、不同类型（综合院校、理工院校、师范院校等）高校的社会声誉差异情况及其影响因素，以期获得更为广泛和深入的研究结果。

参考文献

［1］代蕊华 . 高校办学的质量、效益与成本［J］. 高等师范教育研究，2001（05）：18-22.

［2］阎凤桥 . 大学的办学质量与声誉机制［J］. 国家教育行政学院学报，2012（12）：16-20.

［3］Hicks A. Qualitative Comparative Analysis and Analytical Induction：The Case of the Emergence of the Social Security State［J］. Sociological Methods & Research，1994：86-113.

［4］Ragin C C. The Comparative Method：Moving Beyond Qualitative and Quantitative Strategies［M］. University of California Press，2014.

［5］Ragin C C. Fuzzy-set social science［J］. Contemporary Sociology，2000，30（4）：291-292.

［6］Katz A. Explaining the Great Reversal in Spanish America：Fuzzy-Set Analysis Versus Regression Analysis［J］. Sociological Methods & Research，2005，33（4）：539-573.

［7］唐睿，唐世平 . 历史遗产与原苏东国家的民主转型：基于 26 个国家的模糊集与多值 QCA 的双重检测［J］. 世界经济与政治，2013（2）：39-57.

［8］岳鹏 . 联盟如何在国际冲突中取胜？——基于 47 个案例的多值集 QCA 与回归分析双重检验［J］. 世界经济与政治论坛，2015（3）：31-45.

［9］江育恒，赵文华 . 美国研究型大学社会声誉的影响因素：基于模糊集定性比较分析的解释［J］. 复旦教育论坛，2018（1）.

农林院校大学生基层就业的困境及对策 *

刘红波，陈遇春，赵丹，李培彤

摘　要：受现实条件制约，我国农林院校大学生基层就业面临着基层条件艰苦，工资水平低、保障不足，基层大学生缺少"归属感"等问题。导致大学生基层就业率低，基层人才流失严重。解决大学生基层就业问题，要着手提高基层大学生工资水平，完善基层各项保障，同时重视对大学生的人文关怀，加强对公众意识的正面引导，并为基层大学生创造更多实现人生价值的机会。逐步引导农林院校大学生树立正确择业观，提高基层就业率，为我国农业现代化发展提供强有力的人才支撑。

关键词：农林院校；大学生；基层就业；困境

农林院校毕业生作为重要的农业人才储备资源，其基层就业状况关乎我国农业现代化发展的推进。但就目前而言，我国农林院校毕业生基层就业率普遍偏低，农林高校培养的大学生毕业后真正服务基层的少之又少[1]，严重制约了我国农业现代化发展的脚步。准确认识我国农林院校毕业生基层就业现状，并采取措施提高农林院校基层就业率，解决基层人才短缺问题，是促进我国农业现代化发展亟待解决的重要问题。

---

　*　基金项目：中国工程院咨询研究重点项目子项目"新常态下国家重点农林院校农业科技人才培养问题研究"（2017-XZ-17-03-01）。

　　作者简介：刘红波，西北农林科技大学人文社会发展学院职业技术教育学硕士研究生；陈遇春，通讯作者，西北农林科技大学教务处处长，教授，硕士生导师；赵丹，西北农林科技大学人文社会发展学院副教授，硕士生导师；李培彤，西北农林科技大学人文社会发展学院职业技术教育学硕士研究生。

一、农林院校大学生基层就业困境

基层就业率低，农业科技人才供给不足，是农林院校大学生基层就业面临的最大困境。以某国家重点农林院校为例，2017年该校共有本科毕业生2 742名，其中选调生42人，入伍6人。有硕士毕业生1 716名，其中选调生97人，大学生村官26人，入伍1人。博士毕业生共692名，其中有选调生14人，大学生村官2人。在5 150名毕业生中，共有188人选国家基层就业计划，占毕业生总数的3.65%，基层就业率依然较低（表1）。

表1　某重点农林院校2017届毕业生基层就业情况

	总人数	选调生	大学生村官	入伍
本科毕业生	2 742	42	−	6
硕士毕业生	1 716	97	26	1
博士毕业生	692	14	2	0
总计	5 150	153	28	7

同样在另一所重点农林院校2017届毕业生中，本科毕业生中参加国家地方项目的比例仅为1.44%，毕业研究生参加国家地方项目的比例仅为2.54%。其他农林高校也大类如此，从所调查的六所国家重点农林院校总体来看，2017年参加国家或地方基层就业项目的人数不足千人，占就业总人数比例约为5%。农林院校毕业生基层就业率低，依然是导致基层农业科技人才匮乏的重要原因。

二、农林院校大学生基层就业困境成因分析

在现实条件制约下，大学生基层就业面临着基层条件艰苦，工资水平低、保障不足，大学生"归属感"不足等一系列问题，影响了大学生基层就业动力，致使大学生基层就业率低，人才流失严重等问题一直难以解决。

（一）基层条件艰苦

在城乡二元结构影响下，我国农村地区生产水平依然较为落后，基础设施差，公共服务不足。根据第三次全国农业普查，2016年全国农村有26.1%的村生活垃圾；82.6%的村生活污水未得到集中处理或部分集中处理；有38.1%的村村内主要道路没有路灯；67.7%的村没有幼儿园、托儿所；18.1%的村没有

卫生室；45.1% 的村没有执业（助理）医师[2]。大学生在基层工作、生活条件艰苦，无法享受优质的医疗服务，子女教育问题难以解决。有些偏远地区，甚至无法充分满足人最基本的吃饱、穿暖、住宿的需要。落后的基层条件给基层大学生带来了极大的生活压力与困扰。农村艰苦的工作生活条件，是造成大学生基层就业率低的首要原因。

（二）工资水平低，各项保障不足

从我国城乡收入水平来看，2016 年我国城镇居民人均收入是农村居民的 2.72 倍。从全员劳动生产率来看，2016 年非农产业达到人均 12.13 万元，而农业只有 2.96 万元，前者是后者的 4.09 倍[2]。基层岗位工资水平低，经济保障依然不足。从社会保障来看，与城镇相比，基层公共服务水平低，岗位医疗保险、失业保险、工伤保险等保障不足。从政治保障看，目前基层大学生晋升渠道狭窄，晋升机制不健全，对基层大学生自主择业权等各项权益保障不足。各项保障不足，使基层大学生对人才财产安全、生活稳定的安全需要无法得到满足，是导致大学生基层就业率低的重要原因。

（三）基层大学生缺少"归属感"，人才流失严重

大学生基层就业形式多为参加"西部计划""三支一扶""大学生村官"等项目，规定大学生要在一定年限内服务基层，但服务期满后，人才流失依然严重。据西部计划全国项目办专向调研数据统计，截至 2012 年 7 月共有 16 多万名青年志愿者参加西部计划，其中 16 066 人服务期满后扎根西部，仅占西部志愿者总数的十分之一[3]。导致基层人才流失严重的重要原因即是大学生对基层缺少"归属感"。基层部门对大学生情感和归属的需要重视不足，文体、社交等活动举办不力，对部门间和谐人际关系的重视不够，导致基层大学生对岗位的"归属感"难以形成，最终导致人才流失严重。

（四）"轻农"思想影响大学生择业观

由于农民经济地位普遍不高，受教育程度相对较低，加之我国城乡二元结构的出现，城乡差距较大，公众传统意识中"轻农嫌农"的思想依然存在。受"轻农"思想及大学生从众与攀比心理影响，大学生选择基层就业往往意味着无法满足其对名声、地位及被他人认可与尊重的需要。导致很多毕业生在对社会的就业形势、就业环境、自身的特点和能力及国家关于鼓励农林高校毕业生涉农或基层就业的优惠政策缺乏全面了解的情况下，而盲目选择到城市就业。在"轻农"思想的影响下，国家虽有鼓励大学生基层就业的良好政策，毕业生却对其没兴趣、不重视、不了解，对大学生择业观产生了极大的负面影响。

（五）基层机会少，大学生才能无处施展

与城市相比，目前大学生在农村施展才能的机会极度缺乏，大学生想在农村有所作为难上加难。一些大学生虽满怀建设基层的热情，但在实际工作中缺少话语权，一些项目和想法难以付诸行动，才能无处施展[4]。还有些选择在基层创业的大学生，受限于资金、条件的限制，加之缺乏居民与政府的支持，而最终难以为继。大学生励志奉献基层、服务农村，却因缺少施展舞台而碌碌无为，导致其对自我价值实现、自我潜能发挥需要无法满足[5]。

三、对 策 分 析

（一）提高基层大学生工资水平，完善基层各项保障

待遇问题，是解决大学生基层就业问题首要解决的问题。政府应继续加大对基层大学生的财政支持力度，通过中央、省部级财政转移支付的方式，提高基层大学生工资水平，使其工资水平不低于同层次城市工资水平。同时给予基层大学生更多的福利待遇，为其提供切实的经济保障。着手解决基层大学生编制问题，完善基层岗位养老保险、医疗保险、失业保险、工伤保险、生育保险制度，为大学生提供可靠的社会保障。畅通基层大学生晋升渠道，同时保留其自主择业权，保护基层大学生各项权益，给予其充分的政治保障。

（二）重视对基层大学生的人文关怀，培养其基层"归属感"

设置基层部门心理咨询室，重视起对基层大学生心里、情感的关注，帮助他们缓解各方压力，使其快速适应基层工作与生活。乡镇部门积极组织开展各种形式的基层大学生运动会、集体聚会等活动，搭建基层大学生网上交流平台，为基层的大学生提供更多的社交往来、学习交流的机会。畅通大学生与当地村民交流的渠道，减少基层大学生与村民的隔阂感。加强基层部门内部交流，在部门内部营造温馨和谐的人际关系，满足基层大学生情感和归属的需要，逐步培养其对基层的"归属感"，减少基层人才流失。

（三）加强正面引导，降低"轻农"思想影响

通过网络媒体、电视媒体等渠道加强公众意识形态教育，积极引导正面舆论，提高公众意识，降低"轻农"思想影响，提升公众对大学生基层就业的认可度。完善基层大学生奖、助学金制度，对基层就业的大学生进行嘉奖，实行农科专业大学生毕业后到农业基层就业达到一定年限，由政府设立专项基金代其偿还助学贷款。同时加大政策宣传力度，提高大学生对就业形势及国家政策

的认知。对基层大学生事迹大力宣传，提高大学生对基层就业的荣誉感，逐步引导大学生树立正确的择业观。

（四）创造机会，帮助基层大学生实现人生价值

逐步提高基层岗位工作条件，为大学生配备工作所需的各项基础设备，满足其日常工作与创新创造所需。适当提高大学生基层话语权，保障参与基层事务决策的权利。增加基层大学生参与学习与培训项目的频次，保障大学生在基层享有与城市同等的学习机会。通过国家专门项目为基层大学生创造更多机会，助其在基层实现人生价值。

参考文献

［1］李慧静，赵建光，王乙等．农林高校大学生面向基层就业的现状及思考［J］．高等农业教育，2013（08）：90-92.

［2］叶兴庆．新时代中国乡村振兴战略论纲［J］．改革，2018（1）：65-73.

［3］蔡秀萍．凝心聚力破解西部人才短缺困境［J］．中国人才，2014（03）：13-15.

［4］周定财．大学生村官参与农村基层社会管理的困境与突围［J］．湖北社会科学，2015（04）：40-44.

［5］高翔．基于马斯洛需求原理的大学毕业生就业权益探析［J］．中国成人教育，2016（02）：53-55.

我国的重点大学政策变迁对高校排名的影响浅析*

陈　然　涂荣珍

摘　要："全国重点大学"政策是构建我国高等教育体系的重要政策，从新中国成立至今经历了较多变迁，主要包括重点高等学校建设、"211 工程"建设、"985 工程"建设和高等教育管理体制改革等。本文通过梳理政策变迁过程中，相关高等院校发展受到的不同程度影响，比较分析其综合竞争力排名的变化后发现：①相较于综合性高校，专业性高校受政策变迁的影响更为明显，其中财经、师范、语言、体育、艺术类院校受到更多的正面影响，而理工类和农林类院校受到的既有正面影响也有负面影响；②原全国重点大学如后期仍隶属于国家相关部委，其综合竞争力将保持稳定或上升；如直接划归地方管理后，能通过合并方式进入综合实力更强的院校，则其综合竞争力也将保持稳定或得到提升，否则综合竞争力受政策变迁的消极影响可能更为明显，尤其是理工类和农林类院校；③政策变迁对华北地区的高校产生的积极影响最为显著，对东北地区高校产生的积极和消极影响程度基本相等，而对华南地区的高校产生的消极影响较为明显。

关键词：重点大学、政策变迁、高校综合排名

2016 年 6 月，教育部官方网站发布了《关于宣布失效一批规范性文件的通知》，宣布"211 工程"等一系列规范性文件失效，引起众多讨论。"全国重点大学"政策是构建我国高等教育体系的重要政策，从建国至今已实行了超过半个世纪，对我国高等教育事业和各类高等院校的发展都有举足轻重的影响。对

---

　*　基金项目：中国工程院咨询研究重点项目"新常态下中国高等农业教育发展战略研究"（2017-XZ-17）；广东省教育科学研究重大项目"探索高校管理现代化背景下的人才培养机制创新研究"(2014JKZ007)。

　　作者简介：陈然，华南农业大学公共管理学院副教授。

于广大学生而言，通过统考进入"全国重点大学"，不仅是对自身学习能力的肯定，更是自身未来职业定位与发展的关键。这一政策的制定、实施、变迁等，每个动作都对学生、家庭、高校及整个高等教育产生影响。本研究旨在梳理其发展与变迁过程，发现其对高校综合排名变化的影响，进一步探讨该政策变迁对高校发展的作用。

一、我国重点大学政策变迁的历程

新中国成立以来，我国先后几次确定了重点大学建设政策，其中 1978 年前共有四次[1]，分别有四个重要文件与之对应。

1954 年 12 月，中共中央下达《关于重点高等学校和专家工作范围的决议》，指定 6 所高等院校为"全国重点大学"，包括中国人民大学、北京大学、清华大学、北京医学院、北京农业大学和哈尔滨工业大学。

随着 1957 年"反右"及 1958 年起三年"大跃进"运动的开展，国家要求教育必须为无产阶级服务，同时强调教育与劳动相结合，调整劳动与学习的关系。中国高等教育发展面临严峻形势，为恢复中国经济并保持其未来持续发展考虑，中共中央在 1959 年召开的全国教育工作会议中，连续印发了 10 个关于教育发展的文件，其中《关于在高等学校中指定一批重点学校的决定》明确指定北京大学、清华大学、北京师范大学、中国人民大学、复旦大学等 16 所高等院校为全国重点学校。同年 8 月，又增加 4 所全国重点大学，至此国内已明确设立了 20 所全国重点大学。

随后，中国高等教育事业的恢复和发展工作逐渐展开，在这两年间全国涌现了大量新建高等学校，"中央原定二十所重点高等学校的数量感到太少，为了更有力地促进我国高等教育事业和支援新建高等学校的工作，中央决定再增加一批全国重点高等学校"。1960 年 12 月，中共中央在《关于增加全国重点高等学校的决定》中，确定在原有的 20 所重点大学的基础上，再增加 44 所重点大学，此时，全国性重点大学共计 64 所，其中综合大学 13 所，工科院校 32 所，师范院校 2 所，医学院校 5 所，语言政法院校 4 所，军事院校 3 所。1963 年和 1964 年，在 64 所重点大学基础上，又相继增加了 4 所院校，至此全国性重点学校共计 68 所。

十年"文革"期间，中国高等教育事业一落千丈，学校已经失去原有的秩序，"高等学校的培养能力和教育质量大幅度下降"，百废待兴。1978 年 2 月，国务院转发教育部《关于恢复和办好全国重点高等学校的报告》，主要内容包括：①恢复原有重点学校 60 所，增加 28 所，共 88 所全国性重点学校，包括综合院校 16 所，理工院校 51 所，农学院校 9 所，医学院校 6 所，师范院校 2 所，政法院校 2 所，外语院校 2 所，艺术院校 1 所；②对院校领导体制进行调整，少数院校由相关的部委直接领导，多数院校由部委和省市双重领导。

邓小平南方谈话总结了改革开放取得的阶段性成果，并为下一阶段深入改革指出方向，教育成为再次深入改革的重要推动力量。1993 年，国家教委发出《关于重点建设一批高等学校和重点学科点的若干意见》，"211 工程"诞生，即国家面向 21 世纪、重点建设 100 所左右的高等学校和一批重点学科的建设工程。1995 年经国务院批准，原国家计委、原国家教委和财政部联合下发《"211 工程"总体建设规划》，"211 工程"正式启动。1997 年党的第十五次全国代表大会制定《面向 21 世纪教育振兴行动计划》，并指出"要保证 2000 年切实完成 211 工程首期计划并在此基础上启动二期计划"。发展到 2011 年，十一届全国人大常委会第二十四次会议做出对"211 工程"停止新设学校的决议。至此，持续了近二十年的"211 工程"政策告一段落，截至 2011 年，进入教育部"211 工程"的大学共计 116 所。

在"211 工程"第二期启动后，1998 年 5 月份国家主席江泽民在北大一百周年校庆上宣告"为了实现现代化，我国要有若干具有世界先进水平的一流大学"，因此教育部决定在实施《面向 21 世纪教育振兴行动计划》的过程中，重点支持国内部分高校创建世界一流大学和高水平大学，称为"985 工程"，由此可见，"211 工程"是"985 工程"的基础，即"985 高校"在"211 高校"中属于顶层级别。截至 2011 年，进入"985 工程"的大学共计 39 所。

与此同时，全国高校管理体制也进行了改革，改革的主要内容之一是将中央原各部委所属高校进行调整，实行中央与地方共建，少部分高校以中央管理为主，成为教育部直属高校，其余高校以地方管理为主，实际上划转地方成为省属高校；而国防科学技术工作委员会和个别其他特殊部门则保留了少部分部委属院校[2]。迄今为止，教育部直属高校为 76 所。

二、我国重点大学政策变化导致的高校变化

从 20 世纪 50 年代至今，"全国重点大学"政策经历了多次调整，在这系列变迁的过程中，高等院校"进进出出"的情况，大致可分为三种：早期进入重点大学名单，后期因政策调整退出；早期未进入重点大学名单，而后期因政策变革进入；早期进入重点大学名单后一直保持在该名单中不变。由于改革开放前的全国重点大学数量为 88 所，与教育部直属院校数量（76 所）和"211 工程"大学数量（116 所）较为接近，因此本文重点讨论全国重点大学政策和"211 工程"大学政策对高校的影响。

为进一步探讨政策变迁对高校的影响，本文选择前两种变化的高校作为研究对象，以改革开放为时间节点，将其分为四种类型：A 类在 1978 年之前未纳入全国重点大学，后期进入教育部直属院校范围，但并未纳入"211 工程"；

B 类在 1978 年之前未纳入全国重点大学，但后期进入教育部直属院校范围，同时纳入"211 工程"；C 类 1978 年之前属于全国重点大学，但在教育体制改革以后未能列入教育部直属院校范围，此后也一直未纳入"211 工程"；D 类 1978 年之前属于全国重点大学，在教育体制改革未能列入教育部直属院校范围，但纳入"211 工程"进行建设。然后，使用网大*"中国大学排行榜"的数据，对这些高校在改革开放前后的政策变迁后的综合竞争力排名变化做比较。由于网大数据的历史更新最早为 1999 年，而在 1978 年以前的高校排名无准确的数据，因此在本文的研究中，默认 1978 年以前列入"全国重点大学"名单的高校为中国大学综合竞争力排行前 100 名，比较上述四种类型高校在 1999 年、2005 年、2010 年、2013 年的排名情况，具体结果见表 1 至表 4。

表 1   A 类高校综合竞争力排名变化情况

学校	1978	1999	2005	2010	2013
北京语言大学	>100	325	134	136	149
中央戏剧学院	>100	无	258	185	163
中央美术学院	>100	无	237	106	136

表 2   B 类高校综合竞争力排名变化情况

学校	1978	1999	2005	2010	2013
东北师范大学	>100	46	42	41	42
东北林业大学	>100	193	98	120	107
中央财经大学	>100	289	110	64	64
对外经济贸易大学	>100	47	89	66	66
华北电力学院（华北电力大学）	>100	74	140	117	97
中国传媒大学	>100	无	133	113	104
上海财经大学	>100	54	50	54	49
江南大学	>100	无	107	95	77

---

* 网大：大中华区最大的教育服务提供商，是大中华区排名第一的综合教育门户网站。自 1999 年开始，网大公司从消费者角度出发，独立研发并推出非营利项目"中国大学排行榜"，向海内外传递基于客观数据和严谨调查的中国各大学综合排名，以及学术能力、投入产出状况、学生质量、声誉状况等经过演算归纳的资讯。至 2010 年，网大通过互联网及报刊、书籍、广播电视等有广泛影响力的公开媒体，推出了 11 个年度的"中国大学排行榜"。该榜成为考生填报志愿报考大学、海内外企业寻找教育捐助目标，以及大学本身自我发展的首选参照，被誉为"最具公信力的大学排行榜"。

续表

学校	1978	1999	2005	2010	2013
华中师范大学	>100	75	34	42	45
中南财经政法大学	>100	68	85	81	82
湖南大学	>100	45	38	32	34
西南财经大学	>100	317	82	77	71
陕西师范大学	>100	146	77	60	59
长安大学	>100	无	141	112	115

表3　C类高校综合竞争力排名变化情况

学校	1978	1999	2005	2010	2013
阜新矿业学院（辽宁工程技术大学）	<100	172	223	350	355
大庆石油学院（东北石油大学）	<100	84	181	172	196
沈阳农学院（沈阳农业大学）	<100	255	124	153	150
东北重型机械学院（燕山大学）	<100	82	148	89	96
中国首都医科大学（北京协和医学院）	<100	104	71	48	47
国际关系学院	<100	267	90	199	205
南京气象学院（南京信息工程大学）	<100	107	373	227	220
镇江农业机械化学院（后合并为江苏大学）	<100	100	117	97	95
湘潭大学	<100	460	127	107	103
华南农学院（华南农业大学）	<100	174	90	141	121
西南政法学院（西南政法大学）	<100	296	176	99	99
西北轻工业学院（今陕西科技大学）	<100	182	272	250	243
西安冶金建筑学院（西安建筑科技大学）	<100	95	138	121	132

表4　D类高校综合竞争力排名变化情况

学校	1978	1999	2005	2010	2013
哈尔滨工业大学	<100	14	20	9	8
哈尔滨船舶工程学院（今哈尔滨工程大学）	<100	73	74	49	48
长春地质学院（后合并为吉林大学）	<100	589	24	20	20
吉林工业大学（后合并为吉林大学）	<100	53	24	20	20
大连海运学院（大连海事大学）	<100	92	96	98	100

学校	1978	1999	2005	2010	2013
北京航空学院（北京航空航天大学）	<100	10	17	10	10
北京工业学院（北京理工大学）	<100	23	27	28	28
北京体育学院（北京体育大学）	<100	536	130	96	106
内蒙古大学	<100	173	99	146	140
中国科学技术大学	<100	5	4	4	4
南京航空学院（南京航空航天大学）	<100	38	45	33	33
华东工学院（南京理工大学）	<100	30	41	46	52
武汉测绘学院（后合并为武汉大学）	<100	76	12	14	16
云南大学	<100	77	59	90	90
西北工业大学	<100	21	28	22	22
西北大学	<100	91	37	57	58
新疆大学	<100	433	198	155	170

三、我国重点大学政策变迁对高校排名产生的影响

（一）我国重点大学政策变迁对高校排名的影响：院校类型视角

根据教育部对高等院校性质类型的官方划分，高校可分为 11 种：综合类、理工类、农林类、医药类、师范类、语言类、财经类、政法类、体育类、艺术类以及民族类院校。基于这一分类，对上述四个表格中相应类别的院校进行梳理，分析重点大学政策变迁对其综合实力排名的影响。

1. 艺术类院校

这类院校在全国重点大学政策未变革前，并未纳入国家重点院校范围，但在教育部直属院校的相关政策出台后，陆续有学校被纳入教育部直属范围，同时个别院校还是"211 工程"建设大学（即 A 类和 B 类），学校的综合排名有明显的上升。如中央戏剧学院的排名，由可查年份 2005 年的第 258 名上升到 2013 年的第 163 名；中央美术学院由 2005 年的第 237 名上升到 2013 年的第 136 名；中国传媒大学则由 2005 年的第 133 名上升到 2013 年的第 104 名。这三所院校排名均呈现不断上升的现象，其中中国传媒大学的排名较其他两者更为靠前，其前身是创建于 1954 年的中央广播事业局技术人员训练班，在 1959 年升格为北京广播学院，并于 2004 年更名为中国传媒大学，是教育部直属的"211 工程"重点建设大学，在双重"重点大学"政策的影响下，其综合竞争力

排名较其他两所院校更具有优势。

2. 农林类院校

这类院校有 C 和 B 两种情况：第一种是由国家重点院校变为省属地方院校，即在 1978 年之前属于全国重点大学，但在改革开放后重点大学系列政策变迁中未纳入教育部直属高校，同时也不属于"211 工程"重点建设大学，其排名出现巨大波动，基本呈下滑状态。华南农业大学在 1978 年前属于全国重点大学，综合排名默认为前 100 名内，但在 1999 年的排名中位于第 174 名，2005 年上升至 90 名后又再下滑，直至 2013 年排名依旧在 100 名之后。沈阳农业大学的变化更是明显，排名甚至滑落至 200 名之后，呈现巨大落差；第二种则是在全国重点大学政策未变革前，并未纳入重点院校范围，但在世纪之交的高等教育管理体制改革相关政策出台后，纳入教育部直属院校范围并加入"211 工程"，综合排名有较大提升。东北林业大学前身为 1952 年东北人民政府东府（52）教字第 2857 号文公布成立的东北林学院，在 1985 年更名为东北林业大学，并在 1997 年确立为"211 工程"建设大学。在改革开放之前，其综合排名在全国高校百名之后，但在 1999 年综合竞争力排名在第 193 名，2013 年时进一步上升到第 107 名，综合竞争力呈现显著上升趋势。比较两种学校的排名变化，可发现虽然都同属于农林院校，但是综合竞争力排名因政策变迁出现完全相反的情况，脱离"全国重点大学"，农林院校排名一落千丈，而进入教育部直属院校或加入"211 工程"的高校排名则不断上升。

3. 师范类院校

这类院校与艺术类院校情况有点相似，但只有 B 类变化，在全国重点大学政策未变革前，并未纳入重点院校，但在教育部直属院校的相关政策出台后，相继有学校纳入教育部直属范围，其综合竞争力排名也相应地发生明显提高。如陕西师范大学由 1999 年的第 146 名升至 2013 年的第 59 名，排名上升速度极快；华中师范大学在改革开放之前也未纳入全国重点院校，而在 1999 年的综合竞争力排名中位于第 75 名，到 2013 年排名进一步提高到第 45 名；东北师范大学亦是如此，由 1999 年第 46 名到 2013 年的第 42 名。此外，这三所院校也属于"211 工程"建设大学。

4. 理工类院校

这类院校分为 B、C 和 D 三种情况：第一种情况是 B 类，由原地方院校进入到国家重点大学行列，即在全国重点大学政策未变革前，并未纳入全国重点大学名单，但在教育部直属院校的相关政策出台后，纳入教育部直属范围，同时也被纳入"211 工程"建设大学，如华北电力学院（今华北电力大学），在 1999 年至 2005 年间的排名差距较大，但在 2010 年后排名开始上升，到 2013 年上升到第 97 名；第二种是 C 类情况，原各部委所属国家重点大学下放管理变为省属地方院校，同时也未纳入"211 工程"重点建设大学，如东北重型机械学院（今燕山大学）、西安冶金建筑学院（今西安建筑科技大学）、南京气象学院（南京信息工程大学）、西北轻工业学院（今陕西科技大学）、阜新矿业学院（辽宁工程技术大学）、大庆石油学院（今东北石油大学），可发现这种院校综合竞争力排名越来越低；第三种是 D 类情况，原各部委所属国家重点大学虽未能进入教育部直属院校范围，但被纳入"211 工程"，包括中国科学技术大学、哈尔滨工业大学、西北工业大学、北京航空航天大学、北京理工大学、大连海事大学、哈尔滨工程大学、南京航空航天大学和南京理工大学。这几所院校同时还有一个特征，即虽不属于教育部直属领导，但是分别由中科院、工信部、交通部等中央部门直属领导，这些院校的排名相对于第二种而言，无明显变化，排名依然靠前并基本保持稳定。总体来看理工类院校的情况，可发现 B 和 D 类院校在政策变迁中因为依旧属于"全国重点大学"，排名或持续上升，或保持在全国前列水平，而 C 类院校在政策变迁中脱离"全国重点大学"范围，排名一直下降。

5. 财经类院校

这类院校与艺术、师范类院校相似，只有 B 类情况出现，即在全国重点大学政策未变革前，并未纳入国家重点院校，但在教育部直属院校的相关政策出台后，相继纳入教育部直属范围，同时纳入"211 工程"，如中央财经大学、对外经济贸易大学、上海财经大学、中南财经政法大学和西南财经大学，可从上列表中看出该类院校排名快速上升，大体位置在全国前 50~80 名左右，整体影响力也不断扩大，成为高考志愿填报中的热门学校。

（二）我国重点大学政策变迁对高校排名的影响：地理区域视角

根据长期以来国家地理区划的惯例，可将我国所有省、自治区和直辖市分为东北、华北、华东、华中、华南、西南和西北七个地区。基于这一分类，对上述四个表格中相应类别的院校进行梳理，分析重点大学政策变迁对其综合实力排名的影响。

1. 东北区域

我国重点大学政策发生重要变化后，这一区域的高校出现了 B、C 和 D 三种类型，即由原非国家重点大学进入到教育部直属，同时属于"211 工程"建设大学；由原国家重点大学变为普通省属院校，但未列入"211 工程"；以及原国家重点大学变为非教育部直属的省属院校或其他部委属院校，同时列入"211 工程"；从国家下放到地方成为省属院校的学校中，如列入"211 工程"或合并进入综合实力较强的综合大学以及保留中央其他部委直属的学校，其排名都呈现较大幅度的上升或保持稳定状态，如哈尔滨工程大学的排名从 1999年的 73 名升至 2013 年的 48 名，长春地质学院合并进入吉林大学后排名更是从 1999 年的 589 名升至 2013 年的 20 名，而大连海事大学基本维持在全国 100

左右的名次；如未能列入"211工程"，则综合排名出现较大幅度的下降，如辽宁工程技术大学从原来的国内百强跌至1999年的172名，随后更一路下滑，至2013年排名只有355位，东北石油大学的排名也从1999年的84名跌至2013年的196名。

2. 华北区域

这一区域的高校囊括了A、B、C、D四种类型，既有从原非国家重点院校进入到教育部直属范围的学校，也有从原国家重点大学下放管理成为省属院校或其他部委直属的学校，这些部委包括工业和信息化部、体育总局、卫生部等，这部分高校不管是否纳入"211工程"，其排名均呈上升趋势或保持原来的优势，如隶属卫生部的北京协和医学院虽未进入"211工程"，但排名从1999年的百名左右升至2013年的47名，隶属国家体育总局的北京体育学院进入"211工程"后排名更是从1999年的536名大幅度提升至2013年的106名，隶属工业和信息化部的北京航空航天大学和北京理工大学则稳定保持其排名在国家前列；而直接下放到地方脱离原隶属部委或没有直接隶属部委的那些高校，排名呈波动下降状态，如燕山大学的排名在2005年一度跌至148名，再回升至2013年的96名，国际关系学院在1999年的排名只有267名，2005年快速升至90名，但2013年再度跌至205名，内蒙古大学的排名在1999年跌至173名，此后波动停留在2013年的140名。原非国家重点大学的那些大学，自从进入教育部直属院校范围后，不管是否纳入"211工程"，排名均呈上升态势，且财经类院校的上升速度相较理工类院校和文体艺类高校更为迅猛。

3. 华东区域

这一区域涵盖B、C、D三种情况的院校，B类高校（即非重点院校变为教育部直属院校且加入"211工程"）的排名均呈上升态势，如上海财经大学从百名之外进入到百强之内，自1999年后稳定排在50名左右，江南大学的排名也从2005年的100出头提升至2013年的77名；C类高校（即全国重点院校变为地方院校且未纳入"211工程"）的排名分为两种情况，维持原来学校继续办学的高校排名出现剧烈波动，下滑较为严重，如南京信息工程大学（原南京气象学院）从1999年的107名急剧降至2005年的373名，虽有回升，但到2013年仍然排在200名以外；合并进入综合性院校的高校排名稳步上升，如镇江农业机械化学院合并进入江苏大学后，排名基本稳定在国内90～100的范围内；而D类原国家重点高校虽然未能进入教育部直属院校范围，但隶属于其他国家部委，且进入"211工程"，排名稳定保持在国家前列水平，如中国科学技术大学隶属于中国科学院，建校第二年（1959年）即被列入全国重点大学，虽未纳入教育部直属院校，但是国家首批"211工程"大学，其综合实力排名稳定在全国前五的范围内，南京航空航天大学和南京理工大学则同隶属于国家工业与信息化部，排名稳定在全国前30～50名范围内。

4. 华中区域

该区域同样包括 B、C、D 三种类型的高校，其中 B 类高校因纳入教育部直属院校范围且是"211 工程"大学，排名稳中有升，如华中师范大学、中南财经政法大学和湖南大学；C 类高校则因从全国重点院校变为未纳入"211 工程"的普通地方院校，综合实力排名下滑，如湘潭大学从 1978 年前的全国百强学校到 1999 年网大综合排名的第 460 名，落差巨大，即使在 2005、2010、2013 的综合排名中出现较大幅度的回升，但还是徘徊在全国百强之外；D 类高校中，武汉测绘学院因合并进入武汉大学，排名从 1999 年的 76 位迅速提升至 2013 年的全国前 15 名左右。

5. 华南区域

本文研究对象中，华南区域只有一所院校受到了国家重点大学政策变迁的影响，即华南农学院（华南农业大学）。该校在高校管理体制改革前直属农业部管理，1978 年前是全国重点高校，改革后划归广东省管理成为省属地方院校，1999 年的综合排名为第 174 名，其 2005、2010、2013 年的综合排名虽有所回升，但相较 1978 年仍有不小的下滑。

6. 西南区域

西南区域的院校同样存在 B、C 和 D 三种情况，且每种情况只有一所高校。西南财经大学成为教育部直属高校，且纳入"211 工程"，又是财经类高校，综合排名一路上升，从 1999 年的 317 名飞升至 2013 年的 71 名。西南政法大学从全国重点大学划到重庆市管理，且未能进入"211 工程"，但受改革开放后特别是国家进入市场经济体制时代，政法类人才在劳动力市场走俏的长期影响，其排名从 1999 年的 296 名大幅度前进，至 2013 年已稳定在全国前 100 左右。云南大学虽从全国重点院校划归云南省管理，但后期进入"211 工程"，目前排名稳定在全国前 90 名左右。

7. 西北区域

这一区域的高校也存在 B、C 和 D 三种类型，进入教育部直属院校范围且纳入"211 工程"的 B 类高校——陕西师范大学和长安大学排名均稳定提高，全国重点院校划归省或自治区属院校或保留其他非教育部的部委直属关系且加入"211 工程"的 D 类高校，排名基本保持稳定，其中西北工业大学隶属于国家工业与信息化部，排名维持在全国前 20 名左右，西北大学是原教育部直属大学，1958 年划归陕西省管理，其排名有所波动，1999 年时是 91 名，2005 年时是 37 名，2010 年后稳定在全国前 60 名左右，而新疆大学则是虽有波动但整体还是处于上升态势，虽然 1999 年排名一度落后只 433 位，但此后一直在上升，2013 年排名是 170 位。从重点院校划归地方院校且未能进入"211 工程"的"C 类高校排名则基本处于下降趋势，陕西科技大学从原来的百名以内一路下滑，1999 年跌至 182 名，2005 年进一步下降至 272 名，2010 到 2013 年则维持在全国 250 左右的范围内，西安建筑科技大学也从 1999 年的 95 名下降 2013 年的全国 130 名左右。

四、我国重点大学政策变迁影响高校排名的规律探寻

基于院校类型、地理区域两种视角对我国重点大学政策变迁导致的高校排名变化进行分析，可发现这两种角度下的高校排名变化有一定的规律可循。

首先，对于由非国家重点院校变成教育部直属院校的学校来说，不管是否列入"211 工程"建设大学名单，其综合排名均呈上升趋势。从学校性质类型来看，艺术类、财经类和师范类院校的排名上升更加明显。而从地理区域来看，华北地区的此类受益学校最多达 7 所，接着是华中地区 3 所，东北、华中和西北地区各有 2 所，西南地区有 1 所，而华南地区没有院校因此受益。

其次，对于从国家重点院校下放变为省属地方院校（或保留中央非教育部的其他部委直属关系）且列入"211 工程"建设大学名单的高校，其综合排名的情况基本呈上升态势或保持稳定。从院校类型来看，理工类院校占据半壁江山达 9 所，综合性院校有 4 所，还有 1 所是体育类院校，另有 3 所理工类院校合并进入综合性大学，合并进入综合性大学的理工院校和体育类院校的排名上升非常明显，其他理工院校处于排名保持稳定的状态。从地理区域来看，东北地区的高校多达 5 所，华北地区也有 4 所，华东地区和西北地区各有 3 所，而华中地区和西南地区各有 1 所，华南地区没有此类受益学校。相较而言，华北、西南和西北地区的综合性院校虽排名均有上升，但幅度较其他类型或其他地区的学校较小。

最后，对于由原国家重点院校变为普通地方院校且未能纳入"211 工程"建设大学名单的高校，其综合排名除个别特例外普遍呈下降趋势。从院校类型来看，理工类院校依旧占据将近一半的份额达 6 所，农林院校 2 所，综合性、语言类、政法类、医学类院校各 1 所，还有 1 所农林高校（镇江农业机械化学院）合并进入综合性大学（江苏大学）。从地理区域来看，东北和华北地区的高校各 3 所，华东地区和西北地区各 2 所，华中、华南和西南地区各 1 所。相比之下，医学类院校（北京协和医学院）和政法类院校（西南政法大学）的排名先降后升并趋于稳定，综合性院校（含合并后的综合性院校）的排名在经过十多年的发展后也能稳定处于全国 100 位左右，其他学校的下降则非常明显。形成鲜明对比的是东北地区和华东华中地区，东北地区的三所高校排名下滑较为严重，华东和华中地区的两所高校则在大幅下滑后迅速止住，并开始逐步回升，合并进入江苏大学的镇江农业机械化学院更是已将排名锁定在前 100 之内，而同属农业院校的沈阳农业大学和华南农业大学的排名则落在全国 120 和 150 名。

由此，关于我国重点大学政策变迁对高校排名的影响可得出如下结论：第一，相较于综合型的高校，专业型的高校受政策变迁的影响更为明显，包括理工类、农林类、师范类、财经类、语言类、体育类和艺术类等院校，且财经、师范、语言、体育、艺术类院校受到的影响多为正面影响，而理工类和农林类院校受到的既有正面影响也有负面影响；第二，原全国重点大学如后期仍隶属于国家相关部委，其综合竞争力将保持稳定或上升；如果直接划到地方管理后，能通过合并方式进入综合实力更强的院校，则其综合竞争力也将保持稳定或得到提升，否则综合竞争力受政策变迁的消极影响可能更为明显，尤其是理工类和农林类院校；第三，从国内地理区域的角度来看，华北地区的高校受政策变迁的积极影响最为显著，政策变迁对东北地区高校的积极和消极影响的程度基本相等，而华南地区的高校受政策变迁的消极影响较为明显，这其中涉及政治、经济和文化发展多种力量的相互博弈。

根据伯顿·克拉克的"铁三角"理论，高等教育中存在三种力量，即学术、国家和市场。在我国的高等教育资源分配方面，国家力量占主导地位。国家重点大学政策的变迁背后是高等教育资源分配的改变，从而影响了高校综合竞争力的升降。当重点大学政策发生变化时，高校为了提升其实力而根据相应的评比条件做出迎合，往往导致各种失序现象，反而不利于学校遵从高等教育的客观规律健康成长。因此，政府在出台类似政策时，可考虑将重点大学建设与资源配置适当脱钩，并建立长期统一且科学合理的指标体系，引导大学将重点放在加强内涵建设上，不断提高人才培养质量，深入进行科学研究，广泛服务社会。

参考文献

[1] 中央教育科学研究所高等教育研究中心. 国家调控政策下教育部直属高校的历史变迁（上）[J]. 大学（学术版），2011（09）：15-19.

[2] 纪宝成. 世纪之交中国高等教育管理体制改革的历史回顾 [J]. 中国高教研究，2013（08）：6-13.

实践教学与社会服务融合促进农业现代化*

——以云南农业大学为例

余　莎　邱　靖　于学媛　雷兴刚　胡先奇

摘　要： 云南农业大学创新性地将社会服务和促进农业现代化与人才培养工作有机结合，改革人才培养模式，优化培养方案，探索服务农业农村发展、促进农业现代化与人才培养有效结合、寓教于社会服务和扶贫攻坚的有效途径，创建了在社会服务和扶贫攻坚中提高人才培养质量与促进农业现代化"双推进"的模式、"3+3"服务育人模式，让教师解决生产实际问题的能力在社会服务和扶贫攻坚中提升，学生的实践能力和创新精神在社会服务和扶贫攻坚中培养，生产实际问题在师生社会服务中得以解决，高素质应用型人才培养及促进农业现代化的成效明显，得到社会的高度认可。

关键词： 农业现代化；地方农林院校；实践教学；扶贫攻坚；人才培养

云南农业大学位于边疆、山区、内陆、贫困和少数民族"五位一体"的农业省份云南省[1, 2]。学校坚持走中国特色科教兴农、促进农业现代化之路，高度重视科技成果转化和推广，与昆明、普洱、文山、德宏、迪庆、大理等10余个州（市），与670多家企业签订合作协议，将学生实践教学与服务"三农"工作有机融合，大力推进校地、校企间深度合作，建立了全方位、深层次、宽领域的合作关系，多年开展"3+3"校县联合行动，大力扶持发展优质、高产、高效现代农业[3]，逐步形成以服务农业、农村和农民（"三农"）为主体，多项社会服务工作为支撑点的"一体多点"促进农业现代化新格局，实现了人才培

---

　　* 基金项目：中国工程院咨询研究重点项目子项目"中外高等农业教育促进农业现代化的经验研究"（2017-XZ-17-04）

　　作者简介：余莎，云南农业大学教务处教学科科长，讲师；雷兴刚，通讯作者，云南农业大学党委组织部长，教授；胡先奇，云南农业大学教务处处长，教授。

养与社会服务工作的"双推进",探索建立以大学为依托、农科教相结合、教科一体化的科技服务新模式。

一、问题提出的背景与研究思路

（一）问题的提出

1. 边疆民族地区农业农村发展的迫切需要。

云南省地形地貌、气候、民族、文化及生物资源丰富多样，作物畜禽种类多样，种养方式多样；又长期处于"自然资源丰富，各民族农业农村经济发展滞后"的境地，客观需要多样而又精准的农业科技及人才支撑，在精准扶贫和全面建成小康社会新的历史时期，这种需求更加迫切。

2. 创新型高素质应用型人才培养的重要途径。

长期以来，地方农业院校在办学实践中存在着"发展跟风，千校一面"的情况，对地方经济社会发展认识不足、融入不够、主动服务意识不强，加上办学投入不足，实习经费较少，学生学习多是"从书本到书本"，实践动手能力和创新创业能力不足，形成了"社会急需高素质人才，但人才质量不高，供需不能对应"的人才培养困境。

3. 打赢边疆民族地区脱贫攻坚战的现实需求。

2011 年《中国农村扶贫开发纲要（2011—2020 年）》明确将 14 个集中连片特困地区作为扶贫攻坚主战场。云南省有 85 个贫困县，分属于国家贫困连片区的乌蒙山区、滇桂黔石漠化区、滇西边境山区和四省藏区，是贫困面最大、贫困人口最多的省份。作为云南省唯一本科农业院校，将扶贫攻坚、促进农业现代化与人才培养有机结合，在边疆民族地区脱贫攻坚主战场建功立业，成为亟待解决的关键课题。

（二）研究思路

改革人才培养模式，优化培养方案，强化实践教学；探索服务农业、农村和农民，教学与生产相结合的模式，力求服务农业农村发展与人才培养有效结合，产学互动，寓教于生产服务，通过服务促进农业农村发展，在社会服务、扶贫攻坚中提升教师解决实际问题的能力，培养具有实践能力和创新精神的高素质应用型人才。

二、主要内容与措施

（一）改革人才培养模式，构建与边疆民族地区农业农村发展相适应的实践教学体系

以能力构成为导向，2007、2010、2016 年三次系统修订人才培养方案，构建了以全面发展，专业能力强，具有较强实践能力、双创能力、终身学习能力和国际视野的研究型、复合型、高素质应用型人才的培养模式。建立了"一载体、二主线、三阶段、五环节"实践教学体系：以服务边疆民族地区农业农村发展为载体；坚持实践教学、创新创业训练二主线贯穿于教学全过程；按通识基础实践、专业基础实践、专业综合实践三阶段组织实践教学；强化课程实验、课程实习、专业劳动、创新创业实训、毕业实习五个环节。使理论教学从课堂延伸到课外、实践教学从实验室延伸到生产一线，人才培养从校内延伸到校外，与边疆民族地区农业农村发展相结合，强化实践教学。

（二）拓展实践教学途径，强化在服务边疆民族地区扶贫攻坚过程中提高人才培养质量

1. 社会服务和扶贫攻坚与人才培养双推动、双促进。

学校主动作为，在服务云南全省的同时，挂钩扶贫"八县一乡"（姚安、南华、泸水、剑川、澜沧、镇雄、维西、孟连、贡山县独龙江乡），以"项目推进、团队扶贫"的方式全面实施"六个一"产业培育行动计划，以"五结合"系统扶贫模式拓展精准扶贫新路径，构建"院士专家扶贫工作站""科技扶贫服务团"深入推进院士驻村、专家精准帮扶行动，带领学生进行实用技术推广与培训，推动地方特色农业产业发展，使实践教学主课堂融入社会服务和扶贫攻坚主战场。

2. 创建"3+3"服务育人平台。

以剑川、马龙、会泽等县为代表，创造性开展"3+3"校县联合行动，即1 个学院 +1 个县级职能部门 +1 个乡（镇），1 个学院党委 +1 个县级职能部门党支部 +1 个脱贫致富示范村党支部，百名教授、博士 + 百名县级干部职工 + 百村百户。针对当地产业发展急需解决的问题，教师带领学生开展实地调研，编制项目规划，争取项目资金，深入生产一线实施产业发展和新农村建设项目，让学生在实战中成长锻炼。

3. 投身百亿斤粮食增产计划。

习近平总书记在视察云南时指出："要着力推进现代农业建设，努力提高云南粮食自给能力"，云南省委、省政府为贯彻落实这一精神，启动了"百亿

斤粮食增产计划"。学校主动参与,每年抽调百余名专家、教授带领相关专业学生,在昭通、红河等10余个州市实施粮食作物高产创建项目,既让学生了解了生产,也争取了经费,弥补了实践教学经费的不足。

4. 实施校地(企)合作产学联动。

先后与昆明、文山、怒江等10余个州(市)签订了战略合作协议,建立长期稳定的校地合作关系;与160多家省内外龙头企业开展了校企合作,围绕水稻、烤烟、茶叶等高原特色产业展开全方位、深层次、宽领域的合作研究;合作共建行业学院、实践教学基地,设立企业奖助学金和创新创业基金,实现产学联动。

5. 开展基层农业人才培训。

发挥学校科教资源优势,应用云南农村干部学院、现代农业技术培训基地、中国-东盟教育培训中心等培训基地,对全省各县(市、区)分管农业农村工作的党政领导、农技推广人员和东盟国家农业科技人员等涉农相关人员开展培训,通过建立师生学员互动机制,采用座谈、专题报告等形式,实现学员与师生角色互换,促进师生对社会生产的深入了解。

三、主 要 成 效

在社会服务和扶贫中,由教师组成农业科技服务和实践教学团队,带领学生利用小学期、寒暑假在社会实践、课程实习、生产实习和毕业实习中开展教学与服务,教师课题来源于生产、学生培养在实践中完成,科研成果在服务中转化。取得如下效果:

1. 教师贴近生产实际,教学水平提高。

教师在扶贫攻坚中发现问题、开展研究、申报课题,使科研立项数快速增加,科研能力不断提升。8年来全校获准立项各类科研项目3100余项,新增合同经费近12亿元。新增中国工程院院士1人、973项目首席科学家3人、兴滇人才奖2人、国家级黄大年式教师团队1个,云岭学者和云岭教学名师8人,云南省中青年学术和技术带头人41名、后备人才和技术创新人才培养对象20人。教师在扶贫攻坚中积累了实践经验,丰富了教学内容,学生课堂教学质量评价优秀率达90%以上,地方农业科技人员参与指导学生实习,充实了实践教学师资。

2. 学生融入产业发展,实践能力增强。

实践教学与服务农业、农村、农民密切结合,提升了学生的实践能力、社会适应能力和就业竞争力。水利学院、建筑工程学院4200余名学生结合村庄规划及土地整治项目开展测量学课程实习,结合毕业实习,完成了4310个村的村庄规划工作,完成200余个土地整治项目、93余万公顷土地的规划设计。

农学、植物保护等专业学生通过建设示范样板核心区等方式，开展粮食作物高产创建、生物多样性优化种植、地膜栽培等项目的应用推广；动物科学专业学生围绕标准化畜禽养殖示范园区建设，园艺专业学生以优质林果栽培管理示范基地和无公害蔬菜基地建设为重点开展各类实习服务；体育教育、英语等专业学生到当地中小学开展教育实习；全校所有专业均开展"三下乡"社会实践活动，明显提升了学生的实践能力，增进了对"三农"的了解，农学与生物技术学院学生"走进乡土乡村，讲述扶贫故事"，三支暑期实践团 2017 年受到团中央表彰。以农业建筑环境与能源工程、农业机械化及其自动化等专业为代表的学生团队 1 000 余人次在国家、省部级大学生科技创新及技能大赛获 200 余项奖项，并连续两年获"全国大学生农建专业创新设计特等奖"；在云南省"互联网＋"大学生创新创业大赛中获 30 个金、银奖。2010 年以来，学校选派 3 100 余人次教师，带领 28 000 多人次学生深入生产一线开展实习，完成各类调查报告、毕业设计、毕业论文等 40 000 余份，学生毕业论文内容与扶贫攻坚结合的比例达到 54%。

3. 学生知识能力提升，就业能力增强。

服务社会与人才培养有效融合，学生更懂农业、爱农村、爱农民，实践能力和综合素质显著提升，学校毕业生就业率逐年提升，连续 8 年达 95% 以上，连续 8 年在云南省高校毕业生就业创业工作目标责任考核中获一等奖，2012 年入选"全国毕业生就业工作典型经验 50 所高校"，被国务院授予"全国就业工作先进单位"，2016 年入选"全国创新创业工作典型经验 50 所高校"，2017 年入选全国"深化创新创业教育改革示范高校"。

4. 学校融入地方发展，办学特色凸显。

学校结合学科优势，成立了蔬菜种植、林果栽培、药材种植、农产品加工、畜禽养殖、畜产品加工、基础设施建设、本土人才培养、教育扶贫、规划编制、电商扶贫、农校合作 12 个科技扶贫服务团，明确团队负责人，定期到挂钩扶贫的"八县一乡"开展扶贫攻坚工作。在澜沧县推进"冬马铃薯科技扶贫""退耕还林种草养畜""林下中药材仿生种植"等产业发展项目。在姚安县、南华县实施科技扶贫、教育扶贫、产业扶贫和党建扶贫。在镇雄县开展乡土人才、基层干部培训，建立林果、蔬菜专家工作站，完成生态旅游休闲园区规划。在泸水县示范推广水稻作物新品种，进行冬早蔬菜、设施蔬菜开发，实施高黎贡山猪品种资源保护与开发。在维西县组建"迪庆藏区科技扶贫服务团"，深入推进农业科技进藏区活动。在剑川县推进产业发展、人才培养、农村信息化建设等领域的合作。在贡山县独龙江乡开展草果林下套种、玉米及马铃薯新品种引种试验，建立重楼种植试验基地。

四、工作特色与创新

一是探索了在社会服务和扶贫攻坚中提高人才培养质量与促进农业现代化"双推进"的模式。在扶贫攻坚中探索形成了"农业技术指导＋农作物品种引进＋新型农业产业实验＋农产品市场渠道建设＋乡土人才培养＋催生第三产业发展＋农民组织化建设＋乡风文明建设"的乡村综合振兴与人才培养质量提高有机结合的模式。对农民既解决了脱贫问题，又解决了持续发展问题。对教师既深化了自己的专业技术和科学研究，又增强了服务地方农业和农村发展的本领。对学生学会了"毕业就能战，战之就能胜"的就业本领。

二是创建了"3+3"服务育人模式。通过"3+3"服务育人模式，实现了学校、政府、企业、农户之间有效互动，构建了教学、科研、推广、生产相结合的育人平台，实现了人才培养、科学研究与社会服务有效结合，促进了地方农业产业化发展。教师在扶贫攻坚中选题、转化成果，有效提升科研能力和教学水平；学生在扶贫攻坚一线开展实践活动，参与科学研究，解决生产中的技术难题，巩固理论知识，提高动手能力和创新能力，使理论教学从课堂延伸到课外，实践教学从实验室延伸到生产一线，人才培养从校内延伸到校外。

五、工作成效与社会影响

一是人才培养模式改革成果推广应用。通过《一体化培养平台和社会服务体系建设管理机制的研究与实践》国家教育体制改革项目研究成果的示范应用，取得了显著成效。2013、2014年又分别获准教育部"卓越工程师培养计划"项目、"卓越农林人才教育培养计划"模式改革项目，人才培养模式改革在学校各专业人才培养中全面启动，有效推动了创新型高素质应用型人才培养，并在云南省相关院校得到了推广应用。

二是"3+3"服务育人模式受到社会广泛关注。2010年至今，学校深入推进"3+3"校县联合行动，大力扶持发展现代农业，培训新型农民，创新基层党建，"科研、教育、推广"为一体，走出了一条社会服务和扶贫攻坚与人才培养深度融合、地方政府与农业院校双向互动的"3+3"服务育人特色化道路。《半月谈》、《光明日报》、新华网等多家媒体对学校的"3+3"服务育人模式给予了专题报道，刘延东等国家领导人到学校视察调研，对服务育人模式给予了高度肯定。

三是扶贫攻坚模式得到社会高度认可。学校认真贯彻执行扶贫攻坚的总体部署，紧紧围绕"八县一乡"的挂钩扶贫工作，坚持"科技扶贫为主，多种扶贫方式并举"的工作思路，以"科技培训、人才培养、产业扶持"为切入点，把学校教育、科技、人才资源优势同扶贫点生物资源优势和民族文化特色紧密结合起来，做好科技推广示范，大力培育新型农业产业。中央电视台《新闻联播》以"家国栋梁"为主题对朱有勇院士在澜沧县扶贫的先进事迹进行专题报道；派驻南华县扶贫工作队员被表彰为"全省脱贫攻坚优秀驻村扶贫工作队员"；连续多年被云南省委、省政府表彰为"社会扶贫工作先进集体"；被云南省委、省政府表彰为"'十一五'扶贫开发工作先进集体"，是全省受表彰的唯一高校；被云南省委、省政府表彰为"全省粮食生产先进单位""新三年兴边富民工程先进单位"。

参考文献

[1] 顾建军.农工党中央对口云南省脱贫攻坚 民主监督工作座谈会在昆明召开[J].前进论坛，2017（8）：1.

[2] 赵壮天.试论边疆省级政府自主性行为规律—基于"五位一体"云南实践的探索[J].广西民族大学学报（哲学社会科学版），2014，36（6）：142-149.

[3] 李文峰，张海翔，武尔维，等."3+3"县校合作：西部边疆民族地区农业科技服务新模式[J].科技管理研究，2012，32（1）：189-192.

国际借鉴篇

世界高等林业教育改革与发展趋势 *

李　勇

摘　要： 随着社会对林业需求的变化和林业作用的多样化，高等林业教育未能满足不断变化的社会需求。进入 20 世纪 90 年代以来，世界林业教育面临更加严峻的挑战，因此各国都在积极推进改革，寻求对策。改革与发展趋势主要表现在：进一步拓展林业教育的范围；注重培养学生的综合素质；课程设置体现时代性、人文性、交叉性、国际性与灵活性；强调以学生为中心的教学方式和实践教学；在线教育取得较快发展；协同育人模式更加多样化；国际交流合作更加广泛。

关键词： 世界高等林业教育；改革与发展；趋势

自 20 世纪 90 年代以来，世界许多国家的林业教育面临学生规模下降和学生就业困难等困境。林业高等教育也是如此，世界各国许多大学的林业教育也在经历着严峻的挑战。目前许多国家缺乏训练有素的林业人才，特别需要加强林业高等教育（FAO，2010）。早在 2007 年首届全球林业教育研讨会上，与会林业教育工作者就一致认为，现有的林业教育没有能够很好地适应林业实践、就业市场和全球林业发展的需要，并呼吁世界各国对林业教育做出变革。从当今全球高等林业教育改革与发展趋势看，主要呈现以下几个方面特征。

一、进一步拓展林业教育的范围

随着全球经济、资源和环境等方面的发展变化，社会对林业的需求也逐渐由单一的木材需求转向木材和生态环境等多方面的需求，林业的生态和社会功能日益突显，在经济社会可持续发展中占有愈加重要的战略地位。林业为社会

---

　* 基金项目：中国工程院咨询研究重点项目子项目"新常态下中国高等农业教育发展的理论创新研究"（2017-XZ-17-01）。

　　作者简介：李勇，北京林业大学高教研究中心副主任，研究员。

提供的产品和服务包括木材和非木材产品、环境保护、食品安全、增加就业、改善民生、休憩与旅游等，特别是森林在生物多样性保护、沙漠化防治、碳汇、水源涵养、应对气候变化、提供生物质能源和节能方面发挥越来越重要的作用。

为了适应林业作用的多样化，林业教育的范围已经突破了传统林业教育的范畴，向着更宽广范围的现代林业教育方向拓展。高等林业教育内涵包括了更广泛意义的自然资源管理，与环境科学、生态学、土地资源、生物多样性保护、生物科学、工程学、农业、野生动物、旅游学等学科日益交叉和融合。一些涉林院系名称和专业设置的变化就清楚地反映了这一趋势。开创世界林业高等教育先河的德国弗赖堡大学，原林业与环境学院近年改名为环境与自然资源学院。美国高等林业教育发端于 19 世纪末、20 世纪初，其改革与发展历史的一个普遍特征就是林业院系名称相继发生变化或者与其他相关学院进行了合并，反映了林业教育的范围由过去比较窄的学科设置发展为一个包括环境、自然资源和生态系统等更宽广和交叉的学科。耶鲁大学林学院早在 1972 年就改名为林业与环境科学学院；加州大学伯克利分校林学院于 1974 年就与农学院和其他学院合并改名为自然资源学院，2017 年其林业与自然资源本科专业改名为生态系统与林业；爱荷华大学林学系于 2002 年改为自然资源、生态与管理学系；明尼苏达大学林学院 1988 年改为自然资源学院，2006 年与农业、食品和环境学院合并成立了食品、农业与自然资源学院。2012 年宾州州立大学农学院的林学系与土壤科学系和野生动物与渔业科学系合并改名为生态系统科学与管理系。随着院系名称的变化，专业设置也出现了综合化和多样化的趋势，传统的林业专业设置有所减少，相应地，学习自然资源管理和环境规划与管理等相关专业的学生数量有所增长[1]。日本的高等林业教育改革的重要标志之一是林学学科的名称变化，反映出了林业学科的内涵从以木材生产为主转向森林资源与环境可持续发展的综合教育，体现了林业学科的交叉与林业教育范围的拓宽。有些院校的林学学科直接更名为森林科学学科或与其他有关学科合并更名为森林学科。也有许多院校的林学学科分别更名为生物资源、农林生产、环境科学、生物应用科学、资源管理和生态环境等名称[2]。

二、更加注重培养学生的综合素质

随着林业发挥作用的多样化，林业面对利益相关主体的多元化，未来的林业专业人才不仅能够解决林业技术问题，还需要解决经济、社会、环境和文化等多方面的问题，对林业专业人才的素质要求更加全面。世界混农林业中心发布的《未来林业教育的发展：适应不断变化的社会需求》报告中指出：要寻找解决当今复杂林业问题的有效和现实的途径，越来越需要现代林业人员具有经济、技术、政治和生态方面的综合知识与视野，也特别需要加强从业人员的职业伦理[3]。2013 年美国高校全国森林资源协会对林业雇主和近期林科本科毕业生进行了最近一次的调查发现，由于公众对森林管理透明度的不断提高以及在林业决策过程中对社会、经济和环境因素的考量变得更为重要，对林业从业人员在交流、伦理、合作解决问题和管理能力、与顾客和公众的交流能力、分析问题和战略思考问题的能力等提出了更高的要求[4]。国际林联林业教育工作委员会发布的林业教育研究报告也指出，林业教育的未来应该注重通用能力和方法论的能力培养。另外，学生也应该具有很好的学习能力、跨学科的综合与交流能力，系统决策和战略思考问题的能力以及解决新的复杂问题的能力[5]。因此，世界林业教育改革普遍重视加强学生综合知识与能力的培养，这一点从其培养目标中也可以得到明显的体现。通过对美国俄勒冈州立大学等多所高校林业工程专业培养目标的调查研究，发现其人才培养目标具有综合化的一些特点：①具有数学、自然科学（物理、化学、生物等）、经济学、管理学、文学、艺术等人文社科知识和林业工程科学及工程科学领域的专业知识。②强调具有学习能力、沟通能力、团队能力、领导能力和发现与解决问题的能力。另外，林业工程师还需要具有对自然的浓厚兴趣、对环境的深切关注和较强的社会责任意识[6]。

面对林科学生就业困难的状况，如何提升学生就业竞争力成为综合素质培养的重要组成部分。在当今竞争激烈的社会里，毕业生应该具有良好的适应性和灵活的就业能力[7]。根据博洛尼亚进程要求，欧洲也将提高就业竞争力作为高等教育的重要使命[8]。弗赖堡大学环境与自然资源学院通过对包括林业与环境在内的 4 个本科专业分别增设一个辅修专业，来扩大学生的就业选择面。同时也通过开设管理、交流、媒体、数据处理和外语等课程来提升学生未来职业所需的重要能力[9]。慕尼黑工业大学生命科学学院的"林业科学与资源管理"本科生教育，在重视林业科学的核心课程学习外，还通过学习国际林业、可再生资源、木材工业、自然保护或景观开发等课程来拓宽专业知识面，提升学生的就业竞争力[10]。

三、课程设置改革注重时代性、人文性、交叉性、国际性与灵活性

从世界范围看，许多课程计划都没有能够及时反映未来林业职业生涯所需要的知识，如何设置课程才能培养出适应未来林业发展需要的人才是各国改革关注的焦点。首先，课程设置改革体现了新的专业知识领域。例如，可持续发展、气候变化、碳汇、社区林业、国际林业、混农林业、城市林业、工业林业、环境林业、景观林业、纤维产品与技术、生物质能源等；其次，注重人文

社会科学等基础类课程。加强通识教育，特别是人文素质教育成为培养学生综合素质的一个重要方面。在美国大学的涉林专业课程计划中普遍重视通识课程，而且人文社会科学比例较高。如，美国奥本大学森林工程本科专业通识教育课程学分的比例到达 48%，而人文社会科学等文科类课程在通识教育的课程学分上占到了 73%。日本林业学科在课程设置方面，具有人文社会科学所占比例较大的特点。例如，北海道大学教养学部开设有 20 门人文社会科学课程，涉及课程非常广泛，主要包括哲学、心理学、论理学、历史、文学、音乐、美术、法学、社会学、政治学和经济学等[11]。莫斯科国立林业大学和圣彼得堡国立林业技术大学林学专业的课程计划中，人文社科类、经济贸易类和计算机方面的课程占到了林业类各专业总学时的 35～40% 左右，其中人文社科类课程也占有较大的比重；第三，注重跨学科课程。英国爱丁堡大学的生态科学和资源管理学院的林学专业是属于生态学学位授予的范围，课程设置上强调基础生态学、生物学、环境科学、自然保护和资源管理。加拿大新不伦瑞克大学林学院的林业系，在课程计划中增加了环境和森林工程方面的课程，培养具有林学、环境和森林工程知识的复合型人才；第四，注重国际化课程。伴随全球林业教育国际化的进程，许多发达国家大都设置了国际林业方面的专业和课程，开设国际贸易、环境和可持续发展、国际森林政策以及全球土地利用规划、气候变化、世界文明或文化方面等课程；第五，注重课程设置的灵活性。在强调专业协会对专业鉴定和课程标准要求的基础上，各校在课程设置上也体现一定的自由度和灵性性，以更好满足不断变化的社会需求和不同地域对林业人才的特殊需要，这一趋势在北美最为明显。

四、教学方法的改革强调以学生学习为中心和实践教学

传统上以老师为主导的教学方法逐渐向以学生学习为中心的教学方式转变，学校教育最终的责任是促进学生的学习[12]。在"以学生为中心的学习范式"中，教师的主要职责是激发学生学习兴趣，指导和协助学生学习。学生在教学过程中处于主体地位，是知识发现者和建构者。学生学习成为一种主动、参与式的深度学习，是用发现和探索等方法进行的探究式学习，学生在兴趣的驱使下和教师的指导下可以学生自主构建学习路径[13]"以学生为中心的学习"成为欧洲博洛尼亚进程关于高等教育改革的核心理念，也是当前欧洲高等林业教育改革的重要趋势。美国大学教学方式中一个重要的特点就是体现了以学生学习为中心的教育理念。教师通过积极营造主动学习的氛围，启发学生的学习兴趣与好奇心，调动学生主动参与教学过程的积极性。对美国涉林院校的调查研究发现，课堂教学几乎不存在"一言堂"现象，学生自由发言和讨论非常普遍。教师鼓励学生独立思考，鼓励学生大胆提问、质疑，甚至挑战教授。为了

使学生更多地参与课堂教学过程，在教学方式上多以小班教学为主。即使是部分大班教学，在主讲课后，也要由助教分成小班进行研讨。通过学生主动参与教学过程，鼓励学生独立思考，不仅培育了学生的创新思维能力，锻炼了学生的表达能力和沟通交流能力[14]，也培养了学生发现、研究以及解决问题的能力，提高了他们的综合素质。

加强实践教学仍然是林业教育改革的一个重要趋势。近年来，加拿大的林业院校大幅度增加了在企业的实践教学时间。英属哥伦比亚大学（UBC）林学院为每一个本科专业都提供了经过认证的合作教育项目（Co-op）。学生在合作企业工作的期限有 4 个月、8 个月、12 个月、16 个月不等。现在 UBC 提供的合作企业岗位有 17% 来自国外，包括澳大利亚、中国、芬兰、德国、南非和美国[15]。美国俄勒冈州立大学要求所有林业工程专业的本科生有总计六个月的与专业有关的实习工作经历。德国应用技术大学学习林科专业的学生和综合性大学学习林业工程专业的学生在入学前和入学后都要求在林业政府部门或林业企业实习一定的时间。在研究生教学方面，涉林院校也普遍注重培养林业研究生的实验室操作技能和野外实践技能，重视培养学生的动手能力。学生除了在设备精良的实验室里学习尖端技术之外，学校还提供不同的野外科研试验基地，使学生能在基地现场接触更多的与林业相关的实验与项目，把理论知识应用到解决实际问题之中。

五、在线教育取得较快发展

信息技术的迅猛发展和教育技术的进步对林业教育的教学方式产生了巨大影响。在线教育作为一种创新和高效的教学方式，既为课堂教学提供了补充，也成了远程教育的主要形式。尤其是在大学面临财政挑战和求学成本不断上涨压力的背景下，林业教育改革创新的重要趋势之一就是开展在线教育以降低教育成本，提高教学效率。

近些年来，在线林业学历教育有较快发展。在美国，目前有些自然资源专业（如自然资源政策等）已经实施了在线本科和研究生教育。在线林业研究生教育在许多学校也已经实施。例如，佛罗里达大学森林资源与保护学院就提供硕士专业在线教育，包括生态修复、测绘学、渔业与水产学、自然资源政策与管理。密西西比州立大学提供完全在线的林业科学硕士教育，包括森林经理、自然资源政策与法律和林业经济学等 30 学时的课程。但是，目前正在运行的在线林业教育还没有通过质量认证。未来需要密切跟踪日益发展的在线教育专业学生数量变化趋势，掌握传统教育是不是流失学生而更多地接受了在线教育；同时，也需要比较分析在线教育和传统经过认证教育毕业学生的就业情况。可以预期，在不久的将来，在传统认证的课程计划中也将设置越来越多的在线课程。林业经济学、林业政策、森林经理、抽样与统计学等不需要野外实习的课程更容易实施在线教育。其他诸如森林生态学、造林学、森林作业等需要大量野外实习的课程则需要采取混合课程的方式[16]。此外，随着社区林业和私有林业的发展，在线林业远程教育可以发挥其优势，服务更大地域范围和数量的学员，显示出较快发展的势头。2007年康内尔大学针对林地所有者和林业实践工作者在全美最早实施了在线林业教育，称作网络研讨系列课程，学员通过网络研讨课程来获得新的知识。对在线教育的评估研究表明，大多数参与人员对教学效果给予了积极的评价。

虽然在线教育不能取代面授教育，但是由于在线教育在时间安排、地点选择具有灵活性，以及具有节约成本的优势，在未来将会成为林业教育一个重要组成部分。同时，未来林业在线教育的发展需要加强质量认证与保障，需要雇主、评估机构和学校的严格评估，以确保在线教育能够达到公众和职业的质量要求。

六、协同育人模式更加多样化

世界林业教育普遍面临财政紧缺、师资和设施等办学条件不足的问题，特别是近年来由于世界经济发展的放缓，许多国家，包括发达国家政府对教育的投入出现了下降的趋势，各国都在寻找其他渠道来增加学校的办学经费。林业院校愈来愈强烈地意识到协同育人的重要性，并努力探求相互合作的有效途径。加强校企合作是其中一个重要途径。校企合作不仅培养了学生的实践动手能力，增加实习就业机会，而且通过与企业合作培养人才，开展科研、技术转化与咨询服务，企业可提供委托培养、委托科研的经费、设备和实习、实验场所、馈赠和学生奖学金以及兼职教员等，成为学校改善办学条件一个重要的途径。学校可以为企业输送专门人才和科研成果、开展继续教育、提供科技顾问和科技信息等，实现合作互赢。校企协同育人在发达国家已经形成一些典型的模式，如德国的"双元制模式"、美国和加拿大的"合作教育"、英国的"三明治模式"、澳大利亚的"TAFE"和日本的"产学官合作模式"等。除了与企业的合作之外，林业教育机构还注重与其他研究机构或者权威协会之间的合作。比如，美国纽约州立大学环境科学与林学院造纸和生物加工工程系与国家造纸研究机构进行合作。这个机构为学生提供助学金、奖学金和补助金。此外，在该院与外部机构的合作中，还有雪城纸浆和造纸基金会（SPPE），它作为一个非营利组织，拥有高达800万捐款为造纸专业的学生提供丰厚的奖学金支持[17]。

课程设置与教学内容滞后于不断发展的社会需求，进而影响人才培养的社会适应性，是当今世界林业教育面对的共同问题。加强学校与企业等部门的协同合作也有利于学校与用人部门之间在人才培养方面的信息交流，学校可获得雇主对人才培养需求的反馈与建议，对于提高人才培养的社会适应性是非常必要的。许多学校成立了董事会或理事会、顾问委员会等机构，邀请企业及社会人士直接参与对学校办学和人才培养等方面的决策和咨询。林业教育机构进一步加强与企业等其他部门的合作，协同采取策略与行动成为推进林业教育发展的重要举措与趋势。

七、国际交流与合作更加广泛

当今林业面临的诸如应对气候变化等问题是全球性的，这些问题只有依靠国际之间的通力合作来协调和解决。这使林业的国际合作范围日益扩大，林业高等教育也是如此。在人才培养方面，许多国家都设立了国际林业或区域林业的专业，或者在课程设置中增添了国际化的课程，培养国际化的林业人才。学生在其他国家留学或短期实习交流的人数越来越多，教师在国外访学或参加学术交流、共同合作科研也呈现更加频繁的趋势。许多国家的林业研究范围，不仅包括本国的林业，还着眼于国际或区域林业，并且与国际上不同的林业科研机构和组织建立紧密的合作关系。跨国合作培养人才的院校也日趋增多。欧洲林业高等教育的国际合作具有良好基础，开发了许多旨在提高国际吸引力和竞争力的国际合作项目。欧洲高等学校学生交换项目是欧洲在高等教育领域的合作和交流项目，目的是提高欧洲高等教育质量和促进文化交流，其框架下的欧洲林业科学硕士，是欧盟内部高等教育的一个合作项目，该项目要求由三个不同欧盟国家的至少3所大学提供课程支撑。可持续热带林业科学是其中一个两年制的、具有世界一流水准的硕士专业，联盟大学包括欧洲5所著名高校：丹麦的哥本哈根大学、英国的班戈大学、德国的德累斯顿技术大学、法国的巴黎农业高科大学和意大利的帕多瓦大学。

随着林业教育的国际化，世界高等林业教育也出现了发展不平衡的现象。因此，需要国际和地区的林业教育机构组织各国林业院校，开展交流合作，分享各自的经验，共同研讨和寻求合理对策，推进世界林业教育的整体发展。此外，为了适应林业的发展需要，林业院校不断设置新的专业，但是在内容和质量方面目前还缺乏国际方面足够的指导。许多国家，特别是发展中国家积极呼呼加强国际林业教育组织机构的作用，为其提供支持与协助，提升人才培养的能力，提高森林管理的技能。因此，加强国际与地区林业教育的合作协调机制对于提高教育质量至关重要。2006年在联合国粮农组织总部成立了国际林业教育协调组织（IPFE），旨在协调和监测世界林业教育的改革动态。该机构通过成员院校之间交流分享信息、研讨共同面临的问题、提出政策建议等途径来推进林业教育的发展。在IPFE、国际林联林业教育工作组和国际林业学生协会（IFSA）等国际和地区林业教育组织的协调下，林业教育的国际交流与合作得到了进一步加强。

参考文献

[1] Undergraduate Enrollment in Natural Resources Programs in the United States：Trends，Drivers，and Implications for the Future of Natural Resource Professions ［J］. Journal of Forestry，2015，113（6）：538-550.

[2] 刘东兰，郑小贤. 日本的高等林业教育改革与森林科学［J］. 中国林业教育，2010（6）：77-79.

[3] Temu A，Kiwia A. Future forestry education：responding to expanding societal needs［J］. World Agroforestry Centre，2008：11-13.

[4] Sample VA，BIxler RP.，et al. The Promise and Performance of Forestry Education in the United States：Results of a Survey of Forestry Employers，Graduates and Educators［J］. Journal of Forestry，2015，113（6）：528-537.

[5][7] IUFRO. Annual Report 2014［EB/OL］.（2015-07-07）https：//www. iufro.org/publications/annual-report/article/2015/07/07/annual-report-2014/.

[6][17] 李勇，骆有庆，蒋建新. 发达国家高等林业工程技术人才培养模式的特征及启示［J］. 高等农业教育，2013（5）：119.

[8] 高江勇，方炎明. 博洛尼亚进程中的欧洲高等林业教育改革及其启示［J］. 现代教育科学，2013（1）：164-169.

[9] Bachelor Programs.［EB/OL］.（2018-6-30）http：//www.unr.uni-freiburg. de/en/studies-and-instruction/bachelor-programs.

[10] Bachelor of Science in Forest Science and Resource Management［EB/OL］.（2018-6-30）https：//www.forst.wzw.tum.de/en/study-programs/forest-science-and-resource-management-bsc/.

[11] 彭斌，周吉林，高江勇. 日本新时期高等林业教育改革及其启示［J］. 文教资料，2013（28）：121-123.

[12] Research Letter- Education in Forest Science［EB/OL］.（2014-9-15）https：//www.iufro.org/publications/iufro-research-letters/article/ 2014/09/15/.

[13] 刘海燕. "以学生为中心的学习"：欧洲高等教育教学改革的核心命题［J］. 教育研究，2017（12）：119-128.

[14] 李勇，骆有庆. 对大学教学方法改革的理性思考：基于原则与制度环境的视角［J］. 中国高教研究，2011（5）：83-85.

[15] Wilson E. Professional Forestry Education in Canada［R］. SRI Technical Paper，2012.

[16] Standiford R.B. Distance Education and New Models for Forestry Education［J］. Journal of Forestry，2015，113（6）：560-570.

瑞典高等农业教育促进农业现代化的经验与启示*

陈新忠　王　地

摘要： 瑞典农作物产量及自给程度欧洲领先，农业现代化水平居于世界前列。瑞典现代农业的成就得益于高等农业教育的支撑，高等农业教育重视科研创新对农业产业的引领，重视机械类专业对农业现代化的促进，重视农业教育对农业生产者素质的提高，重视学生实践动手能力对农科教融合效果的提升，重视探索产业发展方式对全球产业健康转型的带动，有力推进了本国农业现代化进程。借鉴瑞典经验，我国高等农业教育强力促进农业现代化必须以充足的财政投入保障高等农业教育发展，以领先的科学技术水平探索农业发展新模式，以多维的培养层次提升农业产业从业者素质，以完善的融合机制推动农业高校服务产业发展，以充分的实践教学促进产业创新人才辈出。

关键词： 瑞典；高等农业教育；农业现代化；经验；启示

大力推进农业现代化是中国全面实现现代化的重要方面，是确保亿万农民与全国人民一道迈入全面小康社会的必经之路。瑞典虽然是欧洲小国，但国家现代化水平高，农业现代化水平居于世界前列。以瑞典为例，分析高等农业教育对国家农业现代化的促进作用，对于新常态下我国高等农业教育发展和农业现代化建设具有重大理论意义和实践借鉴。

---

* 基金项目：中国工程院咨询研究重点项目"新常态下中国高等农业教育发展战略研究"（2017-XZ-17）；中国工程院重点咨询项目子项目"中外高等农业教育促进农业现代化的经验研究"（2017-XZ-17-04）。

作者简介：陈新忠，华中农业大学农业科教发展战略研究中心主任，教授，博士生导师；王地，华中农业大学公共管理学院硕士研究生。

一、瑞典农业现代化水平及高等农业教育的支撑作用

（一）瑞典农作物产量及自给程度

第二次世界大战后，面积为 44.99 万平方千米的瑞典可耕地面积仅占 5.49%，农业人口仅为全国人口的 3.8%，但主要农作物产量翻倍增长，农作物单产量和农产品自给率均居于欧洲前列，农业成为支撑瑞典国民经济建设与发展的重要产业。1860—2014 年，瑞典主要农作物中，大麦产量增长了 8 倍多，其他主要农作物产量也都增长了近 3 倍（详见表 1）。2010 年，瑞典米类、肉类、蔬菜类农产品自给率均超过英、法、德、意等欧洲国家（详见表 2）；2016年，瑞典农产品整体自给率达到 82%，超过中国十多个百分点。

表 1　1860—2014 年瑞典主要农作物产量（公斤 / 公顷）

品类	1860 年	1976—1980 年	2014 年
大麦	1 200	3 400	11 140
燕麦	1 300	3 200	4 170
冬小麦	1 300	4 400	7 250
黑麦	1 300	3 400	5 930
马铃薯	7 400	25 500	34 570

（数据来源：Official Statistics of Sweden，Agricultural statistics 2015）

表 2　2010 年欧洲部分国家农产品自给率对比

国家	米类	麦	肉类	糖	蔬菜类
瑞典	124	107	351	110	103
英国	40	147	62	140	103
法国	99	87	87	92	82
德国	57	112	99	90	100
意大利	104	9	89	12	97

（数据来源：中华人民共和国外交部）

（二）瑞典农业现代化指数与水平

二战后，瑞典农业结构转型和现代化进程较快。1960—2008 年瑞典农业现代化指数排名一直位居世界前 11 名，1970—1980 年位居世界首位（详

见图1）。期中，1980—2008年世界第二次农业现代化指数排名中，瑞典一直位居世界前10位（详见表3），并在农业劳动生产率、农村移动通讯普及率、农村互联网普及率和有机农业占比方面成效显著（详见表4）。

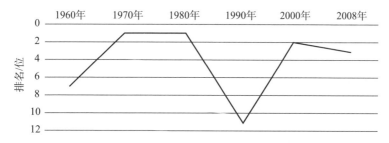

图1　1960-2008年瑞典农业现代化指数世界排名

数据来源：中国现代化报告2012——农业现代化研究

表3　1980-2008年世界第二次农业现代化指数和排名

国家	指数					排名				
	1980	1990	2000	2005	2008	1980	1990	2000	2005	2008
瑞典	71	60	92	105	106	10	10	1	2	4
美国	83	71	89	99	101	4	2	2	7	10
芬兰	71	48	80	95	102	11	17	11	9	6
澳大利亚	63	55	65	83	88	20	13	18	16	16
瑞士	90	62	86	93	96	2	8	6	10	11

数据来源：中国现代化报告2012——农业现代化研究；第二次农业现代化指数，以2008年高收入国家平均值为基准值（100）计算。

表4　2008年第二次农业现代化指标指数

国家	农业劳动生产率	作物单产	农村移动通讯普及率	农村互联网普及率	农民素质（高等教育）	农业增加值比例	有机农业用地比例
瑞典	120	92	111	120	69	97	120
美国	120	120	84	120	120	113	13
芬兰	12	66	120	120	87	56	120
澳大利亚	93	31	97	103	82	59	68
瑞士	100	120	110	110	74	120	120

数据来源：中国现代化报告2012——农业现代化研究

（三）瑞典高等农业教育对农业现代化的支撑作用

瑞典农业经济发达，得益于高等农业教育的重要支撑。瑞典高等农业教育对农业现代化的支撑主要表现在以下方面：

1. 培养各级农业人才，满足农业现代化需求。

瑞典高等农业教育总体分为职业教育、大学专科教育、科学硕士（MSC）和研究生教育，衔接紧密，体系完善。职业教育相当于我国的中等农业学校，一般由国家教育部和州教育部管理的寄宿学校完成，学习期限 2 年；大学专科教育是高等农业教育的第一层次，相当于我国的大学专科，是瑞典农业大学中的短学制教育，学生需经过 1—2 年获得 Lantmastare（农业毕业证书）和 skogsmastare（林业毕业证书）；科学硕士（MSC）相当于大学本科，是农业大学中的长学制教育，与其他国家不同，科学硕士学制 5 年，不设学士学位，毕业后直接取得硕士学位，毕业生多从事研究工作；科学硕士学习完成后，学生可继续学习 4—5 年，获得博士学位，深入研究农业科学。高等农业院校为农业发展培养不同层次的人才，包括实践型的职业农技人员和研究型的科研人员，满足了农业现代化过程中的不同需求。

2. 发展农业机械化工程学科，推动传统农耕方式转型。

二战后，瑞典加快工业强国建设，高等农业院校大力发展农业机械化工程学科，综合应用机械、生物、信息、自动化等科学技术为农业提供工业化支撑。1945 年，瑞典平均每 100 公顷耕地只有 0.6 台拖拉机，1975 年就已经达到 6 台[1]。目前，瑞典农业完全实现了机械化、化学化、良种化和电气化，联合收割机、挤奶器等农机广泛使用。"四化"的实现，使瑞典农业由传统"人力＋畜力"的生产方式转变为专业化和社会化的现代生产方式，劳动生产率和农业商品率大幅度提高，成为现代技术密集型和资金密集型产业。

3. 倡导有机农业，促进农产品质量提高。

瑞典是二战后最早推行有机农业的国家之一，有机农业位居世界领先地位。瑞典农业科学大学最早设立有机农业专业，成立可持续农业中心，开展多项有机农业研究，逐渐成为全国有机农业研究基地。2001 年，在瑞典政府拨款资助下，瑞典农业科学大学启动有机农业研究专项，致力于解决有机农业生产过程中的各种瓶颈问题。1994—2013 年，瑞典有机农业耕作面积从全国耕地总面积的 1.8% 增长到 20%[2]。瑞典有机农业的发展，离不开高等农业院校提供的智力和人才支撑。

二、瑞典高等农业教育促进农业现代化的经验

瑞典高等农业教育以教学、科研和社会服务对接农业产业，不仅有力推动

了农业转型和发展，而且在促进和引领产业发展中做强了自身，实现了产业与高校互利"双赢"。

（一）重视科研创新对农业产业的引领

瑞典科技竞争力享誉全球，其农业发展是科技发展和应用的结果。2007—2013 年，瑞典政府大幅增加科研投入，投入 1 103 亿用于科研创新（详见表5），重点资助生命科学领域研究。同时，高校科研投入占比逐年增高，农业科研经费充足。瑞典农科大学经费的 80% 用于农业科研、实验和情报收集工作，农业服务型企业中 30% 以上的人员从事科研工作。

以瑞典农业科学大学为代表的瑞典高等农业院校承担了国家多项重大前沿核心技术攻关任务，包括食品安全、生物多样性、有机农业、可持续发展等，拥有雄厚的科研力量和世界先进的农业成果，是重要的农业科技创新基地和示范园区，有力促进了传统农业产业的改造升级。

表5　瑞典中央统计局统计 2007—2013 年政府拨款科研经费

年份	政府拨款科研经费 / 亿瑞典克朗	高校科研投入占政府科研经费比例
2007 年	238	39%
2009 年	268	44%
2010 年	295	46%
2013 年	302	50%

数据来源：瑞典中央统计局

（二）重视机械类专业对农业现代化的促进

农业机械化是农业现代化的基础，是农业现代化的重要特征。目前，瑞典已全面实现农业机械化，大型机械（110～376.5 kW）、自动化联合机械（集开沟、松土、播种、覆土、施肥于一体）、智能机械（GPS 定位，无人驾驶）、舒适性机械（驾驶室空调、电脑控制）广泛应用。瑞典高度的农业机械化程度离不开该国工业化进程中的农业机械类专业教育及机械制造。二战后，瑞典注重工业化过程中以公补农，在隆德大学、瑞典农业科学大学等高校增设农业机械、农业工程等专业（详见表6），加大工业对农业的支持力度，促进了农业结构转型和现代化发展。

（三）重视农业教育对农业生产者素质的提高

瑞典教育拨款占国内生产总值的 7.7%，其比例远远超过多数发达国家（详见表7）。

表 6　隆德大学理工学院增设的农业机械类相关专业

电气工程（Electrical Engineering）	工程数学（Engineering Mathematics）
测绘与土地管理（Surveying and Land Management）	土木工程（Civil Engineering）
机械工程（Mechanical Engineering）	工业设计（Industrial Design）
工程物理学（Engineering Physics）	电气工程与自动化（Electrical Engineering with Automation）

表 7　全球部分国家 2015 年公共教育支出占 GDP 比例

国家	瑞典	挪威	巴西	英国	法国	美国	俄罗斯	中国	日本
比例	7.7%	7.4%	6%	5.8%	5.5%	4.9%	4.3%	4.26%	3.8%

数据来源：中华人民共和国国家统计局［EB/OL］.http：//www.stats.gov.cn/；世界平均值：4.7%。

瑞典非常重视农业高等教育和职业教育，农科大学在欧洲负有盛名（详见表 8），农业职业学校和各种农技训练中心遍及全国各地。瑞典农业职业教育和技术培训一般由国家提供经费，农庄主和农业技术人员轮流入学进行技术和知识更新。2008 年第一次农业现代化指标指数中，瑞典农民识字率达 100%，接受高等教育的农民占比 75%，位列欧洲第 7 位[3]。

表 8　瑞典农业科学大学部分排名

排名机构	排名
2016CWTS 莱顿排名	瑞典第 5 名
2016 台湾大学排名	全球 300 强农业大学第 12 名
2017QS 世界大学排名	农业 & 林业全球排名第 4 名
Urank 瑞典生命科学大学排名	全球第 3 名
2017 泰晤士高等教育 - 专业型大学排名	全球第 9 名，欧洲第 6 名
2017 全球大学排名中心（CWUR）	林学第 1 名土壤学第 1 名 生物多样性保护学第 7 名 兽医学第 7 名

瑞典高等农业院校充分协调教学和研究职能，保证研究成果能够顺利而有效地传播给社会，使农业生产者从农业研究和教育进步中获益；同时，瑞典农业生产者又将农业实践中的问题带给农业院校的科研人员，从而使问题得到针对性解决。比如，在生命科学和环境科学领域拥有世界领先水平、跻身世界前 20 强的瑞典农业科学大学，不仅承担了国家大部分的林业研究工作，进行可持

续、增效和生态等方面的研究，而且与林业部门通过举办培训班、登门辅导、现场示范等形式进行林业科技推广。发达的高等农业教育结合农民教育，使绝大多数农业生产者能够利用先进的农业科学技术和研究成果生产出较高品质的农产品，促进了瑞典农业的现代化进程。

（四）重视学生实践动手能力对农科教融合效果的提升

农业教育是农业科技转化为现实生产力的重要桥梁。瑞典高等农业教育始终围绕农业现代化发展而不断调整、更新、充实，注重培养学生的实际操作能力。无论是预科教学还是大学教学，农科大学生都需要在农场或农户中进行实践，学习基本生产经验，统计和整理农业资料，进行农业科学试验等，既有利于农业生产者转变生产理念和方式，也为科研工作者进一步科学研究提供了一手资料。高等农业院校与一线生产部门之间交流合作，资源共享，科研服务于生产，促进农业科技成果的高效转化。瑞典农业院校明确规定，农科大学生除了学习基础知识，还要进入农场无偿劳动 7 个月（其实还包括理论讲授 5 个月，基础训练 1 个月，共计 13 个月），掌握农业调研，能够收集和分析研究资料、试验结果及对农民有益的实际经验，为农民提供政策信息和实践引导。因此，瑞典高等农业院校毕业生具有较强的实践能力、分析问题和解决问题的能力，能够很快开展农务科研和生产实践活动。

（五）重视探索产业发展方式对全球产业健康转型的带动

生态农业、有机农业是近年来瑞典农业的特色和优势，也是世界农业的发展趋势。生态农业、有机农业一方面可以减少环境污染，有益人类健康；另一方面也可以增加农业生产者收入，提高经济效益，为世界大多生产者和消费者欢迎。20 世纪 80 年代末，针对全球农产品污染严重的危机，瑞典农业院校的多位专家倡议实施有机农业计划。1989 年，瑞典农业部发布决议，在瑞典农业科学大学中设立有机农业专业，聘请 3 位教授为有机农业顾问。从此，发展有机农业成为瑞典的基本农业政策之一，瑞典农业科学大学成为全国有机农业研究基地。瑞典生态食品认证中心统计数据表明，瑞典生态耕地已从 20 世纪 90 年代中期的不足 5 万公顷增加到现在的近 50 万公顷。瑞典高等农业教育与生态农业、有机农业建设积极互动，为农业现代化发展提供了强劲的技术支撑和人才支持。

三、瑞典高等农业教育促进农业现代化对我国的启示

目前，中国农业现代化仍与世界发达国家存在较大差距，仍是中国现代化的一块短板。瑞典高等农业教育有力推动本国农业现代化进程，为我国高等农

业教育促进农业现代化提供了有益启示。

（一）以充足的财政投入保障高等农业教育发展

农业是国民经济最基本的物质生产部门，是国民经济的基础。高等农业教育具有公共性、公益性和非营利性，需要政府大力扶持。政府对高等农业院校的投入有利于普及农业科技知识，提高国民农业科学素养，保证农业稳定发展，增强农产品竞争力。近年来，我国高等农业教育财政投入持续增加，但总量和生均经费仍旧偏少。统计数据显示，2012 年教育部直属 4 所农业大学教育经费拨款之和为 221 916.52 万元，仅约等于清华大学一校的教育经拨款费，而生均（含博士、硕士研究生）拨款经费仅为清华大学的 17.7%。因此，我国政府应以瑞典为借鉴，持续提高高等教育经费占国内生产总值的比重，逐步提高高等农业教育经费比重及总量，为高等农业教育持续健康发展提供稳健的财政支撑，保证高等农业教育更好地发展职能、做强自身，并为农业现代化优质服务。

（二）以领先的科学技术水平探索农业发展新模式

瑞典高等农业院校及早洞察到本国农业发展存在的问题和世界农业发展的趋势，以有机农业、生态农业为抓手，引领了本国乃至世界农业的发展。当前，面对生物技术在农业产业的广泛应用和一、二、三产业的高度融合，世界农业产业业态呈现新趋势，高等农业教育面临着新的与产业深度结合的发展机遇期。我国高等农业院校除了巩固传统农业专业外，要不断深化对现代化农业内涵的认识，跟踪和预测世界农业的结构变化及发展方向，有计划地建设符合农业产业持续发展的新兴学科，探索广泛应用生命科学和信息科学的农业现代化发展新模式，促进全国乃至全球形成资源利用高效、生态系统稳定、产地环境良好、产品质量安全的农业发展新格局。

（三）以多维的培养层次提升农业产业从业者素质

瑞典高等农业教育的 4 个层次适应本国不同发展阶段农业现代化的人才需求，保证了农业现代化进程中的智力需求。新中国成立以来，我国农业教育逐步形成了多层次、多种类、多形式的体系，设有高等农业院校，农业职业院校，高等农业管理干部学院和培训中心等，为农业现代化发展提供了必要支撑。然而，目前我国农民的科学文化素质依旧普遍较低，4.8 亿农村劳动力中小学文化程度以下的占 45.3%，初中文化程度的占 44.9%，高中文化程度的占 7.7%，受过大学专科及以上教育的仅占 2%[4]。面对当前及未来中国传统农业向现代农业转型中对实用人才和高端人才的新需求，我国高等农业教育发力不够。为此，我国高等农业教育要面向当前及未来，重点培育三类人才：一是农业产业生产一线亟须的专业大户、家庭农场主、农民企业家、农民合作社负责人等；二是农业产业发展过程中亟须的具有国际视野和专业技能的经营人才和管理人才；三是农业产业发展过程中亟须的通晓产业流程且能够跟踪、引领科技前沿的科研人才，包括基础研究人才、基础应用研究人才和应用研究及技术研发人才。我国高等农业教育通过重点培育三类人才，大幅提升我国农业产业从业者的素质和能力。

（四）以充分的实践教学促进产业创新人才辈出

瑞典高等农业教育以突出的实践教学保障了农业人才培养质量，为推进本国农业现代化进程提供了源源不断的发展动力。当前，我国高等农业教育与生产脱节严峻，很多学生学农不懂农，大多农科毕业生无法指导生产实践，高校科技成果能够推广落地的少，农业、农民、农村需要的技术支撑无法充分实现。因此，借鉴瑞典经验，我国高等农业院校一要建立一支拥有丰富科研和生产经验的教师队伍，能够为学生提供实践指导；二要增加或延长学生专业实习实践的时长，努力使农科专科、本科生和研究生的专业实习实践时间达到学制时长的 1/4 或 1/3；三要搭建农业科技成果转化和应用的多维平台，提高师生运用农业科技改造农业产业的兴趣；四要把实践教学当作农业教育的一个体系而不是一个环节来抓，把教学、科研、生产、推广、育人有机地融合在一起，培养立志献身于农业的科技人才。

（五）以完善的融合机制推动农业高校服务产业发展

瑞典政府在财政资助、职能赋予和产业参与等方面为高等农业教育提供了大量支持，创造了相应的条件和平台，使得瑞典高等农业教育能够在本国农业现代化发展中充分彰显自身优势和力量。借鉴瑞典经验，立足本土实际，我国政府应利用高等农业院校人才、科技和教育的综合优势及社会影响，进一步完善农科教融合机制，让高等农业院校担当起全国及地方重大农业技术推广技术指导主角的重任，协调科研院所和涉农企业的科技力量，指导政府农技推广网络进行农技改造和升级。高等农业院校应勇于主动担当攻克农业产业发展难题的重任，重点突破生物育种、农机装备、智能农业、生态环保等领域的关键技术，应用物联网、大数据、遥感技术等手段推动农业全产业链改造升级。

参考文献

［1］郭崇立. 瑞典的农业［J］. 世界农业，1985（9）：55-57.

［2］罗江月，唐丽霞. 瑞典有机农业发展状况［J］. 世界农业，2012（7）：77-81.

［3］何传启.中国现代化报告2012：农业现代化研究［M］.北京：北京大学出版社，2012：2.

［4］中华人民共和国国家统计局［EB/OL］.（2011-04-28）http://www.stats.gov.cn/tjsj/pcsj/rkpc/6rp/indexch.htm/，2011-4-28/2017-10-19.

（原文刊于《高等农业教育》2018年第1期）

德国世界一流学科专业建设的经验与启示 *

——以霍恩海姆大学有机农业和食品系统专业为例

陈新忠　张　亮

摘　要：一流大学由一流学科支撑，而一流学科需要面向产业进行建设。适应产业发展形势，响应产业需求，德国霍恩海姆大学率先在欧洲开设有机农业和食品系统硕士专业，培养拥有产业链整体观、具备跨学科知识和技能的复合型有机农业人才，不仅巩固了学校农业科学全国第一的地位，而且促进了学校农业科学和食品科学的发展。本文分析德国霍恩海姆大学有机农业和食品系统硕士专业人才培养的特点和经验，旨在引导我国高等院校在产教融合中建设世界一流学科，实现学科与产业双赢发展。

关键词：世界一流学科；霍恩海姆大学；高等农业教育；人才培养

产业是学科生存的重要依托，产教是否深度融合并互促共进是学科能否发展且引领行业的关键。以强大工业闻名于世的德国是世界上第三大农产品出口国，猪肉、奶酪、糖果和农业技术出口量居世界第一，农业收入 25% 以上源于农产品出口[1]。德国农业的巨大成就离不开优质的高等农业教育，以霍恩海姆大学为代表的农业高校为本国农业现代化提供了良好的人才和科技支撑。创建于 1818 年的霍恩海姆大学在为德国农业产业服务中实现了自身发展，农业科学处于世界一流水平，在 CWUR、QS 和泰晤士高等教育等世界大学排行榜中

　＊　中国工程院咨询研究重点项目子项目"中外高等农业教育促进农业现代化的经验研究"（2017-XZ17-04）、中央高校基本科研业务费专项资金资助项目"农科教结合视域下乡村振兴的机理与路径研究"（2662018YJ005）、中国学位与研究生教育学会研究课题"研究生教育规律研究"（B-2017Y0302-029）研究成果。

　　作者简介：陈新忠，华中农业大学农业科教发展战略研究中心主任，教授，博士生导师；张亮，华中农业大学公共管理学院硕士研究生。

均位居德国第一和世界前列。目前，我国农业现代化水平比发达国家平均落后100年，农业劳动生产率仅为国内工业劳动生产率的1/10，农产品国际竞争力弱，农业现代化成为国家现代化的一块短板[2]；我国涉农高校在 U. S. News & World Report 农业科学专业全球排名中虽有8所进入前百强，但过分注重论文数量，对接、服务和引领产业明显不足，学科地位与其国内外应该扮演的学科角色不相匹配。为破解教育与产业分离难题，我国高等院校亟须借鉴世界一流学科建设经验。本文分析霍恩海姆大学有机农业和食品系统专业的开设缘由和特色，希冀为我国高校一流学科建设和人才培养提供参考。

一、响应产业需求：霍恩海姆创办时新专业

学科的发展通常要遵循社会逻辑，不断满足社会环境对学科知识的需求[3]。农业科学正是在与农业产业的互动中传承与创新知识，不断建立时新专业，培养急需人才，促进农业发展。在欧洲现代农业发展过程中，各个农业大国曾长期追求农业集约化、机械化、标准化生产，强调农产品高效率生产和加工，对生态环境造成了较大的负面影响。随着可持续发展观念日益深入人心，各个国家逐步转变农业发展理念和方式，积极建设生态农业，农业生产者和消费者更加关注食品安全、生态保护、动物福利。基于此，追求土地、生态和人类健康可持续发展的有机农业在欧洲获得较多关注并迅速发展。从表1可以看出，西班牙、法国和意大利等欧洲农业大国有机农业发展较快。2016年，德国有机农场数量为27 132个，占本国农场总数的9.9%[4]，有机农业面积较2012年增长了18.3%。为推动有机农业发展，德国政府将有机农业列为国家可持续发展战略的重要组成部分，出台专门的《有机农业法》，加强有机农业产业扶持和补贴优惠政策。德国有机农业快速发展对高等院校农业人才培养和农业科学研究提出了新的方向，迫切需要高校能够提供有力的人才和智力支持。

表 1　欧洲四国有机农业面积及增长率

国家	2012 年 / 公顷	2016 年 / 公顷	2012–2016 年增长率 /%
德国	959 832	1 135 941	18.3
西班牙	1 756 548	2 018 802	14.9
法国	1 030 881	1 537 351	49.1
意大利	1 167 362	1 796 333	53.9

数据来源：欧盟 .Agriculture，forestry and fishery statistics（2017 edition）

为在有机农业发展中赢得技术和产品优势，德国科研先行，霍恩海姆大学、波恩大学和洪堡大学等先后建立了有机农业和食品安全的研究中心、专业

和课程，积极开展相关技术攻关和人才培养活动。霍恩海姆大学早在 1973 就建立专门的有机农业实验研究站，立足产业发展需求，以实践为导向，不断加强有机农业和食品问题研究，积极为有机农业发展培养专门人才，提供有机农业专项科技服务。2005 年，霍恩海姆大学开设两年制硕士专业"有机农业和食品系统"，这是欧洲第一个侧重于有机农业中食品系统管理的专业。该专业诞生于农业学科与有机农业互动发展的过程之中，既是农业学科遵循学术发展逻辑而寻求知识拓展和创新的结果，也是农业学科遵循社会逻辑满足社会环境需求的结果。

二、面向产业发展：新兴专业培养复合型人才

（一）课程复合：提供模块系统

大学教师最无可替代之处在于：从前沿性的学科知识中选择"最有价值"的知识纳入课程，再把这些课程知识有效地传授给学生[5]。课程建设是大学学科专业建设和人才培养的重要手段，课程质量的高低直接影响着学生培养结果的优劣。霍恩海姆大学有机农业和食品系统专业以跨学科为原则，以培养满足产业发展需求的复合型人才为目标，以实践和应用为导向，规划与设计模块化课程，将学科知识体系与社会需求紧密结合在一起。有机农业和食品系统专业课程在欧洲独一无二，极具特色。其一，课程内容丰富，涵盖面广。该专业课程涉及有机农业领域产品生产、加工、质量管理和市场营销等各种主题，涵盖了从农场到餐桌的有机食品生产各个方面；其二，课程数量众多，学生选择性强。该专业课程学习年限为两年，需要学生修满 120 个学分。如表 2 所示，学生第一年必须完成 8 个必修课程模块和 1 门选修课程，第二年需要选修 5 门课程并完成学位论文，其中必修课程模块中的有机农业原理为攻读双学位学生提供，非双学位学生则学习有机食品系统和概念。霍恩海姆大学不仅为有机农业和食品系统专业学生开发了丰富的必修课程，而且提供了数量众多的选修课程，让学生可以根据自己的兴趣和职业规划自由选课。攻读非双学位学生在霍恩海姆大学完成第一年课程后，第二年可以到波兰华沙生命科学大学（WULS-SGGW）、法国里昂罗纳 - 阿尔卑斯高等农学院（ISARA）、丹麦奥胡斯大学（AU）和奥地利自然资源与生命科学大学（BOKU）中的一所大学完成课程学习。这 4 所大学在有机农业领域的研究和教学各具特色，能够充分满足学生的需求。4 所大学提供的课程侧重点各不相同，WULS-SGGW 擅长于有机食品的加工和营销，ISARA 偏重于农业生态学研究，AU 在植物营养和健康、动物福利和健康领域颇有成就，BOKU 则强调有机农业的系统方法。攻读双学位课程的学生能够在不同的科研和教学环境中获益，有机会深入了解有机农业在欧

洲各国的发展情况。非双学位学生可以从霍恩海姆大学提供的 30 多门跨学科选修课程中选择合适课程，并且经过考试委员会批准后，再到德国其他高校和国外大学完成 5 门选修课程（30 学分）。广泛的课程知识有助于学生提升综合实力，获得在有机农业和食品行业就业资质；其三，课程类型丰富，教学方式灵活。霍恩海姆大学的教师能够根据课程特点，灵活运用研究研讨会、课堂讨论会、案例研究、远足、实地参观等教学方式，充分调动学生学习积极性，让学生能够较为全面的学习、理解和应用有机农业领域的知识。

表 2　有机农业和食品系统专业必修模块课程

时间	课程模块	学分
第一年	有机食品系统和概念（单学位） 有机农业原理（双学位）	6
	经济与环境政策	6
	有机植物生产	6
	有机畜牧业和产品	6
	有机食品的加工与质量	6
	优质食品的市场与营销	6
	有机农业和食品系统项目	12
	有机和可持续农业的社会条件	6
	1 门选修模块课程	6
第二年	5 门选修模块课程	30
	学位论文	30

数据来源：University of Hohenheim.https: //oeko.uni-hohenheim.de/en/teachingorganicfood.

（二）学科复合：整合所需学科

人类社会发展到今天，我们面临的社会现象、社会问题日趋复杂化和综合化，许多问题已不能在单一学科的研究中找到解决方案。因此，为解决复杂的社会问题，来自不同学科的学者逐渐越过学科界限，注重利用多学科知识和方法开展研究。同时，社会经济的快速发展对劳动力的知识结构和能力结构提出新的要求，越来越多的岗位偏爱具备多学科知识和能力的复合型人才。许多高校已经将学科整合作为增强科技创新能力的重要手段和培养复合型人才的基本方式。有机农业是与传统农业有着不同管理方式的环境友好型农业，从农场到餐桌的有机农业产业链条涉及生态学、植物学、动物健康学、社会经济学等众多学科，有机产品的生产、加工、质量管理和销售均需要专门知识和技能，因此，有机农业的行业特性要求有机农业和食品系统专业注重学科整合，培养复合型有机农业人才。霍恩海姆大学将跨学科研究和教学作为促进科技创新和提升国际竞争力的重要手段，积极加强学科整合，组建了生物经济研究中心和食品安全中心等跨学科研究中心，充分发挥学校在农业科学和食品科学领域的优势，更好地服务于国家社会经济发展。霍恩海姆大学有机农业和食品系统专业以跨学科为原则，组建了一支具有不同学科背景的师资队伍，为学生提供农业科学、自然科学和社会科学交叉融合的课程，力图让学生学习有机农业领域各方面的知识。霍恩海姆大学农学院设立了专门的有机农业和消费者保护协调办公室，负责处理和协调与有机农业相关的研究和教学，积极参与有机农业和食品系统专业的建设，组织有关有机农业的研讨会、演讲等公共活动，推动有机农业领域的国际合作。

（三）平台复合：强化基地建设

高等农业院校中的许多农业学科具有较强的应用性，这不仅要求学生能够掌握系统的理论知识，而且要求学生能够在社会生产实践中应用知识。霍恩海姆大学在培养农科人才过程中十分注重实践教学，建有设备齐全、功能清晰和空间充裕的农业科研教学试验基地。霍恩海姆大学拥有德国最大的农业试验基地，面积达到 717 公顷，其中校内试验站有 234 公顷，校外试验站达 483 公顷[6]。学校为加强有机农业领域的研究和教学，建立了面积约 60 公顷的有机农业试验站，将该试验站作为有机农业教学和科研基地、有机农产品生产基地和有机农业示范基地。有机农业和食品系统专业非常注重实践教学，在 8 个必修课程模块中有 4 个课程模块要求学生到各类农业科研和生产基地参观考察。实践教学是高校培养农业人才的重要环节和手段，让学生在试验基地体会真实的农业生产环境，亲自动手栽培作物、饲养动物，更好地学习、理解和运用知识，切实提升实践动手能力。同时，霍恩海姆大学积极拓展社会关系网络，与有机农业领域的国内和国际公司、各种组织和协会建立合作关系，建立学生实习基地，为学生学习、科研和就业创造大量的机会。

（四）视野复合：拓展国际合作

随着经济全球化的深入发展，教育国际化趋势日益鲜明。同时，农产品市场的国际化程度进一步提高，各国有机农业领域的生产者和消费者的国际交流与协作更加频繁。教育领域和有机农业领域的国际化发展对高校人才培养质量规格提出了新的标准，要求学生具备国际视野。霍恩海姆大学顺应教育国际化发展大势，积极拓展国际合作，培养具备国际视野的农业高级专门人才。其一，开设英文教学专业和课程，面向国际招生。霍恩海姆大学开设了 12 个英语教学硕士专业，其中有个 5 硕士专业是与国外大学合作的双学位项目。学校许多专业面向全球招生，国际学生的数量在 2016—2017 冬季学期已经占到学生总人数的 14.6%。有机农业和食品系统专业是两年制英语教学专业，学生可以选择第二年到 WULS-SGGW、ISARA-Lyon、AU、BOKU 4 所大学学习双学位课程，非双学位的学生也有很多机会到德国其他大学和国外大学选修相关课程，吸引了来自世界各地的众多学生；其二，积极拓展国际交流合作，培养学生国际视野。如表 3 所示，霍恩海姆大学与分布于 68 个国家和地区的 283 个机构进行交流合作，与 168 个机构建立了学生交换项目。霍恩海姆大学 2014 年毕业生调查数据显示，全校每三名毕业生中就有一人在学习期间出国交流学习，其中农业学科毕业生有出国交流学习经历的比率达二分之一。有机农业和食品系统专业具有海外经历的毕业生在国外停留的时间平均超过 6 个月，其中 15% 的学生在国外停留一年或更长时间；50% 的学生到国外实习，在国外学习课程和参与研究项目的学生分别占 39% 和 12%[7]。

表3 霍恩海姆大学国家合作机构分布

各洲	合作机构分布		学生外出交换机会分布		
	国家 / 地区	合作机构数量	国家 / 地区	合作机构数量	交换机会数量
欧洲	31	133	25	91	122
亚洲	14	46	8	23	28
北美	2	52	2	43	43
南美	8	25	4	9	10
非洲	11	24	1	1	1
大洋洲	2	3	1	1	1
总计	68	283	41	168	205

数据来源：University of Hohenheim.https：//www.uni-hohenheim.de/en/collaborations#jfmulticontent_c266653-2.

三、走出产教困境：我国高校必须直面的现实

（一）供给与需求错位的困境

教育与产业良性互动有利于提升人才培养的有效性，促进双方共同发展。目前，我国农业正从传统农业向现代农业迈进，急需高等农业教育为农业现代化提供强有力的科技和人才支撑，对复合型农业人才需求尤为迫切。然而，我国高等农业教育面临着诸多困难，难以满足农业发展的现实需要。其一，高等农业教育人才供给总量不足，优质农业人才培养能力较弱。统计数据显示，

2016 年我国普通本科院校农学专业在校生为 350 796 人，在学科门类中只略高于历史学和哲学，仅占学生总数的 1.94%[8]。农业学科在高校中渐趋边缘化，农科学生培养规模增长缓慢，高素质农业人才供给不足；其二，农业劳动力市场供需结构失衡。当前，我国农业发展的人才需求与高等农业教育的人才供给存在结构性偏差，农业类岗位招聘难与农科生就业难现象并存；其三，农科专业与第一产业的匹配度相对较低，并存在进一步下降趋势[9]。总之，我国高校农科专业以传统农学为主，对新兴农业所需人才培养较少；农科人才知识和能力结构较为单一，难以满足现代农业发展对复合型农业人才的需求。

（二）理论与实践脱节的困境

促进农业发展，高等农业教育不仅需要知识创新和技术革新，而且需要培养大批解决农业产业实际问题的人才。近年来，我国高等农业教育在教育经费、师资队伍、教学设备等方面改善显著，但学生实践动手能力没有得到有效提升，不少农科毕业生不但不能胜任对口工作，而且与其他学科人才相比市场就业竞争力较弱。究其原因，一是实践教学环节薄弱，实习、实训教学流于形式。长期以来高校人才培养注重系统传授理论知识，学术性、基础性，理论课程在人才培养方案中占据大部分，实训课程比重较少；理论课程类型单一，以课堂教学为主，部分重科研轻教学的老师对教学缺少投入，教学质量难以保障；实训课程课时较少，质量把关不严，不少学生没有真正深入农业生产一线历练；二是教育内容陈旧，学习内容与生产实践脱节。随着时代变化，农业知识和技术也在不断更新，农业发展要求从业者具备一些新知识和新技能。然而，农业学科对教材编写和课程开发重视不足，一些新的农业知识和技术没有及时进入教学课程，学生所学知识无用武之地；三是高校农业实验基地缺乏，校企合作平台不足，学生缺少实践机会。由于大学扩招和农业大学综合化发展，不少涉农大学校内农科实习实践基地不断萎缩，不能满足教学和科研需求。部分大学甚至已经没有校内农科实习实践基地，即使存在也只有 10～30 亩，并且条件简陋；校外实习实践基地离学校较远，难以为学生提供充足的实践时间保障[10]。同时，涉农高校社会资源竞争能力较弱，与企业共建的大学生实习实训基地不足。

（三）人才培养竞争力的困境

作为教育的最高层级，高等农业教育对于引领农业教育发展、支撑国家农业产业转型升级具有重大战略意义。然而，我国高等教育的现实地位与战略地位相去甚远，在人才培养的竞争中处于不利境地。其一，农业院校和学科面临着生源危机。高考生报考农业院校和农学专业的意愿较低，许多农业类专业只能通过专业调剂、降分录取和补录的方式完成招生任务。同时，农业类学科专业生源质量较差，优质生源更倾向于报考财经、理工和综合类等非农高校。从表4可以看出，6所教育部直属农林大学是办学实力较强的重点大学，但仅有3所大学的生源质量能排进前100名，且位次靠后。在科技服务、成果转化和综合排名榜单中，6所大学的整体表现不佳，反映出农林类高校在生源竞争、地位竞争和资源竞争中处于弱势地位；其二，农科毕业生就业竞争力不强。一方面，农学类专业对口工作薪资较低，工作环境较差，劳动强度较大，许多农学毕业生不愿意从事农业相关工作；其三，企业和社会民众对农业教育的社会认知存在一定偏差，农业院校学生和农学专业学生在就业市场上容易受到轻视。生源危机和就业不畅使农科发展受到极大限制，影响着我国农业科技创新和高素质农业人才培养。

表4 部属农林大学生源质量排名

学校	生源质量	科技服务	成果转化	综合排名
中国农业大学	57	102	152	40
北京林业大学	75	134	97	89
华中农业大学	96	120	28	63
南京农业大学	103	100	58	71
西北农林科技大学	111	121	146	86
东北林业大学	136	147	46	147

资料来源：2018年软科中国最好大学排名.http：//www.zuihaodaxue.cn/rankings.html.

四、实现产教融合：一流学科建设的双赢选择

（一）与学科生长融合

学科的产生、发展和衍变有内在规律，一般与其相应的产业形影相随。适应产业发展的需要，我国高等农业教育要努力在世界一流学科建设中占领制高点。其一，缘产业而兴办新学科。纵观学科发展史，中世纪大学的神学、法学、医学等学科背后无一不延伸着一个巨大的产业，这些学科因产业而兴，又推动了产业的发展；近现代随着科学技术日新月异，社会涌现出了众多新兴产业，诸多新兴学科也相应而生，德国霍恩海姆大学的有机农业和食品系统便是其中一例。借鉴霍恩海姆大学经验，我国涉农院校要依据农业产业的发展趋势，及时创办相关时新学科；其二，促产业而建设强学科。在学科发展进程中，对产业的促进程度决定着学科的地位和生命力。中世纪大学的法学和医学学科与时俱进，冲破教会及其神学的藩篱，促进相关行业及其产业的社会影响

愈益增强，两大学科也因此迄今仍广受学子钟爱；近现代世界名校中的机械、能源、电子、信息等学科，密切联系和促进产业发展，自身也成为教育界和产业界的双重标杆。学习霍恩海姆大学做法，我国涉农院校要抓住农业产业转型升级的学科建设大好机遇，在为产业发展提供智力支撑中走向强大；其三，随产业而变革旧学科。升级和融合是产业的趋势，改革和更新则是学科相伴的追求。科技创新引发一轮又一轮产业革命，传统产业不断被新兴产业替代，诱发旧学科变革和新学科诞生。我国涉农院校要把握产业发展大势，找准学科建设方向，一方面用新兴科技持续改造提升传统学科；另一方面在新兴科技与农业产业的结合处培育新的学科增长点，促进学科发展永葆生机。

（二）与实践教学融合

实践和理论课程是教育教学的基本依据，是实现教育目标的基本保障，对学生全面发展起着决定性作用。各类高校要培养出高质量的农业人才，必须改革和优化课程设计，切实提高学生在社会生产实践中利用知识和技术解决实际问题的能力。其一，强化实践教学环节，把好质量关。长期以来，我国高等农业教育重视理论型、学术型人才培养，对学生实践动手能力和就业能力的培养较为忽视，导致学科课程以理论课程为主，培养学生更多是局限于教室和实验室。同时，学校和教师对实践教学课程重视不够，致使实践教学课程质量较差，没有发挥应有的作用。涉农高校要进一步强化实践教学环节，增加课时和师资，保障课程质量；其二，加强农科学生实习实训基地建设，积极搭建校企合作平台。实习实训基地是学校开展实践教学的重要载体，也是学生参加实践锻炼和提升专业知识应用能力的场所。因此，涉农高校要积极建设农科学生的实习实训基地，让学生走出教室和实验室，到工作岗位上学习、理解和运用知识。同时，学校应进一步加强与企业稳定合作，共建学生培养平台，为学生成长创造良好环境。

（三）与国家战略融合

我国为实现农业现代化而实施"乡村振兴战略"，亟须高等农业教育贡献力量。高等农业教育应以服务国家发展战略为己任，将世界一流学科建设与满足国家重大战略需求相结合，为农业产业结构优化和转型升级培养急需人才。其一，以市场为导向，优化专业设置。目前，我国高等农业教育仍然以培养传统农业人才为主，难以满足新兴农业、特色农业对科技和人才的需求。这样不仅导致传统农学毕业生就业困难，而且制约着农业结构的调整。涉农高校应把握产业发展趋势，优化专业布局，改造传统专业，设置新兴专业，培养产业所需人才；其二，加强学科整合，培养复合型人才。农业在从传统向现代迈进的过程中，产业化水平进一步提高，迫切需要懂技术、会经营的复合型农业人才。涉农高校要注重学科整合，以跨学科方式优化学生的知识结构和能力结构，培养满足产业发展需求的劳动者；其三，提升农业知识和技术的时效性，注重课程内容更新。我国高等农业教育中许多教学内容陈旧，落后于时代发展，致使学生所学知识和技术不能满足工作岗位需求。因此，涉农高校要高度重视课程的规划与设计，大幅增加新知识和新技术在教育内容中的比重；高度重视教材编写和改进，及时将新知识和新技术补充到教学内容中。

（四）与国际产业融合

农业是各国兼具的国际性产业，与国际接轨、在国际农业占据主导地位是我国作为农业大国和教育大国的应然追求。目前，我国与世界其他国家在农业领域和教育领域的交流与合作日益频繁。面向未来，我国高等农业教育应主动融入农业国际化和高等教育国际化大潮，开展国际性课题研究，培养具备国际视野、能够在世界劳动力市场流动且具备优势的高级农业人才。其一，实施"走出去"战略，积极拓展国际交流与合作。我国涉农高校应该开阔视野，积极主动地与国外高水平大学、科研机构和企业建立联系，在科学研究和人才培养方面展开深度合作；其二，通过内培外引，建设国际化师资队。高水平的国际化师资队伍是建设世界一流学科的有效方式，也是培养国际化农业人才的重要途径。我国涉农高校应该加大投入，面向全球招聘优秀教师；其三，鼓励和支持教师到国外学习交流，了解国外农业和高等农业教育发展现状，学习和吸收国外的新知识和新技术，为我国农业发展提供新型服务。

参考文献

［1］德国农业和食品部.Facts and figures on German agricultural exports［EB/OL］.（2018-4-14）https：//www.bmel.de/EN/Agriculture/Market-Trade-Export/_Texte/Zahlen-Fakten-Agrarexport.html?nn=529300.

［2］何传启.中国现代化报告2012：农业现代化研究［M］.北京：北京大学出版社，2012：220-240.

［3］孟照海.制度化与去制度化：世界一流学科建设的内在张力——以美国芝加哥大学社会学为例［J］.中国高教研究，2018（5）：20-25.

［4］德国农业和食品部.Organic Farming in Germany［EB/OL］.（2018-4-14）https：//www.bmel.de/EN/Agriculture/SustainableLandUse/_Texte/OrganicFarmingInGermany.html.

［5］周光礼，武建鑫.什么是世界一流学科［J］.中国高教研究，2016（1）：65-73.

［6］University of Hohenheim.Annual Report 2016［EB/OL］.（2018-4-16）https：//www.uni-hohenheim.de/fileadmin/uni_hohenheim/Universitaet/

Profil/Zahlen-Fakten/Jahresbericht/Jahresbericht-2016.pdf.

［7］University of Hohenheim.Graduate Survey 2014［EB/OL］.（2018-4-16）
  https：//www.uni-hohenheim.de/fileadmin/uni_hohenheim/Universitaet/
  Profil/Zahlen-Fakten/Absolventenbefragung/Absolventenbefragung-2014.pdf.

［8］教育部.2016 年教育统计数据［EB/OL］.（2018-4-17）http：//www.
  moe.gov.cn/s78/A03/moe_560/jytjsj_2016/2016_qg/.

［9］杨林，陈书全，韩科技，等.新常态下高等教育学科专业结构与产业结构
  优化的协调性分析［J］.教育发展研究，2015（21）：45-51.

［10］陈新忠，李忠云，李芳芳，等.我国农业科技人才培养的困境与出路研究
  ［J］.高等工程教育研究，2015（1）：135—139.

（原文刊于《高等工程教育研究》2018 年第 3 期）

院校研究视角下美国高等教育数据库建设现状及启示*

张　松　常桐善　刘志民

摘　要： 院校研究起源于美国，已成为美国高校管理中不可或缺的重要组成部分。数据是院校研究的基石，是院校研究人员的工作原料。美国院校研究所使用数据大部分来自学校内部运行数据系统，还有一部分来自大学联盟共享数据库、政府数据库和非营利性社会团体创建的数据库。这些数据库为大学开展纵横向院校研究工作提供了重要数据，其结果也为大学"知己知彼"提供了实证性依据。要推进中国高等教育数据库建设和院校研究工作，必须积极构建不同类型以及不同层次的数据库、树立数据公开与共享的理念、加强通过问卷收集调查数据的力度。

关键词： 高等教育数据库　院校研究　大学决策绩效

一、引　言

院校研究起源于美国，并伴随着美国高等教育的发展，逐渐形成了美国高等学校管理中不可或缺的重要组成部分，也已成为现代高等学校管理科学化的一种手段与象征。美国院校研究协会奠基人 Saupe 认为，院校研究是在高校内部对自身所进行的研究，主要通过收集、分析数据以及提供信息来支持大学规划、政策制定和决策过程[1]。Volkwein 针对高校的二元性、张力、政策冲突，

---

* 基金项目：中国工程院咨询研究重点项目子项目"新常态下中国高等农业教育的供需差距研究"（2017-XZ-17-02）。

作者简介：张松，南京农业大学国际教育学院副研究员；常桐善，加州大学校长办公室从事院校研究工作，西安外国语大学兼职教授；刘志民，南京农业大学公共管理学院教授，博导，国际教育学院院长。

将院校研究的功能总结为四个方面[2]：描述大学机构情况；分析备选方案，支持决策过程；向社会呈现大学的成功案例，增强大学透明度；向大学提供办学绩效的证据。后来 Serban 提出了院校研究的第五项功能，即院校研究在推进知识管理模式中所发挥的关键性作用[3]，这项功能将院校研究的数据收集作用提升到信息的产出及知识的转化，并最终达到凝结组织领导"智慧"和强化大学整体竞争优势。很显然，院校研究的五项功能都与数据息息相关。可以说，数据是院校研究的基石，是院校研究人员的工作原料。

院校研究进入我国高等教育研究者和高校决策者视野开始于 20 世纪 90 年代，经过近 30 年的发展，关于院校研究的理论研究已取得不少成就。相比较而言，我国高校内部的院校研究实践工作还处于起步阶段。究其原因，一方面，很多高校决策者的决策理念未能转变，仍然以经验决策为主；另一方面，国内院校研究人员在进行分析研究时，很难获取所需要的数据，这也是阻碍院校研究进一步发展的关键所在。关于数据获取的问题，目前教育部已经推动建设了全国高校教学基本状态数据库系统，高校也发起建立了中国高等教育研究数据库、中国大学生就读经验调查（CSSEQ）等。诸如此类的活动和尝试对全国院校研究产生了一定影响，但非常遗憾的是，这些工作的出发点大多以纯粹的高等教育研究为目的，因此对决策支持的影响力度微乎其微，更谈不上以此构建院校研究赖以发展的"大数据"仓储和塑造数据共享的院校研究理念。另外，高校内部的数据仍然停泊在"信息孤岛"，院校研究人员几乎没有直接进入数据系统的权利。"巧妇难为无米之炊"没有数据何以开展院校研究。

美国院校研究的发展几乎与信息化发展是同步的，因此在探讨院校研究理论和实践的同时，也在大力开发数据系统。为了实现大学信息化管理的目标和强化"循证决策"模式的推进，美国各级政府部门以及大学都非常重视教育数据系统的建设。可以毫不夸张地说，从数据的角度考量，美国已经形成了一个从基础教育到高等教育，既具有纵向深度又具有横向宽度的数据网络系统。更值得强调的是，这些数据库虽然并非为院校研究专门建立，但几乎所有数据都可以用于院校研究。而且政府部门鼓励大学，并为大学提供财力的支持帮助大学熟悉和应用政府部门的数据库。毫无疑问，美国大学内外部的数据对提升院校研究绩效具有同等重要的作用，其研究结果对内有助于改进学校管理，对外有助于回应社会问责，为高校管理的科学化立下汗马功劳。本文拟对美国高等教育数据库进行梳理，并进一步分析其数据的获取与利用，以期对我国高等教育数据库的建设及院校研究工作的推进提供借鉴。

二、美国高等教育数据库建设现状

从大学、政府以及社会团体的网络报告中，我们可以发现美国高等教育的数据库类型繁多、资源丰富。本文按照数据库建立的主体，将美国高等教育数据库划分为四大类，即学校内部数据库、大学联盟共享数据库、政府数据库以及非营利机构建立的数据库。

（一）学校内部数据库

院校研究人员在进行数据收集与分析时，绝大部分数据来自于大学内部数据仓储，主要为学校的运行数据系统。这些系统通常由学生事务、学术管理、人事、财务等职能部门负责管理和开发，记录大学的运行活动，例如工资发放、教师聘任、学生注册等。院校研究部门和信息中心合作开发数据仓储，定期对运行系统的数据进行整合，并装载在数据仓储中供院校研究使用。在数据仓储中，所有相关的数据都会通过相关代码链接起来，为数据深度挖掘奠定基础。例如，课程开设、授课教师、教师背景、注册学生、学习成果等都会通过课程代号、教师编号、学生编号等链接起来，为评价课程设置的合理性、教师教学绩效、学生学习成果等提供纵向深度和横向宽度的数据。另外，院校研究部门也会利用各类问卷收集调查数据，例如大学生就读经验调查、校友调查、工作人员工作满意度调查等，这些调查数据通常都是实名制调查。在调查完成后，院校研究人员可以将调查对象提供的反馈信息与大学管理数据链接起来，开展更加深层次的数据挖掘，发现大学管理和教学中存在的问题，并提出更加有效的解决方案。总之，美国大学内部的数据库已经形成了纵横向链接的网络系统，为院校研究提供了丰富的素材。

（二）大学联盟共享数据库

仅有大学内部数据还难以满足院校研究人员开展校际比较、专题研究的需求，因此，大学需要从大学联盟共享数据库中收集有关数据资料。美国大学一般会根据办学定位和组织特色自行组建校际数据交流协会并创建数据库，方便联盟成员间信息的交流与共享。例如，美国大学数据交流协会（Association of American Universities Data Exchange，简称 AAUDE），由学术研究实力很强的 60 多所研究型大学组成，目的是促进和协调成员间数据和信息的交流，并不断提高数据收集和交换的效率以及一致性。类似的数据库还包括由美国皮尤慈善信托基金会发起，由印第安纳大学中学后研究中心、印第安纳大学调查研究中心以及全国高等教育管理系统中心共同管理的全国学生学习投入调查（National Survey of Student Engagement，简称 NSSE），由加州大学伯克利分校高等教育研究中心发起并管理的研究型大学本科生学习经历调查（Student Experience in the Research University，简称 SERU），由特拉华大学发起并管理的全国教学成本与生产率研究（National Study of Instructional Costs and Productivity，即 Delaware Study）等。通过这些数据库，院校研究人员可以获得某些专题的更具深度的数据资料，对这些数据进行纵横向比较以及多维度分析，可以提出有针对性的改进措施与建议。

美国大学联盟共享数据库很多，高校也非常乐意将学校的数据贡献出来供交流分享，在保证数据安全及遵守使用规则的前提下，高校可以利用这些数据进行院校研究、质量评估和校际比较等。在数据的获取上，并非只有联盟成员才能享有数据，其他需要使用的机构或个人在特定条件下也可获取有关数据。AAUDE 把数据按照保密级别分为四类：一是公开报道数据，这类数据在网上全面公开，包括高等教育综合数据库系统收集到的数据以及国家科学基金会所做的调查等，如美国大学协会教师工资、秋季入学数、毕业率等；二是特设／特殊要求数据，美国大学协会会员可以在成员单位之间开展特定的数据请求或调查，调查结果应该在成员单位之间分享；三是机密交换数据，这类数据通常包含一些敏感信息，如博士生获取学位时间、研究生助学津贴、特拉华教学工作量和成本调查等，数据的获取与使用需要遵循一定的规则，且通常只有学校的高层领导能获取此类数据；四是附加规则的机密交换数据，即数据的共享还需要遵循附带的条件，这类数据包括博士生退出调查、教师调查、校友调查等[4]；四类数据根据保密级别实行逐级公开共享，在获取数据前还需要签订谅解备忘录（Memorandum of Understanding）。

（三）府数据库

联邦和州政府组织构建的数据库也是院校研究数据的重要来源。20 世纪80 年代，高等教育成本的不断增加引起公众对教育投资回报的质疑，联邦、州立法机构、认证机构、学生家长和公共资助机构同时呼吁高等教育的透明化，不但高校需要承担公共责任，联邦和州政府也同样需要对民众承担公共责任，促使教育的透明化。在公共问责的促使下，联邦和州政府也相继建立起自己的数据库。

1. 以 IPEDS 为代表的教育部数据库

作为学生联邦资助的条件以及受法律的制约，联邦政府要求所有高校向美国教育部教育科学研究所（Institute of Education Sciences，简称 IES）报告学校信息，其下属的全国教育统计中心（National Center for Education Statistics，简称 NCES）受国会委托，承担着收集、核对、分析、报告全国教育情况统计的职责[5]。NCES 主要通过两个渠道获取高校信息，其中非常重要的是高等教育综合数据库系统（Integrated Postsecondary Data System，简称 IPEDS）。IPEDS通过 9 个调查项目收集反映院校层面的数据，这 9 个调查项目包括一项综合信息调查、两项院校资源信息以及六项学生调查，涉及研究型大学、州立大学、私立宗教和文理学院、营利性院校、社区和技术学院、非学位授予学院等7 500 所院校[6]。另外还有 NCES 自己组织的大范围的问卷调查项目，包括大一新生长期追踪调查（BPS）、职业／技术教育统计（CTES）、高中及高中后学生教育情况（HS&B）、全国高校学生资助研究（NPSAS）和全国高校教师研究（NSOPF）等[7]。

IPEDS 的学校基本信息通过网络公开发布，任何人都可以通过网络下载学校层面的数据。而且所有大学都使用统一的学校代码，大学可以利用代码将所有基本数据链接起来，例如招生数据（申请学生的入学考试成绩）、学生数据（入学人数、入学率等）、大学学业完成数据（毕业人数、毕业率等）、经费开支数据（教学经费、学费、学生资助等）等。关于 NCES 的其他调查数据，综合数据也是在 IPEDS 网站公开公布。网站提供了数据分析平台，感兴趣的人员可以将自己的研究设计提交网站，网站会自动产生分析结果。例如，作者可以通过网站提交自变量和因变量，选择合理的统计方法（如回归方程），IPEDS 分析平台会自动产生分析结果，并反馈给作者。如果需要获取学生层面的数据，大学 IPEDS 代表可以登录网络系统，经过审批后获取相关数据。IPEDS 丰富的数据以及数据分享方法为大学开展比较院校研究提供了便利。

2. NCSES 有代表性的调查数据库

美国国家科学基金会和国家卫生研究院每年提供大量基金资助学校开展项目研究，作为回报，高等教育机构要提供相关数据追踪科学和工程研究支出、研究设施、科学家和工程师教育、劳动力市场等动向。这些数据由国家科学基金会下设的国家科学和工程统计中心（National Center for Science and Engineering Statistics，简称 NCSES）通过每年、两年或专案调查来获取，调查主要是针对个人、院校研究办公室、学术部门或学术商务办公室进行，也有的调查是由非学术相关人，如公众、非营利性机构、州或联邦机构完成（表1），调查为院校之间的特征与产出比较提供了关键性的数据。

表 1　NCSES 有代表性的调查数据库

名称	被调查者	类型	样本量	调查频率	开始时间/年	最近调查时间/年
企业研发和创新调查（BRDIS）	公司	抽样	40 000	每年	1953	2014
联邦资助研发中心（FFRDC）研发调研	联邦资助研发中心	普查	39	/	2001	2014
高等教育研发调研（HERD）	学术机构	普查	912	每年	1972	2014
高校毕业生全国调查	个人	抽样	100 000	每两年	1993	2013
博士学位获得者调查	个人	抽样	40 000	每两年	1973	2013
博士生调查（SED）	个人	普查	54 070	每年	1957	2014

续表

名称	被调查者	类型	样本量	调查频率	开始时间/年	最近调查时间/年
联邦基金研发调查	联邦机构	普查	30	每年	1952	2016
联邦科学与工程支持高校及非营利性机构调查	联邦机构	普查	19	每年	1965	2014
科学与工程研究生及博士后调查	学术机构	普查	13 285	每年	1975	2014
联邦政府资助研发中心博士后调查	联邦资助研究开发中心	普查	39	/	2005	2013
科学与工程研究设施调查	学术机构	普查	541	每两年	1986	2013
州政府研发调查	州机构	普查	500	偶尔	1964	2013
非营利性研究行为调查	/	抽样	2 000	/	2017	/
微型企业创新科技调查	/	/	/	/	即将开始	/
早期生涯博士学位项目	/	/	/	/	即将开始	/

资料来源：Overview of NCSES Surveys. National Science Foundation [EB/OL]. http://www.nsf.gov/statistics/srv-yoverview/index.cfm，2016-3-29

NCSES 调查数据对所有科学与工程利益相关方公开与共享，一般通过科学工程资源数据综合系统、州数据工具、博士生调查列表引擎以及科学工程统计数据系统等工具获得相关数据，并根据需求、选取变量建立不同的数据表格，网站提供多种形式的表格下载，同时为使用人员提供指导与培训[8]。调查数据也分为公开数据和限制使用数据，限制使用的数据需要与国家科学基金会签订许可协议，有此类数据需求的院校研究人员则可以通过与本校商务执行官签订协议来购买相关数据。

3. 州层面数据库

在 2006 年发布的《高等教育的转变：国家当务之急——州的责任》报告中，州议会全国会议蓝丝带高等教育委员会督促各州议会要明确高等教育的目标，让学校对其绩效与成果负责，并确保所在州有评价学校绩效的数据收集系统。据统计，目前已通过州级纵向数据系统（the Statewide Longitudinal Data System）资助项目向 41 个州和哥伦比亚地区投资 2.65 亿美元，设计、开发和实施全州范围内的 K–20+① 学生纵向数据库，来收集、分析和应用从幼儿园到高中、大学以及就业后的学生的数据[9]。在高等教育阶段，州级纵向数据库所收集的关键指标包括四个部分[10]：①学生数据——唯一的州级学生识别号；所有公立院校学生入学、学位完成及人口统计学数据；学生资助数据；学业完成及毕业数据；学生转学数据。②课程／测试数据——学生学术成果数据；课程、成绩单数据；补习教育数据；学生参与、学生成功数据。③操作特性——所有识别学生记录的隐私保护；所有公立院校单个学生记录系统；学生记录与其 K–12 教育活动数据相匹配的能力；学生记录与其就业数据相匹配的能力；独立、非营利性院校数据的获取。④数据管理——评价数据质量、准确及可得性的数据评审系统；与更广泛的州目标的匹配性；实用性和可持续性展示。州级纵向数据库通过收集、处理、报告州议会、管理者、分析人员、教师、学生、家长所需要的数据和信息，为其做出教育管理和教育资金分配有关的决策提供数据信息。

佛罗里达州于 2005 年开始实施州级纵向数据系统建设项目，为期三年。实施前，州内各数据库之间联系松散，数据获取较为困难。项目实施后，新建了设施数据库，将之前独立分散的设施分数据库相连；并在 K–20 教育数据仓储内建立一个运行数据库，州内所有数据库数据通过运行数据库整合、转换，然后存入 K–20 教育数据仓储，正是通过 K–20 教育数据仓储将之前结构松散的州内数据库紧密地联系起来（图1）[11]。在州级纵向数据库中，学生是最基本的分析单元，通过州级学生识别号可以追踪到学生从幼儿园到职业教育的所有信息，学生、家长、教师、管理人员、研究人员等利益相关者都可以通过这个数据库获取所需要信息。数据的获取主要有三种方式：一是标准报告，包括大学与职业生涯准备、学生完成情况、聘用情况等信息，还可以进行学生入学测算，获取这类报告不受限制；二是聚合报告，院校研究人员通常使用这种报告来获取学生群体信息，如学生成绩、不同种族和性别人群受教育情况等，获取这类报告有一定限制，但大部分数据是公开的；三是学生层面的数据，这类信息主要是针对具体学生的诊断报告，可以发出学业警告信息、测算是否达到预期目标等。

（四）非营利性社会团体创建的数据库

除了上述数据库，还有一部分数据库由非营利性社会团体创建，包括高等教育界建立的全国学生资料库（National Student Clearinghouse，简称 NSC），

---

① 在美国，学生的整个教育过程包括幼儿园至 12 年级教育、高中后教育及职场教育。幼儿园至高中教育称为 K–12 教育，至两年制学院教育称为 K–14 教育，至获得学士学位称为 K–16 教育，K–20 教育则延伸至部分研究生教育。

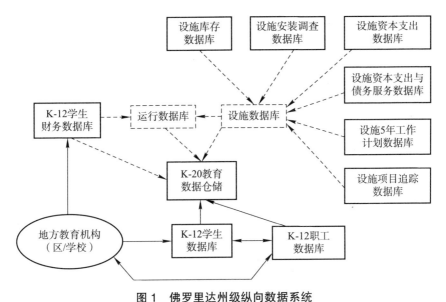

图1　佛罗里达州级纵向数据系统

注：图中虚线框为州级纵向数据系统建设后增加数据库，虚线部分为系统
建设后数据库之间增加的联系。

由高等教育界和大学委员会、Peterson's以及美国新闻与世界报道共同发起的
"常用数据集"（Common Data Set），高校人力资源专业协会的人力资源薪酬数
据等，也是院校研究人员经常使用的数据库。全国学生资料库通过学生追踪系
统（StudentTracker）收集发布有关数据，包括大学数据、高中数据和社会服务
数据等[13]，以会员制形式加入，会员大学需要提交本校的学生入学和毕业数
据，也可以通过报送本校学生的姓名和出生日期，从而获取学生的相关信息。
例如，大学可以将获得学士学位的学生姓名和生日提交NSC，获取这些学生进
入研究生院学习的情况，以便更加有效地评价学生的学习成果和大学的教学绩
效。2012—2013年美国院校研究协会对全国数据库应用情况的调查结果显示，
院校研究人员使用率较高的四个校外数据库分别为IPEDS、全国学生资料库、
常用数据集和人力资源薪酬数据[14]。

三、启示与借鉴

美国高等教育数据库，无论从国家层面、州层面，还是学校层面来讲，都
是比较成熟的，在数据的公开与共享方面也走在世界前列，分享数据已成为一
种责任，正是因为充分利用了这些数据库，并对收集到的数据进行分析整合，
美国院校研究才能在高校深深扎根，并在为大学决策提供支持的道路上越走越
远，成为高校管理的重要组成部分。当前，我国高等教育正从大众化向普及化

迈进，无论是公共问责的需要，还是学校信息化管理的需求，抑或院校研究的推进，势必要求建立并完善我国的高等教育数据库，而美国高等教育数据库的建设及开放共享值得我们借鉴。

第一，积极构建不同类型层次的高等教育数据库。首先，国家层面要推动建立能承载多元功能的高等教育综合数据库，从顶层对数据内容、数据格式和数据质量提出具体要求，保证数据定义的一致性。将高校数据的收集报送纳入相关法律法规文件，以法律的形式对高校数据的报送形成制约，并将各高校数据报送情况与财政拨款相挂钩；其次，同类型高校之间应推动开发和建立校际联盟共享数据库，单个高校的人力和财力都是有限的，高校间共享联盟数据库的建立有利于数据资源的高效使用，校际数据的公开与共享应建立在相互信任及权益维护的基础上；再次，各高校内部应在原有业务处理数据库的基础上，进一步推动建设院校层面的统一数据库或数据仓储，实现与外部数据库的对接；另外，仅靠政府和高校的力量还远远不够，应积极吸纳教育研究机构和中介组织参与到数据库的建设和管理中。

第二，树立数据公开与共享的理念。数据库中孤立的数据难以体现其价值，数据增值的关键在于整合，而整合的前提是数据的共享与开放，高校数据只有在充分流动和共享中才能体现其价值，数据共享的实质是通过对高校数据资源的合理配置实现其效益最大化，为高等教育服务。对大学而言，学校运行数据的公开与共享不仅仅是为了社会监督，回应社会问责，更重要的是通过这些数据对学校管理中存在的问题进行分析研究，通过同行比较、标杆参照发现背后的原因，并制定改进措施，形成一种良性的竞争氛围。同样推进我国高等教育数据库建设，也必须树立数据公开与共享的理念，要充分调动国家、省市、高校、教育中介组织等不同主体参与高等教育数据库建设的积极性和主动性，深化多元主体之间平等协商、共建共享的关系；改变数据收集、调查单位和个人垄断的观念，打破"信息壁垒"，实现逐级公开共享或全面对外开放。值得强调的是，在数据库公开与共享时，还应加强对使用人员的培训与指导，并增强数据提供者和使用者之间的沟通与联络。

第三，加强通过问卷收集调查数据的力度。如前所述，美国高等教育数据的来源有多种途径。其中开展问卷调查是获取数据的重要途径之一。通过调查获取的数据，不仅可以有针对性地帮助决策者和管理者发现存在的问题，更重要的是可以进一步了解产生这些问题背后的原因，从而为制定政策提供更具有实践性的依据。目前我国的高等教育数据，从来源上看更多的是管理数据，北京师范大学发起的中国大学生就读经验调查（CSSEQ）、清华大学主持的中国大学生学习与发展追踪研究（CCSS）、厦门大学发起的国家大学生学习情况调查（NCSS）等，在一定程度上弥补了国内高等教育调查数据的缺失，但仍难以做到持续性调查，调查频率较低。更重要的是这些调查的出发点更多的是开展高等教育研究，而不是院校研究，也就是说研究结果还没有直接用于支持大学的决策过程。如何有效地开展以提高大学管理绩效和教学绩效为目的的，具有长效性、持续性的调查仍然任重道远。

参考文献

［1］Saupe JL. The Functions of Institutional Research［EB/OL］.（2016-8-10）http：//www.airweb.org/EducationAndEvents/Pbulications/Pages/FunctionsofIR.aspx.

［2］Volkwein JF. The Four Faces of Institutional Research［J］. New Direction for Institutional Research，1999（104）：9-19.

［3］Serban AM. Knowledge Management：The "Fifth Face" of Institutional Research［J］. New Direction for Institutional Research，2002（113）：105-111.

［4］AAUDE Data Sharing Guidelines and Confidentiality Rules［EB/OL］.（2016-8-18）http：//aaude.org/system/files/documents/public/reference/data-sharing-confidentialityrules.pdf.

［5］About Us. NationalCenter for Education Statistics［EB/OL］.（2016-5-25）http：//nces.ed.gov/about/.

［6］ABOUT IPEDS. Integrated Postsecondary Education Data System［EB/OL］.（2016-5-28）http：//nces.ed.gov/ipeds/about/.

［7］SURVEYS & PROGRAMS. National Center for Education Statistic.［EB/OL］.（2016-5-28）http：//nces.ed.gov/surveys/surve yGroups.asp?Group=2.

［8］NCSES Data. National Science Foundation.［EB/OL］.（2016-6-30）http：//www.nsf.gov/statistics/data.cfm.

［9］Statewide Longitudinal Data Systems.［EB/OL］.（2016-6-12）http：//truthiname ricaneducation.com/privacyissuesstate-longitudinal-data-systems/statewide-longitudinal-data-system/.

［10］Ruddock MS. Developing K-20+ State Databases. William E. Knight. The Handbook of Institutional Research［M］. San Franciso：Jossey-Bass，2012：404-419.

［11］Florida Department of Education Statewide Longitudinal Data System.［EB/OL］.（2016-6-22）http：//nces.ed.gov/programs/ slds/state.asp?stateabbr=FL

［12］StudentTracker® for Colleges & Universities User Manual. National Student Clearinghouse.［EB/OL］.（2016-7-22）https：//studentclearinghouse.info/ondstop/wp-content/uploads/STCU_User_Manual.pdf.

［13］The Quality of National Data：IR Professionals Ratings.［EB/OL］. （2016－4－19）http：//www.airweb.org/eAIR/Surve ys/ Pages/Naiont-alDataQuality.aspx.

（此文已发表于《高等工程教育研究》2018 年第 3 期）

后 记

　　本书是从中国工程院主办，华中农业大学、中国工程院农业学部和中国工程院教育委员会联合承办的"国际工程科技发展战略高端论坛——国际高等农业教育论坛暨中外大学校长论坛"参会论文及报告中精选出来的 25 篇研究论文集，反映了高等农业教育发展的前沿问题，代表着高等农业教育研究的最新成果。该论坛于 2018 年 10 月 1—3 日在武汉华中农业大学举行，来自 15 个国家或地区的 70 余所大学的校长、院长、诺贝尔奖获得者，15 位中国科学院和中国工程院院士，30 余名高等农业教育领域的学者、100 余名高等农业院校管理干部和师生应邀参会，围绕"'一带一路'倡议与高等农业教育国际化发展"这一主题，从"国际高等农业教育发展规律与未来趋势""'双一流'建设与高等农业教育质量提升""高等教育与科学研究""高等教育与经济社会发展""大学理想与高等教育发展"等，共同探索高等农业教育发展规律和新路径，共商新时代高等农业教育战略发展大计。此次论坛收到参会论文、报告 70 余篇，本书从中撷取一部分优秀论文结集出版，以便读者管窥其中研究精华。

　　本书亦是中国工程院咨询研究重点项目"新常态下中国高等农业教育发展战略研究"（项目编号：2017-XZ-17）的成果汇编，反映了项目组阶段性研究成就。针对经济新常态背景下我国"三农"发展的新变化，为从产业需求出发研究高等农业教育供给侧改革，中国工程院于 2016 年 12 月 19 日立项重点咨询项目"新常态下中国高等农业教育发展战略研究"，由中国工程院院士、华中农业大学教授陈焕春主持，研究周期为 2017 年 1 月—2018 年 12 月。该项目下设 5 个课题、9 个专题，中国农业大学、西北农林科技大学、南京农业大学、华中农业大学、北京林业大学、沈阳农业大学、福建农林大学、华南农业大学、云南农业大学 9 所高校承担了项目研究工作。配合这一研究，中国工程院资助华中农业大学、中国工程院农业学部和中国工程院教育委员会联合承办了此次"国际工程科技发展战略高端论坛——国际高等农业教育论坛暨中外大学校长论坛"，以期着眼于国际高等农业教育发展规律，探讨中国高等农业教育改革发展战略与路径。该书论文或是中国工程院重点咨询项目组成员的直接研究成果，或是项目组成员邀请的高等农业院校管理者和学者的相关研究成果，均与"新常态下中国高等农业教育发展战略研究"项目内容相连，主题相依。

本书出版得到中国工程院、高等教育出版社的大力支持，寄托着他们对本书的殷切期望。中国工程院副院长邓秀新院士、中国工程院二局副局长左家和、高等教育出版社社长苏雨恒、高等教育出版社党委书记兼副社长宋永刚等对本书的出版给予了精心指导，李光跃、赵君怡等同志为本书的编辑出版付出了大量辛勤劳动，在此表示诚挚谢意！

因水平有限和时间仓促，本书的资料、观点、内容和方法等难免存在疏漏和不足之处，希望同行专家、学者、领导、朋友等不吝批评指正。（编著者联系方式，E-mail：xzchen@mail.hzau.edu.cn，QQ：554168544）

陈焕春　陈新忠
2018 年 10 月